贵州坝区
高效种植模式与技术

◎ 贵州省农业科学院　编著

中国农业科学技术出版社

图书在版编目（CIP）数据

贵州坝区高效种植模式与技术 / 贵州省农业科学院编著．—北京：中国农业科学技术出版社，2019.10

ISBN 978-7-5116-4472-5

Ⅰ．①贵… Ⅱ．①贵… Ⅲ．①作物—栽培技术—贵州 Ⅳ．①S31

中国版本图书馆 CIP 数据核字（2019）第 231147 号

责任编辑 闫庆健　王惟萍
责任校对 贾海霞
出 版 者 中国农业科学技术出版社
北京市中关村南大街12号　　邮编：100081
电　　话 （010）82106625（编辑室）（010）82109702（发行部）
（010）82109709（读者服务部）
传　　真 （010）82106650
网　　址 http：// www.castp.cn
经 销 者 各地新华书店
印 刷 者 北京建宏印刷有限公司
开　　本 710mm×1 000mm　1/16
印　　张 20.25
字　　数 355千字
版　　次 2019年10月第1版　　2019年10月第1次印刷
定　　价 68.00元

《贵州坝区高效种植模式与技术》

编著委员会

主 编 著：周维佳

副主编著：夏锦慧　李　敏　文林宏　代文东　张显波

参著人员：（按拼音顺序排列）

陈　旭　陈之林　邓禄军　高安辉　韩　雪

何建文　何天久　江学海　李　飞　李德文

李佳丽　李裕荣　李正丽　李正友　罗　鸣

罗德强　孟平红　沈　奇　陶　莲　田　飞

魏忠芬　吴明开　肖华贵　杨　静　杨仁德

杨仕品　赵继献　朱森林　朱星陶

前　言

农业是我国经济社会发展的基础，农业农村现代化是国家现代化的重要组成部分。贵州具有明显的山地立体气候特点和良好的生态优势，是发展优质、高效、生态、安全农产品的理想之地，也是加快建设农业现代化的重要省份。随着国家供给侧结构性改革，贵州正在加快产业结构调整，做强主导产业，做优特色产业，努力实现“人无我有、人有我优、人优我特”的发展目标。

为进一步提高贵州农业产业的市场竞争力，促进传统农业向现代农业转变，贵州省提出要加快500亩（1亩≈667平方米，全书同）以上坝区农业产业结构调整，集中解决农业产业现代化发展的瓶颈问题，精准优化农业产业的资源配置问题，有效破解城市乡村的融合发展问题，将坝区打造成农业产业结构调整的样板田、示范田。

产业选择是农业产业发展“八要素”的第一步，采用高效种植模式和最新配套技术是推进全省坝区产业结构调整的关键环节，必须结合坝区生态、气候、土壤等特性，根据市场需求和不同作物对自然环境、基础条件等的要求，对种植种类、品种、规模及茬口安排进行有效合理布局。

本书集成了贵州省农业科学院众多学科的最新科研成果，结合贵州生态特点，重点针对坝区农业产业结构调整提出了百余种高效种植模式，并分别介绍其配套种植技术。全书分为六章，第一章介绍贵州坝区农业产业，第二章介绍稻田水旱轮作高效种植模式，第三章介绍稻田综合种养模式，第四章介绍旱地高效种植模式，第五章介绍关键配套技术，第六章介绍高效产业技术模式实例。本书坚持理论与实践相结合，有很强的可操作性和适用性，可作为科研教学单位、农业部门、农业技术人员及种植大户的参考书和培训教材。

由于笔者水平有限，加之时间仓促，书中错误在所难免，敬请广大读者批评指正！

编著者

2019年9月

目　录

第一章　贵州500亩以上坝区农业产业

贵州具有明显的山地立体气候特点和良好的生态优势，是发展优质、高效、生态、安全农产品的理想之地。随着县县通高速建设目标的实现，贵州交通路网迅速改善，为现代农业发展带来新的机遇。2018年全省展开了一场振兴农村经济的产业革命，大规模推进农村产业结构调整，调减低效玉米种植面积785万亩，新增高效经济作物667万亩。

贵州以山地居多，500亩以上连片坝区是贵州宝贵的农业耕地资源，具有相对较好的产业基础和农业生产条件，是产业发展的优势区，搞好坝区的产业结构调整对全省农村产业革命具有引领和推动作用。因此，贵州提出要加快500亩以上坝区农业产业结构调整，并将其作为振兴农村经济、打赢脱贫攻坚战的重大政策措施，作为农业供给侧结构性改革的重要举措。2018年冬季以来，全省各地迅速行动，从组建班子、建立机制到制定政策、督促推进，相继制定出台了《贵州省500亩以上坝区种植土地保护办法》《贵州省500亩以上坝区农业产业结构调整指导意见》，全面启动了500亩以上坝区农业产业结构调整工作，把农村产业革命推向了一个新的高度。

第一节　贵州500亩以上坝区分布

贵州500亩以上坝区，是指坡度小于6°、面积连片超过500亩的种植土地大坝。通过专项调查统计，全省共有500亩以上坝区共1 725个，涉及86个县（市、区）、854个乡镇、4 700个村，其种植土地面积488.6万亩，占全省耕地面积的7.2%，平均每个坝区的种植面积为2 832亩（见表1-1）。

表1-1　实际调查500亩以上大坝分布情况

	实际调查种植大坝（个）	实际调查种植面积（万亩）	平均每个大坝种植面积（亩）
全省	1 725	428.02	2 481
贵阳	136	30.14	2 216
遵义	263	69.84	2 656
六盘水	64	7.78	1 216
安顺	104	78.56	7 554
毕节	231	53.04	2 296
铜仁	229	30.62	1 337
黔东南	186	34.55	1 858
黔南	359	75.61	2 106
黔西南	153	47.87	3 129

数据来源：贵州日报，2019年3月18日。

第二节　推进坝区农业产业发展的重要意义

推进500亩以上坝区农业产业结构调整，能够集中解决农业产业现代化发展的瓶颈问题。全省集中连片土地少，农业产业化集中度低，大量土地资源仍由农户分散经营，这是制约贵州农业现代化的最大瓶颈，为突破这一瓶颈，必须推进规模化布局、标准化生产、规范化管理、品牌化经营，提高农业生产经营的组织化程度和市场竞争力，推动农业向区域化、规模化、特色化、产业化发展，从而开启贵州农业农村现代化新征程。

推进500亩以上坝区农业产业结构调整，能够精准优化农业产业的资源配置问题。一直以来，农业投资“散、小、乱”，资金整合难、融资难、保险难、人才引进难、技术推广难等问题仍然突出。聚焦坝区农业产业结构调整，可以一改以往农业工作面面俱到、广泛号召部署的工作模式，通过明确每个坝区范围，把产业结构调整抓具体抓深入，可以打通资本、科技、人才、信息等现代要素进入坝区的通道，实现资源要素聚集，培育农业农村发展新动能。

推进500亩以上坝区农业产业结构调整，能够有效破解城市乡村的融合发展问题。乡村振兴首要任务是产业振兴，深入推进坝区产业结构调整，既能全面助推全省山地特色农业产业发展，又能带动农产品加工业、休闲农业、乡村旅游等二三产业发展，促进乡村振兴，让农业成为有奔头的产业，让农民成为有吸引力的职业，让农村成为安居乐业的家园，化解目前经济社会发展中的二元体制机制结构和矛盾，破解城乡发展不平衡不充分的问题。

第三节　坝区农业产业发展目标

全省500亩以上坝区农业产业结构调整，要以习近平新发展理念为指引，按照农村产业发展“八要素”（即产业选择、培训农民、技术服务、资金筹措、组织方式、产销对接、利益联结、基层党建）要求，遵循“五步工作法”（政策设计、工作部署、干部培训、督促检查、追责问责），以农民持续增收特别是增加贫困户收入为目标，坚定不移推进农业产业结构调整，全面提升贵州农产品综合生产能力和效益。

为此，要以政府为引导、企业为主体、园区为平台、科技为支撑，调减低效作物种植面积，大力发展优质稻、高效蔬菜、草本中药材、特色杂粮、食用菌等高效经济作物。应用资源节约、利用高效、环境友好的绿色技术，良田、良种、良法、良机、良制配套，实现节本降耗、提质增效、增产增收，打造“全链条”产业融合模式，推进规模化种植、标准化生产、产业化经营，打造一批有市场影响力的知名品牌，提高农产品附加值，促进一二三产业融合发展。

第四节　坝区农业产业发展的重点任务

一、全面夯实基础设施

重点抓好农业水利建设，加快建设旱涝保收、高产稳产的坝区高标准农田。抓好生产便道、排灌设施、机耕道、电网等基础设施建设，提高耕地质量，增强耕地生产能力和抗灾能力。加快实施耕地保护与提升工程，加大有机肥积造和水肥一体化设施建设的支持力度，鼓励农民发展绿肥、秸秆还田和施用农家肥，扩大土壤有机质提升规模和范围。进一步完善农业装备，抓好集约化育苗、水肥一体化、产后分拣、包装、冷链物流、保鲜储藏等配套设施建设，扩大农用机械普及度，推广适用于新兴产业的农业机械，进一步提升产业生产能力、加工能力，延伸产业链条，提高产业附加值。

二、全面实行标准化基地生产

全省500亩以上坝区应以轻简化、机械化、集约化为重点，按照“五统一”要求，实行标准化生产，即统一供种、统一耕播、统一肥水管理、统一病虫害防治、统一机械收获。打好“组合拳”，在栽培、育种、植保、土肥、农机等方面，实行农机农艺融合、良种良法配套。全面实行无公害栽培，积极推进绿色、有机栽培，开展无公害、绿色和有机产地产品认证。

三、全面应用绿色增产增效技术

以农业科技创新为驱动，牢固树立增产理念、效益理念、绿色理念，根据不同生产与生态条件选择合理的高效耕作制度，集成配套低耗高效安全的栽培技术。因地制宜应用符合市场需求的优质品种、高效肥料、绿肥聚垄、少（免）耕、完全生物降解膜覆盖栽培、水肥一体化、秸秆还田、合理间套轮作、绿色防控、机械化耕种收等绿色生产技术。推广“一田多用”模式，发展稻田综合种养、稻旱轮作、稻+、农事劳作体验、休闲旅游观光、农耕文化传承。推广“一季多收”模式，科学安排作物茬口，将一季变多季、用空间换时间，提高土地的产出效益。推广“一物多用”模式，发展作物花期与养蜂产业相结合，作物秸秆作为天然架子、还田培肥、牲畜“口粮”、食用菌营养基质等，实现种养高效结合。推广一批适宜500亩以上坝区规模的区域性、标准化、优质高产高效、可持续、可复制的种植模式。

四、全面建立新型农业社会化服务体系

在全省坝区建立以新型农业经营主体为核心、其他社会力量为补充、公益

性服务和经营性服务相结合的新型农业社会化服务体系。鼓励龙头企业、农民专业合作社、家庭农场、种植大户等新型经营主体参与到坝区的生产规模经营中来，以政府引导和市场运作相结合的方式，创新组织形式，按照“公司+合作社+基地+农户（贫困户）”为主的多种产业经营管理模式，创新社会化服务方式，探索政府购买公益性服务的新模式，积极扶持规模化生产经营模式下的农机、植保专业化服务组织开展代耕代种、代防代治，推进生产、加工、物流、营销等一体化经营，实现分工合作、抱团发展。大力推行“村社”合一，建成一批利益联结合理、运营模式新颖、贫困群众参与面广的农民专业合作社，探索建立科学合理的利益分配格局，实现社会资源利用和生产效益的最大化。

五、全面推行“全链条”式产业融合发展

围绕连通产业链、完善利益链、提升价值链的目标，突出地方特色，通过产前、产中、产后配套服务，延伸产业链条，拓展农业观光旅游、农事活动体验、农耕文化传承等多种功能，发展休闲农业，促进农旅一体化，构建现代农业产业链条，提升产业融合水平，打造农业“全链条”产业融合发展模式。把坝区的作物生产、加工与乡村旅游、民族风情、养生服务有机结合起来，促进一二三产业融合，实现经济效益从一二三产业的简单叠加向乘积裂变式突飞猛进，推动农业产业“接二连三”立体化发展。

六、全面建立产销衔接机制

全面摸清核准低效玉米调减和经济作物调增的空间分布、品类结构、生产规模、上市时段等具体情况，逐区域、逐品类对接市场、落实销路。举办好各类农产品博览会、推介会、展销会，为农产品销售搭建好平台，提升优质农产品知名度；推动农产品对接机关、学校、社区、医院、企事业、超市等“六对接”机制，建立长期稳定的产品供销关系，实现产销精准对接；利用扶贫产品销售专区、发挥东西部扶贫协作平台和对口帮扶城市作用，打开销售大通道，建立稳定的直销渠道和直供关系；积极对接全国大型农产品批发市场，引导一批有实力的企业在坝区共建农产品直供基地；运用互联网+、电子商务等新手段，开展线上农产品销售，推进订单生产，发展精深加工，创响产品品牌，把坝区生产的绿色优质农产品销往全国，带动提升农业生产效益。

第五节 合理选择产业模式及技术

做好产业选择，是推进全省500亩以上坝区产业结构调整的第一步。必须结合当地生态、气候、土壤特点和基础设施建设等情况，根据不同作物对自然环境、基础条件等的要求，对种植种类、种植品种、种植规模等进行科学布局。

采用高效种植模式和最新配套技术是推进全省坝区产业结构调整的关键环节，必须坚持因地制宜和优产协调原则，注重提高农业综合生产能力，加快形成数量平衡、数量和质量并重、结构合理、品质优良的有效供给，同时大力推广“一田多用”“一季多收”“一物多用”模式，合理利用土地资源，提高土地的产出效益。优先发展比较优势突出、市场需求旺盛、产业发展基础较好的农作物，推进规模化种植、标准化生产、产业化经营，打造一批有市场影响力的知名品牌，提高农产品附加值。同时要把绿色发展的要求贯穿于结构调整全过程，推广资源节约、利用高效、环境友好的绿色技术，减少生产环节损耗，提高投入品利用效率。

第二章　稻田水旱轮作高效种植模式

稻田是人类赖以生存的根本，直接关系口粮安全和社会稳定。稻田也是全球最大的人工生态湿地，被誉为“地球之肾”，具有净化水体、净化空气、调节气候、抗洪耐涝等诸多生态功能，保护好稻田生态系统是生态文明建设的重要内容。

稻田水旱轮作，指在稻田有顺序地在季节间和年度间轮换种植不同作物或复种组合的种植方式，不仅有利于均衡利用土壤养分和防治病、虫、草害，还能有效地改善土壤的理化性状，调节土壤肥力，充分利用周年光热资源，达到增产增收的目的。稻田水旱轮作既能有效保障贵州粮食安全，也能促进全省农业稳粮增收和提质增效。

目前，贵州已形成多种稻田水旱轮作高效种植模式，如冬春蔬菜—优质稻—秋冬蔬菜一年三熟模式、春蔬菜—优质稻—食用菌一年三熟模式、优质稻—高效蔬菜一年二熟模式、优质稻—食用菌一年二熟模式、优质稻—草莓一年二熟模式、优质稻—马铃薯一年二熟模式、优质稻—油菜一年二熟模式等，各坝区可根据当地生态特点和市场需求，合理选择适宜的种植模式。

第一节　一年三熟模式

一、冬春蔬菜—优质稻—秋冬蔬菜轮作

该模式适宜海拔600米以下的低海拔富热地区，要求年平均温度18.2℃以上，1月平均温度在8.7℃以上，同时要求生产基地水源方便，能排能灌。主要有以下43种技术模式。

（一）冬春番茄—优质稻—秋冬四季豆种植模式

1. 第一季冬春番茄

品种类型：适宜在贵州推广种植的早熟或中熟优良品种。

育苗方式：采用冷床育苗，苗床覆盖农膜。

种植季节及方式：10月上旬至10月下旬播种，12月下旬至翌年1月下旬移栽，地膜、深窝地膜或地膜加小拱棚栽培，4月初至6月初采收。

产量与产值：亩产量5 000～6 000千克，亩产值10 000～14 000元。

2. 第二季优质稻

品种类型：选择全生育期145天左右的早熟优质水稻品种（如香早优2017、泰优390）或全生育期130天左右的特早熟优质水稻品种（如玉针香）。

育秧方式：采用湿润育秧、旱育秧或机插软盘育秧。

种植季节：4月下旬播种，6月上旬插秧，秧龄40天左右，9月上旬至9月中旬收获。

产量与产值：一般亩产优质稻谷500千克，亩产值可达2 500元左右。

3. 第三季秋冬四季豆

品种类型：选用早熟、耐热又耐寒品种，如黔棒豆1号、四川红花架豆等。

种植方式：直播。

种植季节：9月中旬至9月下旬直播，11月上旬至12月上旬采收。

产量与产值：亩产量1 300～1 500千克，亩产值3 000～3 600元。

该模式上述三季亩产值15 500～20 100元。

（二）冬春茄子—优质稻—秋冬四季豆种植模式

1. 第一季冬春茄子

品种类型：选用早熟、中熟品种，如黔茄4号、渝早茄4号、农丰长茄等。

育苗方式：采用冷床育苗，苗床覆盖农膜。

种植季节及方式：9月底至10月上旬播种，12月中旬至翌年1月初移栽，地膜、深窝地膜或地膜加小拱棚栽培，3月底至6月初采收。

产量与产值：亩产量4 000～5 000千克，亩产值8 400～11 000元。

2. 第二季优质稻

品种类型：选择全生育期145天左右的早熟优质水稻品种（如香早优2017、泰优390）或全生育期130天左右的特早熟优质水稻品种（如玉针香）。

育秧方式：采用湿润育秧、旱育秧或机插软盘育秧。

种植季节：4月下旬播种，6月上旬插秧，秧龄40天左右，9月上旬至9月中旬收获。

产量与产值：一般亩产优质稻谷500千克，亩产值可达2 500元左右。

3. 第二季秋冬四季豆

品种类型：选用早熟、耐热又耐寒品种，如黔棒豆1号、四川红花架豆等。

种植方式：直播。

种植季节：9月中旬至9月下旬直播，11月上旬至12月上旬采收。

产量与产值：亩产量1 300 ~ 1 500千克，亩产值3 000 ~ 3 600元。

该模式上述三季亩产值13 900 ~ 17 100元。

（三）冬春辣椒—优质稻—秋冬四季豆种植模式

1. 第一季冬春辣椒

品种类型：选用早熟、中熟品种，如黔椒4号、辛香4号、长辣4号等。

育苗方式：采用冷床育苗，苗床覆盖农膜。

种植季节及方式：10月初至10月中旬播种，12月中旬至翌年1月中旬移栽，地膜、深窝地膜或地膜加小拱棚栽培，3月底至6月初采收。

产量与产值：亩产量2 900 ~ 3 300千克，亩产值8 100 ~ 9 800元。

2. 第二季优质稻

品种类型：选择全生育期145天左右的早熟优质水稻品种（如香早优2017、泰优390）或全生育期130天左右的特早熟优质水稻品种（如玉针香）。

育秧方式：采用湿润育秧、旱育秧或机插软盘育秧。

种植季节：4月下旬播种，6月上旬插秧，秧龄40天左右，9月上旬至9月中旬收获。

产量与产值：一般亩产优质稻谷500千克，亩产值可达2 500元左右。

3. 第三季秋冬四季豆

品种类型：选用早熟、耐热又耐寒品种，如黔棒豆1号、四川红花架豆等。

种植方式：直播。

种植季节：9月中旬至9月下旬直播，11月上旬至12月上旬采收。

产量与产值：亩产量1 300～1 500千克，亩产值3 000～3 600元。

该模式上述三季亩产值13 600～15 900元。

（四）冬春黄瓜—优质稻—秋冬四季豆种植模式

1. 第一季冬春黄瓜

品种类型：选用早熟、中熟品种，如中农10号、贵优1号等。

育苗方式：采用电热温床营养钵、营养盘或土块等育苗，苗床覆盖农膜。

种植季节及方式：2月初至2月上旬播种，2月底至3月初移栽，地膜、深窝地膜或地膜加小拱棚栽培，4月上旬至5月下旬采收。

产量与产值：亩产量4 000～5 500千克，亩产值8 000～10 000元。

2. 第二季优质稻

品种类型：选择全生育期145天左右的早熟优质水稻品种（如香早优2017、泰优390）或全生育期130天左右的特早熟优质水稻品种（如玉针香）。

育秧方式：采用湿润育秧、旱育秧或机插软盘育秧。

种植季节：4月下旬播种，6月上旬插秧，秧龄40天左右，9月上旬至9月中旬收获。

产量与产值：一般亩产优质稻谷500千克，亩产值可达2 500元左右。

3. 第三季秋冬四季豆

品种类型：选用早熟、耐热又耐寒品种，如黔棒豆1号、四川红花架豆等。

种植方式：直播。

种植季节：9月中旬至9月下旬直播，11月上旬至12月上旬采收。

产量与产值：亩产量1 300～1 500千克，亩产值3 000～3 600元。

该模式上述三季亩产值13 500～16 100元。

（五）冬春瓠瓜—优质稻—秋冬四季豆种植模式

1. 第一季冬春瓠瓜

品种类型：选用早熟、中熟品种，如黔瓠瓜1号、早玉瓠瓜等。

育苗方式：采用电热温床营养钵、营养盘或土块等育苗，苗床覆盖农膜。

种植季节及方式：1月底至2月初播种，2月中下旬至2月底移栽，地膜、深窝地膜或地膜加小拱棚栽培，4月上旬至5月下旬采收。

产量与产值：亩产量3 800 ~ 5 200千克，亩产值7 700 ~ 10 000元。

2. 第二季优质稻

品种类型：选择全生育期145天左右的早熟优质水稻品种（如香早优2017、泰优390）或全生育期130天左右的特早熟优质水稻品种（如玉针香）。

育秧方式：采用湿润育秧、旱育秧或机插软盘育秧。

种植季节：4月下旬播种，6月上旬插秧，秧龄40天左右，9月上旬至9月中旬收获。

产量与产值：一般亩产优质稻谷500千克，亩产值可达2 500元左右。

3. 第三季秋冬四季豆

品种类型：选用早熟、耐热又耐寒品种，如黔棒豆1号、四川红花架豆等。

种植方式：直播。

种植季节：9月中旬至9月下旬直播，11月上旬至12月上旬采收。

产量与产值：亩产量1 300 ~ 1 500千克，亩产值3 000 ~ 3 600元。

该模式上述三季亩产值13 200 ~ 16 100元。

（六）冬春南瓜—优质稻—秋冬四季豆种植模式

1. 第一季冬春南瓜

品种类型：无藤及长藤南瓜均需选用早熟、中熟品种，如黔南瓜1号、韩绿珠、贵阳小青瓜、华玉西葫芦等。

育苗方式：采用电热温床营养钵、营养盘或土块等育苗，苗床覆盖农膜。

种植季节及方式：1月下旬至2月初播种，2中旬至2月底移栽无藤南瓜，地膜、深窝地膜或地膜加小拱棚栽培，3月下旬至5月上中旬采收，长藤南瓜4月上旬至5月下旬采收。

产量与产值：无藤南瓜亩产量3 000～3 500千克，亩产值6 000～7 000元。长藤南瓜亩产量3 700～5 000千克，亩产值7 500～9 800元。

2. 第二季优质稻

品种类型：选择全生育期145天左右的早熟优质水稻品种（如香早优2017、泰优390）或全生育期130天左右的特早熟优质水稻品种（如玉针香）。

育秧方式：采用湿润育秧、旱育秧或机插软盘育秧。

种植季节：前茬为无藤南瓜，可于4月中旬播种，5月下旬插秧，秧龄40天左右，8月下旬至9月上旬收获；前茬为长藤南瓜，则在4月下旬播种，6月上旬插秧，9月上旬至9月中旬收获。

产量与产值：一般亩产优质稻谷500千克，亩产值可达2 500元左右。

3. 第三季秋冬四季豆

品种类型：选用早熟、耐热又耐寒品种，如黔棒豆1号、四川红花架豆等。

种植方式：直播。

种植季节：8月下旬至9月上旬收获水稻的田块，9月上旬至9月中旬直播四季豆，10月下旬至12月上旬采收。9月上旬至9月中旬收获水稻的田块，9月中旬至9月下旬直播四季豆，11月上旬至12月上旬采收。越早播种，产量越高。

产量与产值：亩产量1 300～1 500千克，亩产值3 000～3 600元。

该模式上述三季亩产值11 500～15 900元。

（七）冬春苦瓜—优质稻—秋冬四季豆种植模式

1. 第一季冬春苦瓜

品种类型：选用早熟、中熟品种，如贵苦瓜1号、早绿苦瓜等。

育苗方式：小拱棚或塑料大棚等育苗，可用育苗盘或营养钵等容器育苗，苗床覆盖农膜。

种植季节及方式：2月初至2月上旬播种，播前注意浸种催芽，2月底至3月初移栽，地膜或深窝地膜加小拱棚栽培，4月中旬至6月初采收。

产量与产值：亩产量2 500～3 400千克，亩产值8 100～11 500元。

2. 第二季优质稻

品种类型：选择全生育期145天左右的早熟优质水稻品种（如香早优2017、

泰优390）或全生育期130天左右的特早熟优质水稻品种（如玉针香）。

育秧方式：采用湿润育秧、旱育秧或机插软盘育秧。

种植季节：4月下旬播种，6月上旬插秧，秧龄40天左右，9月上旬至9月中旬收获。

产量与产值：一般亩产优质稻谷500千克，亩产值可达2 500元左右。

3. 第三季秋冬四季豆

品种类型：选用早熟、耐热又耐寒品种，如黔棒豆1号、四川红花架豆等。

种植方式：直播。

种植季节：9月中旬至9月下旬直播，11月上旬至12月上旬采收。

产量与产值：亩产量1 300 ~ 1 500千克，亩产值3 000 ~ 3 600元。

该模式上述三季亩产值13 600 ~ 17 600元。

（八）冬春丝瓜—优质稻—秋冬四季豆种植模式

1. 第一季冬春丝瓜

品种类型：选用早熟、中熟品种，如黔丝瓜1号、泰国新一号丝瓜等。

育苗方式：在塑料小拱棚、塑料大棚或其他温室中育苗，可用育苗盘或营养钵等容器育苗，也可于苗床上育苗。

种植季节及方式：2月上旬至2月中旬播种，3月初至3月上旬移栽，地膜、深窝地膜加小拱棚栽培，4月中旬至6月初采收。

产量与产值：亩产量2 400 ~ 3 300千克，亩产值7 400 ~ 10 600元。

2. 第二季优质稻

品种类型：选择全生育期145天左右的早熟优质水稻品种（如香早优2017、泰优390）或全生育期130天左右的特早熟优质水稻品种（如玉针香）。

育秧方式：采用湿润育秧、旱育秧或机插软盘育秧。

种植季节：4月下旬播种，6月上旬插秧，秧龄40天左右，9月上旬至9月中旬收获。

产量与产值：一般亩产优质稻谷500千克，亩产值可达2 500元左右。

3. 第三季秋冬四季豆

品种类型：选用早熟、耐热又耐寒品种，如黔棒豆1号、四川红花架豆等。

种植方式：直播。

种植季节：9月中旬至9月下旬直播，11月上旬至12月上旬采收。

产量与产值：亩产量1 300～1 500千克，亩产值3 000～3 600元。

该模式上述三季亩产值12 900～16 700元。

（九）冬春四季豆—优质稻—秋冬四季豆种植模式

1. 第一季冬春四季豆

品种类型：采用早熟、中熟品种，黔棒豆1号、

种植方式：直播。

种植季节及方式：2月上旬地膜、深窝地膜或地膜加小拱棚播种，4月上旬至5月下旬采收。

产量与产值：亩产量2 000～2 300千克，亩产值6 000～6 500元。

2. 第二季优质稻

品种类型：选择全生育期145天左右的早熟优质水稻品种（如香早优2017、泰优390）或全生育期130天左右的特早熟优质水稻品种（如玉针香）。

育秧方式：采用湿润育秧、旱育秧或机插软盘育秧。

种植季节：4月下旬播种，6月上旬插秧，秧龄40天左右，9月上旬至9月中旬收获。

产量与产值：一般亩产优质稻谷500千克，亩产值可达2 500元左右。

3. 第三季秋冬四季豆

品种类型：选用早熟、耐热又耐寒品种，如黔棒豆1号、四川红花架豆等。

种植方式：直播。

种植季节：9月中旬至9月下旬直播，11月上旬至12月上旬采收。

产量与产值：亩产量1 300～1 500千克，亩产值3 000～3 600元。

该模式上述三季亩产值10 000～13 000元，最高亩产值达16 400元。

（十）冬春豇豆—优质稻—秋冬四季豆种植模式

1. 第一季冬春豇豆

品种类型：选用早熟、中熟品种，如黔豇豆1号、之豇特早30等。

种植方式：直播。

种植季节及方式：2月上中旬播种，地膜、深窝地膜或地膜加小拱棚栽培，4月中旬至6月初采收。

产量与产值：亩产量2 200 ~ 2 500千克，亩产值6 400 ~ 7 000元。

2. 第二季优质稻

品种类型：选择全生育期145天左右的早熟优质水稻品种（如香早优2017、泰优390）或全生育期130天左右的特早熟优质水稻品种（如玉针香）。

育秧方式：采用湿润育秧、旱育秧或机插软盘育秧。

种植季节：4月下旬播种，6月上旬插秧，秧龄40天左右，9月上旬至9月中旬收获。

产量与产值：一般亩产优质稻谷500千克，亩产值可达2 500元左右。

3. 第三季秋冬四季豆

品种类型：选用早熟、耐热又耐寒品种，如黔棒豆1号、四川红花架豆等。

种植方式：直播。

种植季节：9月中旬至9月下旬直播，11月上旬至12月上旬采收。

产量与产值：亩产量1 300 ~ 1 500千克，亩产值3 000 ~ 3 600元。

该模式上述三季亩产值11 900 ~ 13 100元。

（十一）冬春鲜食糯（甜）玉米—优质稻—秋冬四季豆种植模式

1. 第一季冬春鲜食糯（甜）玉米

品种类型：选用品质好、风味佳的早熟、中熟品种，如万糯2000、遵糯1号、筑糯2号等。

育苗方式：采用电热温床营养钵、营养盘或土块等育苗。

种植季节：1月下旬至2月中旬播种，2月上旬至2月底移栽，地膜或深窝地膜栽培，5月上旬至5月下旬采收。

产量与产值：亩产量1 400 ~ 1 600千克，亩产值3 000 ~ 3 400元。

2. 第二季优质稻

品种类型：选择全生育期145天左右的早熟优质水稻品种（如香早优2017、泰优390）或全生育期130天左右的特早熟优质水稻品种（如玉针香）。

育秧方式：采用湿润育秧、旱育秧或机插软盘育秧。

种植季节：4月下旬播种，6月上旬插秧，秧龄40天左右，9月上旬至9月中旬收获。

产量与产值：一般亩产优质稻谷500千克，亩产值可达2 500元左右。

3. 第三季秋冬四季豆

品种类型：选用早熟、耐热又耐寒品种，如黔棒豆1号、四川红花架豆等。

种植方式：直播。

种植季节：9月中旬至9月下旬直播，11月上旬至12月上旬采收。

产量与产值：一般亩产量1 300 ~ 1 500千克，亩产值3 000 ~ 3 600元。

该模式上述三季亩产值8 500 ~ 9 500元。

（十二）冬春番茄—优质稻—秋冬南瓜种植模式

1. 第一季冬春番茄

品种类型：适宜在贵州推广种植的早熟或中熟优良品种。

育苗方式：采用冷床育苗，苗床覆盖农膜。

种植季节及方式：10月上旬至10月下旬播种，12月下旬至翌年1月下旬移栽，地膜、深窝地膜或地膜加小拱棚栽培，4月初至6月初采收。

产量与产值：亩产量5 000 ~ 6 000千克，亩产值10 000 ~ 14 000元。

2. 第二季优质稻

品种类型：选择全生育期145天左右的早熟优质水稻品种（如香早优2017、泰优390）或全生育期130天左右的特早熟优质水稻品种（如玉针香）。

育秧方式：采用湿润育秧、旱育秧或机插软盘育秧。

种植季节：翌年4月下旬播种，6月上旬插秧，秧龄40天左右，9月上旬至9月中旬收获。

产量与产值：一般亩产优质稻谷500千克，亩产值可达2 500元左右。

3. 第三季秋冬南瓜

品种类型：选用高产抗病品种，如黔南瓜1号、韩绿珠、幸运99等。

育苗方式：露地营养钵、营养盘或土块等育苗，遮阳网覆盖遮阴降温。

种植季节及方式：翌年9月初至中旬播种育苗，9月中旬至9月下旬移栽，最迟9月底前移栽，露地或地膜覆盖栽培，翌年10月下旬至12月上中旬采收。

产量与产值：亩产量2 500～3 000千克，亩产值3 500～4 000元。

该模式上述三季亩产值16 000～20 500元。

（十三）冬春茄子—优质稻—秋冬南瓜种植模式

1. 第一季冬春茄子

品种类型：选用早熟、中熟品种，如黔茄4号、渝早茄4号、农丰长茄等。

育苗方式：采用冷床育苗，苗床覆盖农膜。

种植季节及方式：9月底至10月上旬播种，12月中旬至翌年1月初移栽，地膜、深窝地膜或地膜加小拱棚栽培，3月底至6月初采收。

产量与产值：亩产量4 000～5 000千克，亩产值8 400～11 000元。

2. 第二季优质稻

品种类型：选择全生育期145天左右的早熟优质水稻品种（如香早优2017、泰优390）或全生育期130天左右的特早熟优质水稻品种（如玉针香）。

育秧方式：采用湿润育秧、旱育秧或机插软盘育秧。

种植季节：翌年4月下旬播种，6月上旬插秧，秧龄40天左右，9月上旬至9月中旬收获。

产量与产值：一般亩产优质稻谷500千克，亩产值可达2 500元左右。

3. 第三季秋冬南瓜

品种类型：选育高产抗病品种，如黔南瓜1号、韩绿珠、幸运99等。

育苗方式：露地营养钵、营养盘或土块等育苗，遮阳网覆盖遮阴降温。

种植季节及方式：翌年9月初至中旬播种育苗，9月中旬至9月下旬移栽，最迟9月底前移栽，露地或地膜覆盖栽培，10月下旬至12月上中旬采收。

产量与产值：亩产量2 500～3 000千克，亩产值3 500～4 000元。

该模式上述三季亩产值14 400～19 600元。

（十四）冬春辣椒—优质稻—秋冬南瓜种植模式

1. 第一季冬春辣椒

品种类型：选用早熟、中熟品种，如黔椒4号、辛香4号、长辣4号等。

育苗方式：采用冷床育苗，苗床覆盖农膜。

种植季节及方式：10月初至10月中旬播种，12月中旬至翌年1月中旬移栽，地膜、深窝地膜或地膜加小拱棚栽培，3月底至6月初采收。

产量与产值：亩产量2 900～3 300千克，亩产值8 100～9 800元。

2. 第二季优质稻

品种类型：选择全生育期145天左右的早熟优质水稻品种（如香早优2017、泰优390）或全生育期130天左右的特早熟优质水稻品种（如玉针香）。

育秧方式：采用湿润育秧、旱育秧或机插软盘育秧。

种植季节：翌年4月下旬播种，6月上旬插秧，秧龄40天左右，9月上旬至9月中旬收获。

产量与产值：一般亩产优质稻谷500千克，亩产值可达2 500元左右。

3. 第三季秋冬南瓜

品种类型：选用高产抗病品种，如黔南瓜1号、韩绿珠、幸运99等。

育苗方式：露地营养钵、营养盘或土块等育苗，遮阳网覆盖遮阴降温。

种植季节及方式：翌年9月初至中旬播种育苗，9月中旬至9月下旬移栽，最迟9月底前移栽，露地或地膜覆盖栽培，10月下旬至12月上中旬采收。

产量与产值：亩产量2 500～3 000千克，亩产值3 500～4 000元。

该模式上述三季亩产值14 100～18 300元。

（十五）冬春黄瓜—优质稻—秋冬南瓜种植模式

1. 第一季冬春黄瓜

品种类型：选用早熟、中熟品种，如中农10号、贵优1号等。

育苗方式：采用电热温床营养钵（营养盘、土块等）育苗，苗床覆盖农膜。

种植季节：2月初至2月上旬播种，2月底至3月初移栽，地膜、深窝地膜或地膜加小拱棚栽培，4月上旬至6月上旬采收。

产量与产值：亩产量4 000～5 500千克，亩产值8 000～10 000元。

2. 第二季优质稻

品种类型：选择全生育期145天左右的早熟优质水稻品种（如香早优2017、泰优390）或全生育期130天左右的特早熟优质水稻品种（如玉针香）。

育秧方式：采用湿润育秧、旱育秧或机插软盘育秧。

种植季节：4月下旬播种，6月上旬插秧，秧龄40天左右，9月上旬至9月中旬收获。

产量与产值：一般亩产优质稻谷500千克，亩产值可达2 500元左右。

3. 第三季秋冬南瓜

品种类型：选用高产抗病品种，如黔南瓜1号、韩绿珠、幸运99等。

育苗方式：露地营养钵、营养盘或土块等育苗，遮阳网覆盖遮阴降温。

种植季节及方式：9月初至中旬播种育苗，9月中旬至9月下旬移栽，最迟9月底前移栽，露地或地膜覆盖栽培，10月下旬至12月上中旬采收。

产量与产值：亩产量2 500～3 000千克，亩产值3 500～4 000元。

该模式上述三季亩产值14 000～18 500元。

（十六）冬春瓠瓜—优质稻—秋冬南瓜种植模式

1. 第一季冬春瓠瓜

品种类型：选用早熟、中熟品种，如黔瓠瓜1号、早玉瓠瓜等。

育苗方式：采用电热温床营养钵（营养盘、土块等）育苗，苗床覆盖农膜。

种植季节及方式：1月底至2月初播种，2月中下旬至2月底移栽，地膜、深窝地膜或地膜加小拱棚栽培，4月上旬至6月初采收。

产量与产值：亩产量3 800～5 200千克，亩产值7 700～10 000元。

2. 第二季优质稻

品种类型：选择全生育期145天左右的早熟优质水稻品种（如香早优2017、泰优390）或全生育期130天左右的特早熟优质水稻品种（如玉针香）。

育秧方式：采用湿润育秧、旱育秧或机插软盘育秧。

种植季节：4月下旬播种，6月上旬插秧，秧龄40天左右，9月上旬至9月中旬收获。

产量与产值：一般亩产优质稻谷500千克，亩产值可达2 500元左右。

3. 第三季秋冬南瓜

品种类型：选用高产抗病品种，如黔南瓜1号、韩绿珠、幸运99等。

育苗方式：露地营养钵、营养盘或土块等育苗，遮阳网覆盖遮阴降温。

种植季节及方式：9月初至中旬播种育苗，9月中旬至9月下旬移栽，最迟9月底前移栽，露地或地膜覆盖栽培，10月下旬至12月上中旬采收。

产量与产值：亩产量2 500～3 000千克，亩产值3 500～4 000元。

该模式上述三季亩产值13 300～18 500元。

（十七）冬春南瓜—优质稻—秋冬南瓜种植模式

1. 第一季冬春南瓜

品种类型：无藤及长藤南瓜均需选用早熟、中熟品种，如黔南瓜1号、韩绿珠、贵阳小青瓜、华玉西葫芦等。

育苗方式：采用电热温床营养钵、营养盘或土块等育苗，苗床覆盖农膜。

种植季节及方式：1月下旬至2月初播种，2中旬至2月底移栽无藤南瓜，地膜、深窝地膜或地膜加小拱棚栽培，3月下旬至5月上中旬采收，长藤南瓜4月上旬至5月下旬采收。

产量与产值：无藤南瓜亩产量3 000～3 500千克，亩产值6 000～7 000元。长藤南瓜亩产量3 700～5 000千克，亩产值7 500～9 800元。

2. 第二季优质稻

品种类型：选择全生育期145天左右的早熟优质水稻品种（如香早优2017、泰优390）或全生育期130天左右的特早熟优质水稻品种（如玉针香）。

育秧方式：采用湿润育秧、旱育秧或机插软盘育秧。

种植季节：4月下旬播种，6月上旬插秧，秧龄40天左右，9月上旬至9月中旬收获。

产量与产值：一般亩产优质稻谷500千克，亩产值可达2 500元左右。

3. 第三季秋冬南瓜

品种类型：选用高产抗病品种，如黔南瓜1号、韩绿珠、幸运99等。

育苗方式：露地营养钵、营养盘或土块等育苗，遮阳网覆盖遮阴降温。

种植季节及方式：9月初至中旬播种育苗，9月中旬至9月下旬移栽，最迟9月底前移栽，露地或地膜覆盖栽培，10月下旬至12月上中旬采收。

产量与产值：亩产量2 500～3 000千克，亩产值3 500～4 000元。

该模式上述三季亩产值12 000～18 300元。

（十八）冬春苦瓜—优质稻—秋冬南瓜种植模式

1. 第一季冬春苦瓜

品种类型：选用早熟、中熟品种，如贵苦瓜1号、早绿苦瓜等。

育苗方式：小拱棚或塑料大棚等育苗，可用育苗盘或营养钵等容器育苗，苗床覆盖农膜。

种植季节及方式：2月初至2月上旬播种，播前注意浸种催芽，2月底至3月初移栽，地膜或深窝地膜加小拱棚栽培，4月下旬至6月上旬采收。

产量与产值：亩产量2 500～3 400千克，亩产值8 100～11 500元。

2. 第二季水稻

品种类型：选择全生育期145天左右的早熟优质水稻品种（如香早优2017、泰优390）或全生育期130天左右的特早熟优质水稻品种（如玉针香）。

育秧方式：采用湿润育秧、旱育秧或机插软盘育秧。

种植季节：4月下旬播种，6月上旬插秧，秧龄40天左右，9月上旬至9月中旬收获。

产量与产值：一般亩产优质稻谷500千克，亩产值可达2 500元左右。

3. 第三季秋冬南瓜

品种类型：选用高产抗病品种，如黔南瓜1号、韩绿珠、幸运99等。

育苗方式：露地营养钵、营养盘或土块等育苗，遮阳网覆盖遮阴降温。

种植季节及方式：9月初至中旬播种育苗，9月中旬至9月下旬移栽，最迟9月底前移栽，露地或地膜覆盖栽培，10月下旬至12月上中旬采收。

产量与产值：亩产量2 500～3 000千克，亩产值3 500～4 000元。

该模式上述三季亩产值14 100～20 000元。

（十九）冬春丝瓜—优质稻—秋冬南瓜种植模式

1. 第一季冬春丝瓜

品种类型：选用早熟、中熟品种，如黔丝瓜1号、泰国新一号丝瓜等。

育苗方式：在塑料小拱棚、塑料大棚或其他温室中育苗，可用育苗盘（或营养钵等容器）育苗，也可于苗床上育苗。

种植季节及方式：2月上旬至2月中旬播种，3月初至3月上旬移栽，地膜、深窝地膜加小拱棚栽培，4月下旬至6月上旬采收。

产量与产值：亩产量2 400～3 300千克，亩产值7 400～10 600元。

2. 第二季优质稻

品种类型：选择全生育期145天左右的早熟优质水稻品种（如香早优2017、泰优390）或全生育期130天左右的特早熟优质水稻品种（如玉针香）。

育秧方式：采用湿润育秧、旱育秧或机插软盘育秧。

种植季节：4月下旬播种，6月上旬插秧，秧龄40天左右，9月上旬至9月中旬收获。

产量与产值：一般亩产优质稻谷500千克，亩产值可达2 500元左右。

3. 第三季秋冬南瓜

品种类型：选用高产抗病品种，如黔南瓜1号、韩绿珠、幸运99等。

育苗方式：露地营养钵、营养盘或土块等育苗，遮阳网覆盖遮阴降温。

种植季节及方式：9月初至中旬播种育苗，9月中旬至9月下旬移栽，最迟9月底前移栽，露地或地膜覆盖栽培，10月下旬至12月上中旬采收。

产量与产值：亩产量2 500～3 000千克，亩产值3 500～4 000元。

该模式上述三季亩产值13 400～19 100元。

（二十）冬春四季豆—优质稻—秋冬南瓜种植模式

1. 第一季冬春四季豆

品种类型：采用早熟、中熟品种，如黔棒豆1号等。

种植方式：直播。

种植季节：2月上旬地膜、深窝地膜、地膜加小拱棚播种，4月上旬至6月初采收。

产量与产值：亩产量2 000～2 300千克，亩产值6 000～6 500元。

2. 第二季优质稻

品种类型：选择全生育期145天左右的早熟优质水稻品种（如香早优2017、泰优390）或全生育期130天左右的特早熟优质水稻品种（如玉针香）。

育秧方式：采用湿润育秧、旱育秧或机插软盘育秧。

种植季节：4月下旬播种，6月上旬插秧，秧龄40天左右，9月上旬至9月中

旬收获。

产量与产值：一般亩产优质稻谷500千克，亩产值可达2 500元左右。

3. 第三季秋冬南瓜

品种类型：选用高产抗病品种，如黔南瓜1号、韩绿珠、幸运99等。

育苗方式：露地营养钵、营养盘或土块等育苗，遮阳网覆盖遮阴降温。

种植季节及方式：9月初至中旬播种育苗，9月中旬至9月下旬移栽，最迟9月底前移栽，露地或地膜覆盖栽培，10月下旬至12月上中旬采收。

产量与产值：亩产量2 500～3 000千克，亩产值3 500～4 000元。

该模式上述三季亩产值12 000～15 000元，最高亩产值达16 300元。

（二十一）冬春豇豆—优质稻—秋冬南瓜种植模式

1. 第一季冬春豇豆

品种类型：选用早熟、中熟品种，如黔豇豆1号、之豇特早30等。

种植方式：直播

种植季节及方式：2月上中旬播种，地膜、深窝地膜或地膜加小拱棚栽培，4月中旬至6月上旬采收。

产量与产值：亩产量2 200～2 500千克，亩产值6 400～7 000元。

2. 第二季优质稻

品种类型：选择全生育期145天左右的早熟优质水稻品种（如香早优2017、泰优390）或全生育期130天左右的特早熟优质水稻品种（如玉针香）。

育秧方式：采用湿润育秧、旱育秧或机插软盘育秧。

种植季节：4月下旬播种，6月上旬插秧，秧龄40天左右，9月上旬至9月中旬收获。

产量与产值：一般亩产优质稻谷500千克，亩产值可达2 500元左右。

3. 第三季秋冬南瓜

品种类型：选用高产抗病品种，如黔南瓜1号、韩绿珠、幸运99等。

育苗方式：露地营养钵、营养盘或土块等育苗，遮阳网覆盖遮阴降温。

种植季节及方式：9月初至中旬播种育苗，9月中旬至9月下旬移栽，最迟9月底前移栽，露地或地膜覆盖栽培，10月下旬至12月上中旬采收。

产量与产值：亩产量2 500～3 000千克，亩产值3 500～4 000元。

该模式上述三季亩产值12 400～15 500元，最高亩产值达18 500元。

（二十二）冬春鲜食糯（甜）玉米—优质稻—秋冬南瓜种植模式

1. 第一季冬春糯（甜）玉米

品种类型：选用品质好、风味佳的早熟、中熟品种，如万糯2000、遵糯1号、筑糯2号等。

育苗方式：采用电热温床营养钵、营养盘或土块等育苗。

种植季节及方式：1月下旬至2月中旬播种，2月上旬至2月底移栽，地膜或深窝地膜栽培，5月初至5月下旬采收。

产量与产值：亩产量1 400～1 600千克，亩产值3 000～3 400元。

2. 第二季优质稻

品种类型：选择全生育期145天左右的早熟优质水稻品种（如香早优2017、泰优390）或全生育期130天左右的特早熟优质水稻品种（如玉针香）。

育秧方式：采用湿润育秧、旱育秧或机插软盘育秧。

种植季节：4月中旬至4月下旬播种，5月中旬至5月下旬插秧，9月上旬至9月中旬收获。

产量与产值：一般亩产优质稻谷500千克，亩产值可达2 500元左右。

3. 第三季秋冬南瓜

品种类型：选用高产抗病品种，如黔南瓜1号、韩绿珠、幸运99等。

育苗方式：露地营养钵、营养盘或土块等育苗，遮阳网覆盖遮阴降温。

种植季节及方式：9月初至中旬播种育苗，9月中旬至9月下旬移栽，最迟9月底前移栽，露地或地膜覆盖栽培，10月下旬至12月上中旬采收。

产量与产值：亩产量2 500～3 000千克，亩产值3 500～4 000元。

该模式上述三季亩产值9 000～11 900元。

（二十三）冬春番茄—优质稻—秋冬瓠瓜种植模式

1. 第一季冬春番茄

品种类型：适宜在贵州推广种植的早熟或中熟优良品种。

育苗方式：采用冷床育苗，苗床覆盖农膜。

种植季节及方式：10月上旬至10月下旬播种，12月下旬至1月下旬移栽，地膜、深窝地膜或地膜加小拱棚栽培，4月初至6月初采收。

产量与产值：亩产量5 000 ~ 6 000千克，亩产值10 000 ~ 14 000元。

2. 第二季优质稻

品种类型：选择全生育期145天左右的早熟优质水稻品种（如香早优2017、泰优390）或全生育期130天左右的特早熟优质水稻品种（如玉针香）。

育秧方式：采用湿润育秧、旱育秧或机插软盘育秧。

种植季节：4月下旬播种，6月上旬插秧，秧龄40天左右，9月上旬至9月中旬收获。

产量与产值：一般亩产优质稻谷500千克，亩产值可达2 500元左右。

3. 第三季秋冬瓠瓜

品种类型：选用早熟、抗病的品种，如黔瓠瓜1号、福圣瓠瓜等。

育苗方式：露地营养钵、营养盘或土块等育苗。

种植季节及方式：8月下旬至9月上旬播种育苗，遮阳网覆盖遮阴，9月中旬至9月下旬移栽，露地地膜覆盖栽培，10月下旬至12月上中旬采收。

产量与产值：亩产量2 400 ~ 2 800千克，亩产值3 300 ~ 3 800元。

该模式上述三季亩产值15 800 ~ 20 300元。

（二十四）冬春茄子—优质稻—秋冬瓠瓜种植模式

1. 第一季冬春茄子

品种类型：选用早熟、中熟品种，如黔茄4号、渝早茄4号、农丰长茄等。

育苗方式：采用冷床育苗，苗床覆盖农膜。

种植季节及方式：9月底至10月上旬播种，12月中旬至翌年1月初移栽，地膜、深窝地膜或地膜加小拱棚栽培，3月底至6月初采收。

产量与产值：亩产量4 000 ~ 5 000千克，亩产值8 400 ~ 11 000元。

2. 第二季优质稻

品种类型：选择全生育期145天左右的早熟优质水稻品种（如香早优2017、泰优390）或全生育期130天左右的特早熟优质水稻品种（如玉针香）。

育秧方式：采用湿润育秧、旱育秧或机插软盘育秧。

种植季节：翌年4月下旬播种，6月上旬插秧，秧龄40天左右，9月上旬至9月中旬收获。

产量与产值：一般亩产优质稻谷500千克，亩产值可达2 500元左右。

3. 第三季秋冬瓠瓜

品种类型：选用早熟、抗病的品种，如黔瓠瓜1号、福圣瓠瓜等。

育苗方式：露地营养钵、营养盘或土块等育苗。

种植季节及方式：8月下旬至9月上旬播种育苗，遮阳网覆盖遮阴，9月中旬至9月下旬移栽，露地地膜覆盖栽培，10月下旬至12月上中旬采收。

产量与产值：亩产量2 400～2 800千克，亩产值3 300～3 800元。

该模式上述三季亩产值14 200～17 300元。

（二十五）冬春辣椒—优质稻—秋冬瓠瓜种植模式

1. 第一季冬春辣椒

品种类型：选用早熟、中熟品种，如黔椒4号、辛香4号、长辣4号等。

育苗方式：采用冷床育苗，苗床覆盖农膜。

种植季节及方式：10月初至10月中旬播种，12月中旬至翌年1月中旬移栽，地膜、深窝地膜或地膜加小拱棚栽培，翌年3月底至6月初采收。

产量与产值：亩产量2 900～3 300千克，亩产值8 100～9 800元。

2. 第二季优质稻

品种类型：选择全生育期145天左右的早熟优质水稻品种（如香早优2017、泰优390）或全生育期130天左右的特早熟优质水稻品种（如玉针香）。

育秧方式：采用湿润育秧、旱育秧或机插软盘育秧。

种植季节：4月下旬播种，6月上旬插秧，秧龄40天左右，9月上旬至9月中旬收获。

产量与产值：一般亩产优质稻谷500千克，亩产值可达2 500元左右。

3. 第三季瓠瓜

品种类型：选用早熟、抗病的品种，如黔瓠瓜1号、福圣瓠瓜等。

育苗方式：露地营养钵、营养盘或土块等育苗。

种植季节及方式：翌年8月下旬至9月上旬播种育苗，遮阳网覆盖遮阴，翌年9月中旬至9月下旬移栽，露地地膜覆盖栽培，翌年10月下旬至12月上中旬采收。

产量与产值：亩产量2 400～2 800千克，亩产值3 300～3 800元。

该模式上述三季亩产值13 900～16 100元。

（二十六）冬春黄瓜—优质稻—秋冬瓠瓜种植模式

1. 第一季冬春黄瓜

品种类型：选用早熟、中熟品种，如中农10号、贵优1号等。

育苗方式：采用电热温床营养钵、营养盘或土块等育苗，苗床覆盖农膜。

种植季节及方式：2月初至2月上旬播种，2月底至3月初移栽，地膜、深窝地膜或地膜加小拱棚栽培，4月上旬至6月上旬采收。

产量与产值：亩产量4 000～5 500千克，亩产值8 000～10 000元。

2. 第二季优质稻

品种类型：选择全生育期145天左右的早熟优质水稻品种（如香早优2017、泰优390）或全生育期130天左右的特早熟优质水稻品种（如玉针香）。

育秧方式：采用湿润育秧、旱育秧或机插软盘育秧。

种植季节：4月下旬播种，6月上旬插秧，秧龄40天左右，9月上旬至9月中旬收获。

产量与产值：一般亩产优质稻谷500千克，亩产值可达2 500元左右。

3. 第三季秋冬瓠瓜

品种类型：选用早熟、抗病的品种，如黔瓠瓜1号、福圣瓠瓜等。

育苗方式：露地营养钵、营养盘或土块等育苗。

种植季节及方式：8月下旬至9月上旬播种育苗，遮阳网覆盖遮阴，9月中旬至9月下旬移栽，露地地膜覆盖栽培，10月下旬至12月上中旬采收。

产量与产值：亩产量2 400～2 800千克，亩产值3 300～3 800元。

该模式上述三季亩产值13 800～16 300元。

（二十七）冬春南瓜—优质稻—秋冬瓠瓜种植模式

1. 第一季冬春南瓜

品种类型：无藤及长藤南瓜均须选用早熟、中熟品种，如黔南瓜1号、韩绿珠、贵阳小青瓜、华玉西葫芦等。

育苗方式：采用电热温床营养钵、营养盘或土块等育苗，苗床覆盖农膜。

种植季节：1月下旬至2月初播种，2中旬至2月底移栽无藤南瓜，地膜、深窝地膜或地膜加小拱棚栽培，3月下旬至5月上中旬采收，长藤南瓜4月上旬至5月下旬采收。

产量与产值：无藤南瓜亩产量3 000 ~ 3 500千克，亩产值6 000 ~ 7 000元。长藤南瓜亩产量3 700 ~ 5 000千克，亩产值7 500 ~ 9 800元。

2. 第二季优质稻

品种类型：选择全生育期145天左右的早熟优质水稻品种（如香早优2017、泰优390）或全生育期130天左右的特早熟优质水稻品种（如玉针香）。

育秧方式：采用湿润育秧、旱育秧或机插软盘育秧。

种植季节：4月下旬播种，6月上旬插秧，秧龄40天左右，9月上旬至9月中旬收获。

产量与产值：一般亩产优质稻谷500千克，亩产值可达2 500元左右。

3. 第三季秋冬瓠瓜

品种类型：选用早熟、抗病的品种，如黔瓠瓜1号、福圣瓠瓜等。

育苗方式：露地营养钵、营养盘或土块等育苗。

种植季节及方式：8月下旬至9月上旬播种育苗，遮阳网覆盖遮阴，9月中旬至9月下旬移栽，露地地膜覆盖栽培，10月下旬至12月上中旬采收。

产量与产值：亩产量2 400 ~ 2 800千克，亩产值3 300 ~ 3 800元。

该模式上述三季一般亩产值11 800 ~ 16 100元。

（二十八）冬春苦瓜—优质稻—秋冬瓠瓜种植模式

1. 第一季冬春苦瓜

品种类型：选用早熟、中熟品种，如贵苦瓜1号、早绿苦瓜等。

育苗方式：小拱棚或塑料大棚等育苗，可用育苗盘或营养钵等容器育苗，苗床覆盖农膜。

种植季节：2月初至2月上旬播种，播前注意浸种催芽，2月底至3月初移栽，地膜或深窝地膜加小拱棚栽培，4月下旬至6月上旬采收。

产量与产值：亩产量2 500 ~ 3 400千克，亩产值8 100 ~ 11 500元。

2. 第二季优质稻

品种类型：选择全生育期145天左右的早熟优质水稻品种（如香早优2017、泰优390）或全生育期130天左右的特早熟优质水稻品种（如玉针香）。

育秧方式：采用湿润育秧、旱育秧或机插软盘育秧。

种植季节：4月下旬播种，6月上旬插秧，秧龄40天左右，9月上旬至9月中旬收获。

产量与产值：亩产优质稻谷500千克，亩产值可达2 500元左右。

3. 第三季秋冬瓠瓜

品种类型：选用早熟、抗病的品种，如黔瓠瓜1号、福圣瓠瓜等。

育苗方式：露地营养钵、营养盘或土块等育苗。

种植季节及方式：8月下旬至9月上旬播种育苗，遮阳网覆盖遮阴，9月中旬至9月下旬移栽，露地地膜覆盖栽培，10月下旬至12月上中旬采收。

产量与产值：亩产量2 400 ~ 2 800千克，亩产值3 300 ~ 3 800元。

该模式上述三季亩产值13 900 ~ 17 800元。

（二十九）冬春丝瓜—优质稻—秋冬瓠瓜种植模式

1. 第一季冬春丝瓜

品种类型：选用早熟、中熟品种，如黔丝瓜1号、泰国新一号丝瓜等。

育苗方式：在塑料小拱棚、塑料大棚或其他温室中育苗，可用育苗盘或营养钵等容器育苗，也可于苗床上育苗。

种植季节及方式：2月上旬至2月中旬播种，3月初至3月上旬移栽，地膜或深窝地膜加小拱棚栽培，4月下旬至6月上旬采收。

产量与产值：一般亩产量2 400 ~ 3 300千克，亩产值7 400 ~ 10 600元。

2. 第二季优质稻

品种类型：选择全生育期145天左右的早熟优质水稻品种（如香早优2017、

泰优390）或全生育期130天左右的特早熟优质水稻品种（如玉针香）。

育秧方式：采用湿润育秧、旱育秧或机插软盘育秧。

种植季节：4月下旬播种，6月上旬插秧，秧龄40天左右，9月上旬至9月中旬收获。

产量与产值：一般亩产优质稻谷500千克，亩产值可达2 500元左右。

3. 第三季秋冬瓠瓜

品种类型：选用早熟、抗病的品种，如黔瓠瓜1号、福圣瓠瓜等。

育苗方式：露地营养钵、营养盘或土块等育苗。

种植季节及方式：8月下旬至9月上旬播种育苗，遮阳网覆盖遮阴，9月中旬至9月下旬移栽，露地地膜覆盖栽培，10月下旬至12月上中旬采收。

产量与产值：亩产量2 400 ~ 2 800千克，亩产值3 300 ~ 3 800元。

该模式上述三季亩产值13 600 ~ 17 300元。

（三十）冬春四季豆—优质稻—秋冬瓠瓜种植模式

1. 第一季冬春四季豆

品种类型：宜选用早熟、中熟品种，如黔棒豆1号、

种植方式：直播。

种植季节及方式：2月上旬地膜、深窝地膜或地膜加小拱棚播种，4月上旬至6月初采收。

产量与产值：亩产量2 000 ~ 2 300千克，亩产值6 000 ~ 6 500元。

2. 第二季优质稻

品种类型：选择全生育期145天左右的早熟优质水稻品种（如香早优2017、泰优390）或全生育期130天左右的特早熟优质水稻品种（如玉针香）。

育秧方式：采用湿润育秧、旱育秧或机插软盘育秧。

种植季节：4月下旬播种，6月上旬插秧，秧龄40天左右，9月上旬至9月中旬收获。

产量与产值：一般亩产优质稻谷500千克，亩产值可达2 500元左右。

3. 第三季秋冬瓠瓜

品种类型：选用早熟、抗病的品种，如黔瓠瓜1号、福圣瓠瓜等。

育苗方式：露地营养钵、营养盘或土块等育苗。

种植季节及方式：8月下旬至9月上旬播种育苗，遮阳网覆盖遮阴，9月中旬至9月下旬移栽，露地地膜覆盖栽培，10月下旬至12月上中旬采收。

产量与产值：亩产量2 400 ~ 2 800千克，亩产值3 300 ~ 3 800元。

该模式上述三季亩产值11 500 ~ 12 300元。

（三十一）冬春豇豆—优质稻—秋冬瓠瓜种植模式

1. 第一季冬春豇豆

品种类型：选用早熟、中熟品种，如黔豇豆1号、之豇特早30等。

种植方式：直播

种植季节：2月上中旬播种，地膜、深窝地膜或地膜加小拱棚栽培，4月中旬至6月上旬采收。

产量与产值：亩产量2 200 ~ 2 500千克，亩产值6 400 ~ 7 000元。

2. 第二季优质稻

品种类型：选择全生育期145天左右的早熟优质水稻品种（如香早优2017、泰优390）或全生育期130天左右的特早熟优质水稻品种（如玉针香）。

育秧方式：采用湿润育秧、旱育秧或机插软盘育秧。

种植季节：4月下旬播种，6月上旬插秧，秧龄40天左右，9月上旬至9月中旬收获。

产量与产值：一般亩产优质稻谷500千克，亩产值可达2 500元左右。

3. 第三季秋冬瓠瓜

品种类型：选用早熟、抗病的品种，如黔瓠瓜1号、福圣瓠瓜等。

育苗方式：露地营养钵、营养盘或土块等育苗。

种植季节及方式：8月下旬至9月上旬播种育苗，遮阳网覆盖遮阴，9月中旬至9月下旬移栽，露地地膜覆盖栽培，10月下旬至12月上中旬采收。

产量与产值：亩产量2 400 ~ 2 800千克，亩产值3 300 ~ 3 800元。

该模式上述三季亩产值12 000 ~ 13 000元。

（三十二）冬春鲜食糯（甜）玉米—优质稻—秋冬瓠瓜种植模式

1. 第一季冬春鲜食糯（甜）玉米

品种类型：选用品质好、风味佳的早熟、中熟品种，如万糯2000、遵糯1号、筑糯2号等。

育苗方式：采用电热温床营养钵、营养盘或土块等育苗。

种植季节及方式：1月下旬至2月中旬播种，2月上旬至2月底移栽，地膜或深窝地膜栽培，5月初至5月下旬采收。

产量与产值：亩产量1 400～1 600千克，亩产值3 000～3 400元。

2. 第二季优质稻

品种类型：选择全生育期145天左右的早熟优质水稻品种（如香早优2017、泰优390）或全生育期130天左右的特早熟优质水稻品种（如玉针香）。

育秧方式：采用湿润育秧、旱育秧或机插软盘育秧。

种植季节：4月中旬至5月上旬播种，5月中旬至6月上旬插秧，9月上旬至9月下旬收获。

产量与产值：一般亩产优质稻谷500千克，亩产值可达2 500元左右。

3. 第三季秋冬瓠瓜

品种类型：选用早熟、抗病的品种，如黔瓠瓜1号、福圣瓠瓜等。

育苗方式：露地营养钵、营养盘或土块等育苗。

种植季节及方式：8月下旬至9月上旬播种育苗，遮阳网覆盖遮阴，9月中旬至9月下旬移栽，露地地膜覆盖栽培，10月下旬至12月上中旬采收。

产量与产值：亩产量2 400～2 800千克，亩产值3 300～3 800元。

该模式上述三季亩产值8 500～9 400元。

（三十三）冬春番茄—优质稻—秋冬黄瓜种植模式

1. 第一季冬春番茄

品种类型：适宜在贵州推广种植的早熟或中熟的优良品种。

育苗方式：采用冷床育苗，苗床覆盖农膜。

种植季节及方式：10月上旬至10月下旬播种，12月下旬至1月下旬移栽，地膜、深窝地膜或地膜加小拱棚栽培，4月初至6月初采收。

产量与产值：亩产量5 000 ~ 6 000千克，亩产值10 000 ~ 14 000元。

2. 第二季优质稻

品种类型：选择全生育期145天左右的早熟优质水稻品种（如香早优2017、泰优390）或全生育期130天左右的特早熟优质水稻品种（如玉针香）。

育秧方式：采用湿润育秧、旱育秧或机插软盘育秧。

种植季节：4月下旬播种，6月上旬插秧，秧龄40天左右，9月上旬至9月中旬收获。

产量与产值：一般亩产优质稻谷500千克，亩产值可达2 500元左右。

3. 第三季秋冬黄瓜

品种类型：选用优质高产的品种，如中农10号、贵优1号等。

育苗方式：露地营养钵、营养盘或土块等育苗。

种植季节及方式：9月上旬至中旬播种，覆盖遮阳网，9月中旬至下旬移栽，露地或地膜覆盖栽培，10月下旬至12月上旬采收。

产量与产值：亩产量2 500 ~ 3 000千克，亩产值3 600 ~ 4 000元，最高亩产量达3 600千克，最高亩产值达6 000元。

该模式上述三季亩产值16 100 ~ 20 400元。

（三十四）冬春茄子—优质稻—秋冬黄瓜种植模式

1. 第一季冬春茄子

品种类型：选用早熟、中熟品种，如黔茄4号、渝早茄4号、农丰长茄等。

育苗方式：采用冷床育苗，苗床覆盖农膜。

种植季节及方式：9月底至10月上旬播种，12月中旬至翌年1月初移栽，地膜、深窝地膜或地膜加小拱棚栽培，3月底至6月初采收。

产量与产值：亩产量4 000 ~ 5 000千克，亩产值8 400 ~ 11 000元。

2. 第二季优质稻

品种类型：选择全生育期145天左右的早熟优质水稻品种（如香早优2017、泰优390）或全生育期130天左右的特早熟优质水稻品种（如玉针香）。

育秧方式：采用湿润育秧、旱育秧或机插软盘育秧。

种植季节：4月下旬播种，6月上旬插秧，秧龄40天左右，9月上旬至9月中

旬收获。

产量与产值：一般亩产优质稻谷500千克，亩产值可达2 500元左右。

3. 第三季秋冬黄瓜

品种类型：选用优质高产的品种，如中农10号、贵优1号等。

育苗方式：露地营养钵、营养盘或土块等育苗。

种植季节及方式：9月上旬至中旬播种，覆盖遮阳网，9月中旬至下旬移栽，露地或地膜覆盖栽培，10月下旬至12月上旬采收。

产量与产值：亩产量2 500 ~ 3 000千克，亩产值3 600 ~ 4 000元，最高亩产量达3 600千克，最高亩产值达6 000元。

该模式上述三季亩产值14 500 ~ 17 500元。

（三十五）冬春辣椒—优质稻—秋冬黄瓜种植模式

1. 第一季冬春辣椒

品种类型：选用早熟、中熟品种，如黔椒4号、辛香4号、长辣4号等。

育苗方式：采用冷床育苗，苗床覆盖农膜。

种植季节及方式：10月初至10月中旬播种，12月中旬至翌年1月中旬移栽，地膜、深窝地膜或地膜加小拱棚栽培，3月底至6月初采收。

产量与产值：亩产量2 900 ~ 3 300千克，亩产值8 100 ~ 9 800元。

2. 第二季优质稻

品种类型：选择全生育期145天左右的早熟优质水稻品种（如香早优2017、泰优390）或全生育期130天左右的特早熟优质水稻品种（如玉针香）。

育秧方式：采用湿润育秧、旱育秧或机插软盘育秧。

种植季节：4月下旬播种，6月上旬插秧，秧龄40天左右，9月上旬至9月中旬收获。

产量与产值：一般亩产优质稻谷500千克，亩产值可达2 500元左右。

3. 第三季秋冬黄瓜

品种类型：选用优质高产的品种，如中农10号、贵优1号等。

育苗方式：露地营养钵、营养盘或土块等育苗。

种植季节及方式：9月上旬至中旬播种，覆盖遮阳网，9月中旬至下旬移栽，露地或地膜覆盖栽培，10月下旬至12月上旬采收。

产量与产值：亩产量2 500～3 000千克，亩产值3 600～4 000元，最高亩产量达3 600千克，最高亩产值达6 000元。

该模式上述三季亩产值14 200～16 300元。

（三十六）冬春辣椒—优质稻—秋冬黄瓜种植模式

1. 第一季冬春辣椒

品种类型：选用早熟、中熟品种，如黔椒4号、辛香4号、长辣4号等。

育苗方式：采用冷床育苗，苗床覆盖农膜。

种植季节及方式：10月初至10月中旬播种，12月中旬至翌年1月中旬移栽，地膜、深窝地膜或地膜加小拱棚栽培，3月底至6月初采收。

产量与产值：亩产量2 900～3 300千克，亩产值8 100～9 800元。

2. 第二季优质稻

品种类型：选择全生育期145天左右的早熟优质水稻品种（如香早优2017、泰优390）或全生育期130天左右的特早熟优质水稻品种（如玉针香）。

育秧方式：采用湿润育秧、旱育秧或机插软盘育秧。

种植季节：4月下旬播种，6月上旬插秧，秧龄40天左右，9月上旬至9月中旬收获。

产量与产值：一般亩产优质稻谷500千克，亩产值可达2 500元左右。

3. 第三季秋冬黄瓜

品种类型：选用优质高产的品种，如中农10号、贵优1号等。

育苗方式：露地营养钵、营养盘或土块等育苗。

种植季节及方式：9月上旬至中旬播种，覆盖遮阳网，9月中旬至下旬移栽，露地或地膜覆盖栽培，10月下旬至12月上旬采收。

产量与产值：亩产量2 500～3 000千克，亩产值3 600～4 000元，最高亩产量达3 600千克，最高亩产值达6 000元。

该模式上述三季亩产值14 100～16 500元。

（三十七）冬春瓠瓜—优质稻—秋冬黄瓜种植模式

1. 第一季冬春瓠瓜

品种类型：选用早熟、中熟品种，如黔瓠瓜1号、早玉瓠瓜等。

育苗方式：采用电热温床营养钵、营养盘或土块等育苗，苗床覆盖农膜。

种植季节及方式：1月底至2月初播种，2月中下旬至2月底移栽，地膜、深窝地膜或地膜加小拱棚栽培，4月上旬至6月初采收。

产量与产值：亩产量3 800 ~ 5 200千克，亩产值7 700 ~ 10 000元。

2. 第二季优质稻

品种类型：选择全生育期145天左右的早熟优质水稻品种（如香早优2017、泰优390）或全生育期130天左右的特早熟优质水稻品种（如玉针香）。

育秧方式：采用湿润育秧、旱育秧或机插软盘育秧。

种植季节：4月下旬播种，6月上旬插秧，秧龄40天左右，9月上旬至9月中旬收获。

产量与产值：一般亩产优质稻谷500千克，亩产值可达2 500元左右。

3. 第三季秋冬黄瓜

品种类型：选用优质高产的品种，如中农10号、贵优1号等。

育苗方式：露地营养钵、营养盘或土块等育苗。

种植季节及方式：9月上旬至中旬播种，覆盖遮阳网，9月中旬至下旬移栽，露地或地膜覆盖栽培，10月下旬至12月上旬采收。

产量与产值：亩产量2 500 ~ 3 000千克，亩产值3 600 ~ 4 000元，最高亩产量达3 600千克，最高亩产值达6 000元。

该模式上述三季亩产值13 800 ~ 19 000元。

（三十八）冬春南瓜—优质稻—秋冬黄瓜种植模式

1. 第一季冬春南瓜

品种类型：无藤及长藤南瓜均需选用早熟、中熟品种，如黔南瓜1号、韩绿珠、贵阳小青瓜、华玉西葫芦等。

育苗方式：采用电热温床营养钵、营养盘或土块等育苗，苗床覆盖农膜。

种植季节：1月下旬至2月初播种，2中旬至2月底移栽无藤南瓜，地膜、深窝地膜或地膜加小拱棚栽培，3月下旬至5月上中旬采收，长藤南瓜4月上旬至5月下旬采收。

产量与产值：无藤南瓜亩产量3 000 ~ 3 500千克，亩产值6 000 ~ 7 000元。长藤南瓜亩产量3 700 ~ 5 000千克，亩产值7 500 ~ 9 800元。

2. 第二季优质稻

品种类型：选择全生育期145天左右的早熟优质水稻品种（如香早优2017、泰优390）或全生育期130天左右的特早熟优质水稻品种（如玉针香）。

育秧方式：采用湿润育秧、旱育秧或机插软盘育秧。

种植季节：4月下旬播种，6月上旬插秧，秧龄40天左右，9月上旬至9月中旬收获。

产量与产值：一般亩产优质稻谷500千克，亩产值可达2 500元左右。

3. 第三季秋冬黄瓜

品种类型：选用优质高产的品种，如中农10号、贵优1号等。

育苗方式：露地营养钵、营养盘或土块等育苗。

种植季节及方式：9月上旬至中旬播种，覆盖遮阳网，9月中旬至下旬移栽，露地或地膜覆盖栽培，10月下旬至12月上旬采收。

产量与产值：亩产量2 500 ~ 3 000千克，亩产值3 600 ~ 4 000元，最高亩产量达3 600千克，最高亩产值达6 000元。

该模式上述三季亩产值11 000 ~ 12 500元。

（三十九）冬春苦瓜—优质稻—秋冬黄瓜种植模式

1. 第一季冬春苦瓜

品种类型：选用早熟、中熟品种，如贵苦瓜1号、早绿苦瓜等。

育苗方式：小拱棚或塑料大棚等育苗，可用育苗盘或营养钵等容器育苗，苗床覆盖农膜。

种植季节及方式：2月初至2月上旬播种，播前注意浸种催芽，2月底至3月初移栽，地膜或深窝地膜加小拱棚栽培，4月下旬至6月上旬采收。

产量与产值：亩产量2 500 ~ 3 400千克，亩产值8 100 ~ 11 500元。

2. 第二季优质稻

品种类型：选择全生育期145天左右的早熟优质水稻品种（如香早优2017、泰优390）或全生育期130天左右的特早熟优质水稻品种（如玉针香）。

育秧方式：采用湿润育秧、旱育秧或机插软盘育秧。

种植季节：4月下旬播种，6月上旬插秧，秧龄40天左右，9月上旬至9月中旬收获。

产量与产值：一般亩产优质稻谷500千克，亩产值可达2 500元左右。

3. 第三季秋冬黄瓜

品种类型：选用优质高产的品种，如中农10号、贵优1号等。

育苗方式：露地营养钵、营养盘或土块等育苗。

种植季节及方式：9月上旬至中旬播种，覆盖遮阳网，9月中旬至下旬移栽，露地或地膜覆盖栽培，10月下旬至12月上旬采收。

产量与产值：亩产量2 500～3 000千克，亩产值3 600～4 000元，最高亩产量达3 600千克，最高亩产值达6 000元。

该模式上述三季亩产值14 200～18 000元。

（四十）冬春丝瓜—优质稻—秋冬黄瓜种植模式

1. 第一季冬春丝瓜

品种类型：选用早熟、中熟品种，如黔丝瓜1号、泰国新一号丝瓜等。

育苗方式：在塑料小拱棚、塑料大棚或其他温室中育苗，可用育苗盘（或营养钵等容器）育苗，也可于苗床上育苗。

种植季节及方式：2月上旬至2月中旬播种，3月初至3月上旬移栽，地膜或深窝地膜加小拱棚栽培，4月下旬至6月上旬采收。

产量与产值：一般亩产量2 400～3 300千克，亩产值7 400～10 600元。

2. 第二季优质稻

品种类型：选择全生育期145天左右的早熟优质水稻品种（如香早优2017、泰优390）或全生育期130天左右的特早熟优质水稻品种（如玉针香）。

育秧方式：采用湿润育秧、旱育秧或机插软盘育秧。

种植季节：4月下旬播种，6月上旬插秧，秧龄40天左右，9月上旬至9月中

旬收获。

产量与产值：一般亩产优质稻谷500千克，亩产值可达2 500元左右。

3. 第三季秋冬黄瓜

品种类型：选用优质高产的品种，如中农10号、贵优1号等。

育苗方式：露地营养钵、营养盘或土块等育苗。

种植季节及方式：9月上旬至中旬播种，覆盖遮阳网，9月中旬至下旬移栽，露地或地膜覆盖栽培，10月下旬至12月上旬采收。

产量与产值：亩产量2 500～3 000千克，亩产值3 600～4 000元，最高亩产量达3 600千克，最高亩产值达6 000元。

该模式上述三季亩产值13 700～17 400元。

（四十一）冬春四季豆—优质稻—秋冬黄瓜种植模式

1. 第一季冬春四季豆

品种类型：采用早熟、中熟品种，如黔棒豆1号等。

种植方式：直播。

种植季节及方式：2月上旬地膜、深窝地膜或地膜加小拱棚播种，4月上旬至6月初采收。

产量与产值：亩产量2 000～2 300千克，亩产值6 000～6 500元。

2. 第二季优质稻

品种类型：选择全生育期145天左右的早熟优质水稻品种（如香早优2017、泰优390）或全生育期130天左右的特早熟优质水稻品种（如玉针香）。

育秧方式：采用湿润育秧、旱育秧或机插软盘育秧。

种植季节：4月下旬播种，6月上旬插秧，秧龄40天左右，9月上旬至9月中旬收获。

产量与产值：一般亩产优质稻谷500千克，亩产值可达2 500元左右。

3. 第三季秋冬黄瓜

品种类型：选用优质高产的品种，如中农10号、贵优1号等。

育苗方式：露地营养钵、营养盘或土块等育苗。

种植季节及方式：9月上旬至中旬播种，覆盖遮阳网，9月中旬至下旬移栽，露地或地膜覆盖栽培，10月下旬至12月上旬采收。

产量与产值：亩产量2 500～3 000千克，亩产值3 600～4 000元，最高亩产量达3 600千克，最高亩产值达6 000元。

该模式上述三季亩产值12 100～13 000元。

（四十二）冬春豇豆—优质稻—秋冬黄瓜种植模式

1. 第一季冬春豇豆

品种类型：选用早熟、中熟品种，如黔豇豆1号、之豇特早30等。

种植方式：直播。

种植季节：2月上中旬播种，地膜、深窝地膜或地膜加小拱棚栽培，4月中旬至6月上旬采收。

产量与产值：亩产量2 200～2 500千克，亩产值6 400～7 000元。

2. 第二季优质稻

品种类型：选择全生育期145天左右的早熟优质水稻品种（如香早优2017、泰优390）或全生育期130天左右的特早熟优质水稻品种（如玉针香）。

育秧方式：采用湿润育秧、旱育秧或机插软盘育秧。

种植季节：4月下旬播种，6月上旬插秧，秧龄40天左右，9月上旬至9月中旬收获。

产量与产值：一般亩产优质稻谷500千克，亩产值可达2 500元左右。

3. 第三季秋冬黄瓜

品种类型：选用优质高产的品种，如中农10号、贵优1号等。

育苗方式：露地营养钵、营养盘或土块等育苗。

种植季节及方式：9月上旬至中旬播种，覆盖遮阳网，9月中旬至下旬移栽，露地或地膜覆盖栽培，10月下旬至12月上旬采收。

产量与产值：亩产量2 500～3 000千克，亩产值3 600～4 000元，最高亩产量达3 600千克，最高亩产值达6 000元。

该模式上述三季亩产值12 500～15 100元。

（四十三）冬春鲜食糯（甜）玉米—优质稻—秋冬黄瓜种植模式

1. 第一季冬春鲜食糯（甜）玉米

品种类型：选用品质好、风味佳的早熟、中熟品种，如万糯2000、遵糯1号、筑糯2号等。

育苗方式：采用电热温床营养钵、营养盘或土块等育苗。

种植季节及方式：1月下旬至2月中旬播种，2月上旬至2月底移栽，地膜或深窝地膜栽培，5月上旬至5月下旬采收。

产量与产值：亩产量1 400～1 600千克，亩产值3 000～3 400元。

2. 第二季优质稻

品种类型：选择全生育期145天左右的早熟优质水稻品种（如香早优2017、泰优390）或全生育期130天左右的特早熟优质水稻品种（如玉针香）。

育秧方式：采用湿润育秧、旱育秧或机插软盘育秧。

种植季节：4月中旬至4月下旬播种，5月中旬至6月上旬插秧，8月下旬至9月中旬收获。

产量与产值：一般亩产优质稻谷500千克，亩产值可达2 500元左右。

3. 第三季秋冬黄瓜

品种类型：选用优质高产的品种，如中农10号、贵优1号等。

育苗方式：露地营养钵、营养盘或土块等育苗。

种植季节及方式：8月下旬至9月中旬播种，覆盖遮阳网，9月上旬至下旬移栽，露地或地膜覆盖栽培，10月中旬至12月上旬采收。

产量与产值：亩产量2 500～3 000千克，亩产值3 600～4 000元，最高亩产量达3 600千克，最高亩产值达6 000元。

该模式上述三季亩产值9 100～9 900元。

二、春蔬菜—优质稻—食用菌轮作

春蔬菜—优质稻—食用菌模式，指在一季春蔬菜上市后种植优质稻，利用水稻收获后的闲田栽培大球盖菇，在秋冬季出菇。该模式适宜在贵州600米以下的低海拔地区，1月平均温度8.0℃以上。

（一）春白菜—优质稻—大球盖菇模式

1. 第一季春白菜

品种类型：选择耐抽薹的品种，如黔白5号、黔白9号、韩国强势等。

育苗方式：大棚或大棚+小拱棚，穴盘育苗。

种植季节及方式：1月底至2月中旬播种育苗，3月上旬至中旬地膜栽培，4月中旬到4月底采收。

产量与产值：亩产4 000～5 000千克，亩产值可达8 000元左右。

2. 第二季优质稻

品种类型：选择全生育期145天左右的早熟优质水稻品种（如香早优2017、泰优390）或全生育期130天左右的特早熟优质水稻品种（如玉针香）。

育秧方式：采用湿润育秧、旱育秧或机插软盘育秧。

种植季节：4月上旬播种，5月中旬插秧，秧龄40天左右，8月中下旬至9月初收获。

产量与产值：一般亩产优质稻谷500千克，亩产值可达2 500元左右。

3. 第三季大球盖菇

品种类型：大球盖菇。

栽培方式：大田生料覆土栽培或大田发酵料覆土栽培。

种植季节及方式：9月上旬至9月中旬建菌床播种，11月中下旬至翌年1月中旬采收。

产量与产值：大球盖菇生物转化率在40%左右，推荐每亩用菌材3 000～5 000千克，亩产1 200～2 000千克，亩产值在12 000～20 000元（夏秋冬季节菇价较高，按10元/千克计）。

该模式上述三季亩产值22 500～30 500元。

（二）春叶用莴苣—优质稻—大球盖菇模式

1. 第一季春叶用莴苣

品种类型：选择抽薹晚、抗病的品种，如凯撒、菊花生菜、萨林那斯等。

育苗方式：大棚或大棚+小拱棚，穴盘育苗。

种植季节及方式：1月下旬至2月上旬播种育苗，3月上旬至中旬地膜栽培，

4月中到4月底采收。

产量与产值：亩产约1 000千克，亩产值可达3 000元左右。

2. 第二季优质稻

品种类型：选择全生育期145天左右的早熟优质水稻品种（如香早优2017、泰优390）或全生育期130天左右的特早熟优质水稻品种（如玉针香）。

育秧方式：采用湿润育秧、旱育秧或机插软盘育秧。

种植季节：4月上旬播种，5月中旬插秧，秧龄40天左右，8月中下旬至9月初收获。

产量与产值：一般亩产优质稻谷500千克，亩产值可达2 500元左右。

3. 第三季大球盖菇

品种类型：大球盖菇。

栽培方式：大田生料覆土栽培或大田发酵料覆土栽培。

种植季节及方式：9月上旬至9月中旬建菌床播种，11月中下旬至翌年1月中旬采收。

产量与产值：大球盖菇生物转化率在40%左右，推荐每亩用菌材3 000～5 000千克，亩产1 200～2 000千克，亩产值在12 000～20 000元（夏秋冬季节菇价较高，按10元/千克计）。

该模式上述三季亩产值17 500～25 500元。

（三）春萝卜—优质稻—大球盖菇模式

1. 第一季春萝卜

品种类型：选择耐低温、耐抽薹、抗病的品种，如玉春剑、白玉春、捷如春等。

播种方式：直播。

种植季节及方式：1月下旬至2月中旬深窝地膜直播，4月中旬到4月下旬采收。

产量与产值：亩产4 000～5 000千克，亩产值可达5 000～7 000元。

2. 第二季优质稻

品种类型：选择全生育期145天左右的早熟优质水稻品种（如香早优2017、

泰优390）或全生育期130天左右的特早熟优质水稻品种（如玉针香）。

育秧方式：采用湿润育秧、旱育秧或机插软盘育秧。

种植季节：4月上旬播种，5月中旬插秧，秧龄40天左右，8月中下旬至9月初收获。

产量与产值：一般亩产优质稻谷500千克，亩产值可达2 500元左右。

3. 第三季大球盖菇

品种类型：大球盖菇。

栽培方式：大田生料覆土栽培或大田发酵料覆土栽培。

种植季节及方式：9月上旬至9月中旬建菌床播种，11月中下旬至翌年1月中旬采收。

产量与产值：大球盖菇生物转化率在40%左右，推荐每亩用菌材3 000～5 000千克，一般亩产1 200～2 000千克，亩产值在12 000～20 000元（夏秋冬季节菇价较高，按10元/千克计）。

该模式上述三季亩产值19 500～27 500元。

第二节　一年二熟模式

一、优质稻—高效蔬菜轮作

优质稻—高效蔬菜一年二熟模式，适宜在海拔600～1 300米、中等热量条件的区域种植，1月平均温度在4.2℃以上，同时要求生产基地水源和方便，能排能灌。本模式亦实用于低海拔地区，本节主要介绍生产上4种技术模式。

（一）优质稻—秋冬白菜种植模式

1. 第一季优质稻

品种类型：选择中晚熟优质水稻品种，如宜香优2115、川优6203、晶两优534等、Y两优585等。

育秧方式：采用湿润育秧、旱育秧或机插软盘育秧。

种植季节：4月上旬至4月中旬播种，5月上旬至5月中旬移栽，9月中旬至9月下旬收获。

产量与产值：一般亩产优质稻谷650千克，亩产值可达3 250元左右。

2. 第二季秋冬白菜

品种类型：高产优质的大白菜，白菜此时属于正季栽培，可选品种较多，如黔白1号、晋菜三号、秋绿60、秋绿75等。

育苗方式：采用育苗移栽，苗期25天左右。

种植季节：大白菜于9月上旬至10初播种；10月初至10月下旬定植，11月上旬至翌年2月采收；

产量与产值：一般亩产5 000千克，亩产值可达6 500元左右。

该模式上述二季亩产值约9 500元。

（二）优质稻—甘蓝种植模式

1. 第一季优质稻

品种类型：选择中晚熟优质水稻品种，如宜香优2115、川优6203、晶两优534等、Y两优585等。

育秧方式：采用湿润育秧、旱育秧或机插软盘育秧。

种植季节：4月上旬至4月中旬播种，5月上旬至5月中旬移栽，9月中旬至9月下旬收获。

产量与产值：一般亩产优质稻谷650千克，亩产值可达3 250元左右。

2. 第二季甘蓝

品种类型：春甘蓝宜选早熟、高产、抗病品种，如黔甘1号、黔甘2号，京丰1号，春丰甘蓝，上海牛心、争春8389、春甘45、中甘15号、中甘11号等；冬甘蓝宜选黔甘6号、黔甘1号、黔甘2号，京丰1号、圆通等。

育苗方式：采用育苗移栽，甘蓝苗期35天左右。

种植季节：春甘蓝10月中旬至11月播种育苗，12月定植，翌年3—4月采收。冬甘蓝于8月中旬至下旬播种，最晚不超过8月25日，9月下旬至9月底定植，12月后开始采收至翌年春节前后。

产量与产值：一般亩产4 500千克，亩产值可达6 000元左右。

该模式上述二季亩产值约9 500元。

（三）优质稻—青菜种植模式

1. 第一季优质稻

品种类型：选择中晚熟优质水稻品种，如宜香优2115、川优6203、晶两优534等、Y两优585等。

育秧方式：采用湿润育秧、旱育秧或机插软盘育秧。

种植季节：4月上旬至4月中旬播种，5月上旬至5月中旬移栽，9月中旬至9月下旬收获。

产量与产值：一般亩产优质稻谷650千克，亩产值可达3 250元左右。

2. 第二季青菜

品种类型：根据加工企业或消费者需求，宜选高产、抗病品种，如黔青1号、2号、独山大叶青菜、贵阳晚迟青等。

育苗方式：采用育苗移栽，也可直播。苗期35天左右。

种植季节：8月下旬至9月中旬育苗或10月上旬至中旬直播，10月上旬至下旬定植，12月至翌年3月采收。

产量与产值：一般亩产4 500千克，亩产值可达6 000元左右。

该模式上述二季亩产值约9 500元。

（四）优质稻—大蒜种植模式

1. 第一季优质稻

品种类型：选择中晚熟优质水稻品种，如宜香优2115、川优6203、晶两优534等、Y两优585等。

育秧方式：采用湿润育秧、旱育秧或机插软盘育秧。

种植季节：4月上旬至4月中旬播种，5月上旬至5月中旬移栽，9月中旬至9月下旬收获。

产量与产值：一般亩产优质稻谷650千克，亩产值可达3 250元左右。

2. 第二季大蒜

品种类型：根据地方需求，可选地方品种如麻江红蒜、毕节白蒜等。

种植方式：直播。

种植季节：9月底至10月上旬种植，翌年4月底前采收。

产量与产值：一般亩产蒜薹300千克，产值1 500元，蒜头1 000～1 250千克，产值可达8 000～10 000元。

该模式上述二季亩产值12 000～14 000元。

二、优质稻—食用菌轮作

优质稻—食用菌一年二熟模式，是指利用水稻收获后丰富的根腐殖质和秸秆还田，为食用菌栽培提供基质，同时食用菌种植后土壤中残留的大量菌丝和菇脚也可作水稻有机肥，实现农田高效循环利用。该模式适宜贵州海拔600～1 300米的区域，本节主要介绍以下三种技术模式。

（一）优质稻—羊肚菌种植模式

优质稻—羊肚菌轮作技术模式是稳粮增收的重要技术模式。水稻收割之后，10月中旬至翌年3月下旬可利用大田进行羊肚菌栽培。适宜海拔600～1 300米区域。

1. 第一季优质稻

品种类型：选择中晚熟优质水稻品种，如宜香优2115、川优6203、晶两优534等、Y两优585等。

育秧方式：采用湿润育秧、旱育秧或机插软盘育秧。

种植季节：4月上旬至4月中旬播种，5月上旬至5月中旬移栽，9月中旬至9月下旬收获。

产量与产值：一般亩产优质稻谷650千克，亩产值可达3 250元左右。

2. 第二季羊肚菌

品种类型：选择六妹系列羊肚菌品种，如川羊肚菌6号等。

栽培方式：搭建简易遮阳中棚（平棚）或矮棚（拱棚），大田覆土添加外援营养袋栽培。

种植季节：10月中旬至11月下旬整地播种（气温在14～22℃），翌年2月中旬至4月上旬采收（气温在10～18℃）。

产量与产值：推荐每亩地投入羊肚菌菌种100～150千克，营养袋1 600～

2 000袋。在菌种优良、管理得当的条件下，通常亩产鲜菇150千克以上，亩产值可达20 000元左右。

该模式上述二季亩产值约23 000元。

（二）优质稻—大球盖菇种植模式

优质稻—大球盖菇技术模式，利用水稻收获后的闲田栽培大球盖菇，在秋冬季种植，留土过冬，翌年3—5月出菇。适宜海拔600～1 300米区域。

1. 第一季优质稻

品种类型：选择中晚熟优质水稻品种，如宜香优2115、川优6203、晶两优534等、Y两优585等。

育秧方式：采用湿润育秧、旱育秧或机插软盘育秧。

种植季节：4月上旬至4月中旬播种，5月上旬至5月中旬移栽，9月中旬至9月下旬收获。

产量与产值：一般亩产优质稻谷650千克，亩产值可达3 250元左右。

2. 第二季大球盖菇

品种类型：大球盖菇。

栽培方式：大田生料覆土栽培。

种植季节及方式：10月中旬至11月上旬建菌床播种，翌年3月中下旬至5月上旬采收。

产量与产值：大球盖菇生物转化率在40%左右，推荐每亩用菌材3 000～5 000千克，一般亩产1 200～2 000千克，亩产值在7 200～12 000元（春季大球盖菇全国同期上市，菇价较低，按6元/千克计）。

该模式上述二季亩产值约10 000～15 000元。

（三）优质稻—黑木耳种植模式

优质稻—黑木耳轮作模式，指水稻收割之后，大田经整理、翻晒、做畦后，9月下旬至11月上旬黑木耳菌棒刺孔入田排场，11月下旬至翌年4月中下旬出耳管理及采收。可实现黑木耳栽培过程中土壤杂菌污染有效防控，解决黑木耳连作障碍问题，菌渣就地还田还可改良土壤，增加地力，提高水稻产量。适宜海拔1 000米以下区域。

1. 第一季优质稻

品种类型：选择中晚熟优质水稻品种，如宜香优2115、川优6203、晶两优534等、Y两优585等。

育秧方式：采用湿润育秧、旱育秧或机插软盘育秧。

种植季节：4月上旬至4月中旬播种，5月上旬至5月中旬移栽，9月中旬至9月下旬收获。

产量与产值：一般亩产优质稻谷650千克，亩产值可达3 250元左右。

2. 第二季黑木耳

品种类型：选择半筋或少筋黑木耳品种，如黑木耳916、黑山系列、新科系列、丽耳43号—偏高温。

栽培方式：大田地摆式出耳栽培或大田吊袋式出耳栽培。

种植季节及方式：9月下旬至11月上旬刺孔入田排场，11月下旬至翌年4月中下旬出耳管理及采收（气温在15～22℃）。

产量与产值：按每亩摆放1万棒计算，一般产干品黑木耳500～750千克，亩产值可达30 000～45 000元。

该模式上述二季亩产值约33 000～48 000元。

三、优质稻—草莓轮作

优质稻—草莓一年二熟模式，指水稻收获后进行露地草莓种植，适宜于贵州海拔600～1 100米水稻种植区域，同时要求生产基地水源方便、能排能灌，并具有较好的交通条件。

1. 第一季优质稻

品种类型：选择中晚熟优质水稻品种，如宜香优2115、川优6203、晶两优534等、Y两优585等。

育秧方式：采用湿润育秧、旱育秧或机插软盘育秧。

种植季节：4月上旬至4月中旬播种，5月上旬至5月中旬移栽，9月中旬至9月下旬收获。

产量与产值：一般亩产优质稻谷650千克，亩产值可达3 250元左右。

2. 第二季露地草莓

品种类型：选择适宜露地栽培的优质草莓品种，如黔莓一号、黔莓二号、法兰帝等。

育苗方式：采用露地低厢育苗或穴盘育苗。

适宜区域：以上露地草莓品种的适应性很强，省内不同海拔区域均可种植。

种植季节：9月下旬至10月上旬定植，翌年4月下旬至5月中旬收获。

产量与产值：一般亩产草莓750千克以上，亩产值15 000元以上。

该模式上述二季亩产值约18 000元。

四、优质稻—马铃薯轮作

优质稻—马铃薯一年二熟模式，指水稻收获后种植早熟鲜食型马铃薯，该模式适宜在贵州海拔800米以下低热河谷坝区。

1. 第一季优质稻

品种类型：选择中晚熟优质水稻品种，如宜香优2115、川优6203、晶两优534等、Y两优585等。

育秧方式：采用湿润育秧、旱育秧或机插软盘育秧。

种植季节：4月上旬至4月中旬播种，5月上旬至5月中旬移栽，9月中旬至9月下旬收获。

产量与产值：一般亩产优质稻谷650千克，亩产值可达3 250元左右。

2. 第二季冬作马铃薯

品种选择：选择早熟鲜食型马铃薯品种，如费乌瑞它、中薯3号、中薯5号、闽薯1号、兴佳2号等。

播种方式：大垄双行种植，亩密度4 000～4 500穴，黑膜覆盖，膜上覆土。

种植季节：根据气象数据，在晚霜出现前50天左右，通常在12月中下旬至翌年1月上旬期间播种，5月中下旬收获。

产量与产值：亩产商品薯（50克以上）约1 300千克，亩产值2 500元左右。

该模式上述二季亩产值约5 750元。

五、优质稻—油菜轮作

随着花用、菜用、肥用、油用等多功能油菜的全产业链开发，传统的水稻—油菜栽培模式不断创新，其中优质稻/观光稻—观光油菜、优质稻—油菜薹是目前发展较快的稻—油种植模式。

（一）优质稻/观光稻—观光油菜种植模式

该模式适宜交通方便的城郊，具有历史文化的坝区，以及成熟旅游景区周边的坝区。

1. 第一季优质稻/观光稻

品种类型：优质稻可选择宜香优2115、川优6203、晶两优534等、Y两优585等中晚熟品种；观光稻可选择不同植株颜色的水稻品种，如绿色稻、紫色稻、黄色稻等。

育秧方式：采用湿润育秧、旱育秧或机插软盘育秧。

种植季节：优质稻于4月上旬至4月中旬播种，5月上旬至5月中旬移栽，9月中旬至9月下旬收获；观光稻根据图案设计要求进行定植。

产量与产值：优质稻一般亩产650千克，亩产值可达3 250元左右。稻田观光旅游可带动住宿、餐饮及农副产品的销售收入。

2. 第二季观光油菜

品种类型：观光图案区选择花色、花瓣大小、叶色、株型不同的油菜品种（品系）；非图案区根据海拔高度选择中晚熟优质油菜品种油研50、黔油31号、黔油32号，早熟油菜品种宝油早12、黔油早1号、黔油早2号、油研早18。

种植方式：图案区采用育苗移栽方式；其他区域可采用育苗移栽或直播栽培。

种植季节：中晚熟油菜品种9月10日左右育苗，早熟油菜9月20日左右育苗（海拔1 300米以上区域9月上旬育苗），五叶一心移栽，5月上旬收获；直播最佳时期为10月上旬，若推迟至10月下旬播种，宜选择早熟油菜品种直播，翌年5月上旬收获。

产量与产值：油菜籽一般亩产120～150千克，亩产值720～900元；若以旅游带动压榨菜籽油菜销售，亩产油量40～50千克，亩产值达800～1 000元。油菜观光旅游带动住宿、餐饮及农副产品的销售收入。

该模式上述二季亩产值约4 500元。

（二）优质稻—油菜薹种植模式

该模式适宜成熟的蔬菜种植区和高海拔冷凉坝区，对菜薹销售和周年生产具有优势的坝区。

1. 第一季优质稻

品种类型：选择中熟优质水稻品种，如宜香优2168、渝香203、中优295等。

育秧方式：采用湿润育秧、旱育秧或机插软盘育秧。

种植季节：4月上旬至4月中旬播种，5月上旬至5月中旬移栽，9月中旬至9月下旬收获。

产量与产值：一般亩产优质稻谷650千克，亩产值可达3 250元左右。

2. 第二季油菜薹

品种类型：选择双低、甜脆的中早熟甘蓝型油菜品种，如宝油早12、黔油早2号、黔油17号、油研早18。

育苗方式：育苗移栽。

种植季节：8月底至9月初育苗，9月底至10月初移栽，12月下旬开始摘薹上市。

产量与产值："油蔬二用"栽培模式，亩采摘油菜薹200 ~ 300千克，产值800 ~ 1 200元；亩收油菜籽100 ~ 120千克，产值600 ~ 720元。单一采摘油菜薹栽培模式，亩产菜薹300 ~ 800千克，产值达1 200 ~ 3 200元。

该模式上述二季亩产值约4 500 ~ 6 500元。

第三节　二年三熟模式

由于不同作物生长特性有差异，有的作物如生姜一般要实行二年以上的轮作，本节以生姜为例，介绍生姜—早春白菜—优质稻轮作模式。该模式适宜于贵州800 ~ 1 300米海拔坝区，要选择疏松、肥沃、土层厚、排灌方便、富有腐殖质的沙壤质或轻壤质地块，以中性或微酸性壤土为好。

（一）第一季生姜

品种类型：姜辣味较浓的小黄姜可选择水城小黄姜、贞丰小黄姜、脱毒小黄姜等；姜辣味较淡的二黄姜可选择普定二黄姜、镇宁二黄姜，建议选择脱毒姜种。

育苗方式（或种植方式）：姜块直播、地膜覆盖。

种植季节：第一年3月下旬至4月中旬播种，9月采收嫩姜，10月至11月上旬采收老姜；地膜覆盖栽培可提前至2月下旬至3月中旬播种，7—8月采收嫩姜。

产量和产值：亩产量2 000 ~ 3 000千克，亩产值5 000 ~ 10 000元。

（二）第二季早春白菜

品种类型：耐抽薹品种黔白5号、黔白9号、健春等。

育苗方式（或种植方式）：采用大棚加小拱棚育苗。

种植季节：10月中旬至下旬育苗，11月中旬至下旬定植，翌年3月上旬至中旬采收。

产量和产值：亩产量4 000 ~ 5 000千克，亩产值4 000 ~ 5 000元。

（三）第三季优质稻

品种类型：选择早熟优质水稻品种，如香早优2017、泰优390、金麻粘等，或特早熟优质水稻品种，如玉针香、云粳37等。

育秧方式：采用湿润育秧、旱育秧或机插软盘育秧。

种植季节：第二年4月上旬至4月中旬播种，5月上旬至5月中旬移栽，8月中旬至8月下旬收获。

产量与产值：一般亩产优质稻谷500千克，亩产值可达2 500元左右。

该模式上述三季亩产值约11 500 ~ 17 500元。

第三章 稻田综合种养模式

稻田综合种养具有“不与人争粮，不与粮争地”的特点，力促“一水多用、一田多收、渔粮共赢”，既能有效促进粮食生产，又能极大地促进农民增收，是产业扶贫和乡村振兴的有效手段。同时，稻田综合种养具有强大的共生优势，可有效降低水稻的肥料、农药用量以及水产品的饵料投喂，生态效益显著，是农业产业绿色发展的重要内容。

稻田综合种养的主要技术模式有稻—鱼模式、稻—鸭模式、稻—虾模式、稻—鳖模式、稻—蟹模式、稻—鳅模式、稻—蛙模式、稻—鱼—鸭模式、稻—鱼—鳖模式等。稻田综合种养是稻田内部的技术集成，如果再与蔬菜、食用菌等其他经济作物进行轮作，还可以进一步增加周年产值，本章主要介绍稻田综合种养的技术模式。

第一节 稻—渔/禽共生模式

该模式要求稻田四周无化工、养殖等污染源，水源有保障，旱能灌，涝能排，有独立的灌溉水系，首选地势低洼的稻田。

一、稻—鱼共生模式

在种植水稻的稻田中增养鱼类，水稻可以为鱼遮光蔽日，鱼可以为水稻除草、除虫、疏松土壤，并改善通气和光照条件，还可以为水稻提供养分，把水稻生长环境与鱼类的生活习性合理搭配，达到共生共养的目的。稻鱼共生期为5—9月。

整田要求：面积大于1亩的稻田，开挖回形或田形鱼沟；面积小于1亩的稻田，挖单沟。鱼沟深1 ~ 1.2米，总面积小于稻田面积的10%。

（一）水稻种植

品种类型：选择根系发达、茎秆粗壮、抗逆性强、品质好的中熟优质稻品种，如宜香优2115、晶两优534。

育秧方式：采用湿润育秧、旱育秧或机插软盘育秧。

生长季节：4月上旬至4月中旬播种，5月上旬至5月中旬移栽，9月中旬至9月下旬收获。

产量与产值：一般亩产优质稻谷600千克，市场价约10元/千克，亩产值可达6 000元左右。

（二）鱼养殖

品种类型：选择适合浅水环境、抗病抗逆、品质优、易捕捞、适宜于当地养殖、适宜产业化经营的水产养殖品种，如松浦镜鲤、福瑞鲤、建鲤及本地鲤等品种。

1. 成鱼养殖

鱼苗投放：在插秧后15天，秧苗返青后投放鱼苗，放养50 ~ 100克（8 ~ 10厘米）规格；每亩投放400 ~ 600尾；生长到300 ~ 500克，即可放水捕鱼。

预期产量和产值：亩产量约100千克，市场价约50元/千克，亩产值约5 000元。

2. 鱼苗养殖

鱼苗投放：在插秧后10 ~ 25天，投放夏花，长3 ~ 4厘米规格，每亩投放3 000 ~ 5 000尾；生长到50 ~ 100克，即可分池放养或出售苗种。

预期产量和产值：亩产量约100千克，市场价约50元/千克，亩产值约5 000元。

该模式一季亩产值11 000元左右。

二、稻—鸭共生模式

将经过驯水训练的雏鸭日夜放养于种植有水稻的稻田中，利用鸭子的生活习性为水稻治虫、施肥、中耕、除草，让稻、鸭在同一生态环境中共生共长。该模式适宜水源充足、能排能灌的区域，稻鸭共生期为6—8月。

整田要求：每4 ~ 5亩为一隔离方，在每一隔离方的田埂边搭建1个4 ~ 5平方米的简易鸭棚，作为鸭喂食、休息和躲避暴风雨等恶劣天气的场所。在稻鸭共作区周围的田埂边，打桩围网进行隔离，以控制鸭群的活动范围，每隔3米左右用毛竹梢或杂木棍打一桩，桩围尼龙网进行防护，尼龙网高1米，网眼2～3平方厘米。

（一）水稻种植

品种类型：选择株高中等偏上、根系发达、茎秆粗壮、抗倒伏能力强的中熟优质稻品种，如宜香优2115、宜香优1108。

育秧方式：采用湿润育秧、旱育秧或机插软盘育秧。

生长季节：4月上旬至4月中旬播种，5月上旬至5月中旬移栽，9月中旬至9月下旬收获。

产量与产值：一般亩产优质稻谷600千克，约10元/千克，亩产值可达6 000元左右。

（二）鸭养殖

品种类型：要选择适应能力强、抗逆性好、个体不大的鸭子，此类鸭子穿行灵活、食量较小、食谱广、杂食性的麻羽鸭品种。

雏鸭投放：水稻经人工移栽10～25天后放养已驯水训练5～7天且注射过疫苗（禽流感、大肠杆菌、肝炎）的雏鸭，规格100～150克，15～20只/亩。

预期产量和产值：亩产量约30千克，市场价约50元/千克，亩产值约1 500元。

该模式一季亩产值7 500元左右。

三、稻—虾共生模式

在种植水稻的稻田中增养克氏原螯虾，克氏原螯虾为水稻捕食害虫，有助于稻田松土、活水，它们的粪便和残饵成为水稻的有机肥料，减少水稻化肥的施用，确保水稻的安全和品质，同时，水稻起到净化水质的作用，为克氏原螯虾提供良好的栖息场所，实现稻虾互惠共生。稻虾共生期为6—9月。

整田要求：1亩以上稻田可开挖环形、“L”形或条形虾沟，1亩以上稻田开挖边沟，虾沟应距田埂1.5米，沟深1.5米以上，开挖总面积不超过稻田面积的10%，不得破坏耕作层。加宽、加高、夯实田埂，保持田埂高度高出稻田平面0.5～1.0米以上，埂底宽0.8～1.0米，顶部宽0.3～0.4米，不漏水。防逃设施可选择防逃板或防逃网，地上部分应高出地面0.4米以上，地下部分应埋入地下0.2米以上，每隔1米用木桩进行固定，木桩应设置在防逃设施外侧，转角处应做成钝角或圆弧形，整个防逃设施应稍向内侧倾斜。防逃板可选择彩钢板或木板，防逃网可选择不锈钢网或硬质塑料网。如采用防逃网作为防逃设施，应在防逃网上端内侧加装一道0.2米高的硬质塑料膜。对于面积较大的田块，应设置内外两道防逃设施。在稻田的进、排水口应用双层密网防逃，同时也能有效地防止蛙卵、野杂鱼卵及幼体进入稻田为害脱壳虾。

（一）水稻种植

品种类型：选择根系发达、茎秆粗壮、抗逆性强、品质好的中熟优质稻品种，如宜香优2115、晶两优534。

育苗方式：采用湿润育苗、旱育秧或钵盘育秧。

生长季节：4月上旬至4月中旬播种，5月上旬至5月中旬移栽，9月中旬至9月下旬收获。

产量与产值：一般亩产优质稻谷600千克，亩产值可达6 000元左右。

（二）虾养殖

品种类型：克氏原螯虾。

1. 成虾养殖

虾苗投放：水稻经人工移栽10～25天后，放养160头/千克规格虾苗，40～50千克/亩，达到35克/头即可开始捕捞（一般在8月上旬），到9月底结束。

预期产量和产值：亩产量约100千克，市场价约60元/千克，亩产值约6 000元。

2. 虾苗养殖

亲虾与稚虾投放：在插秧后10～25天，投放成年虾，雌雄比为3∶1，每亩投放7.5～10千克，自然繁殖。待稚虾孵化出10天后，及时转移，进行稚虾培育。稚虾的培育密度为每亩10万～15万尾；经过25～30天的培育，当体长达到2～4厘米后，即可转池或田养殖。

预期产量和产值：亩产量约100千克，市场价约50元/千克，亩产值约5 000元。

该模式一季亩产值11 000～12 000元。

四、稻—蛙共生模式

在种植水稻的稻田中增养蛙类，利用水稻和蛙类共生关系，使稻田生态系统中的物质和能量利用更充分，物质循环和能量转换更合理，把水稻的生长环境与蛙的生活习性合理搭配，以达到共生共养的目的。稻蛙共生期为6—9月。

整田要求：1亩以上稻田进行划分，一般0.5亩为1个养殖单元；1亩以下稻田设置为单个养殖单元。开挖回形蛙沟，沟深0.5米，沟宽1～1.5米。加宽、加高、夯实田埂，保持田埂高度高出稻田平面0.3～0.5米以上，埂底宽0.8～1.0米，顶部宽0.3～0.4米，不漏水。在稻田四周打木桩，以尼龙纱网造防逃隔离带，尼龙纱网埋入泥土0.3米，地上纱网1.0～1.2米高，顶部向稻田内伸出宽0.2～0.3米倒檐，每隔1.5米处用竹竿固定。在田埂与蛙沟间搭建食台，食台应高出水面3～5厘米。根据田块实际情况可制作单个食台或者整条食台。在养殖稻田外侧不影响日常管理操作处设置防鸟网或防鸟线。

（一）水稻种植

品种类型：选择根系发达、茎秆粗壮、抗逆性强、品质好的中熟优质稻品种，如宜香优2115、晶两优534。

育秧方式：采用湿润育秧、旱育秧或机插软盘育秧。

生长季节：4月上旬至4月中旬播种，5月上旬至5月中旬移栽，9月中旬至9月下旬收获。

产量与产值：一般亩产优质稻谷600千克，亩产值可达6 000元左右。

（二）蛙养殖

品种选择：黑斑蛙、美国青蛙和虎纹蛙等。

1. 成蛙养殖

蛙苗投放：水稻人工移栽后10～25天，每亩放养蛙苗2 500～3 000只，蛙苗为蝌蚪刚变态为蛙阶段。

预期产量和产值：亩产量约250千克，市场价约40元/千克，亩产值约10 000元。

2. 蛙苗养殖

亲蛙投放：在插秧前1～2个月，挖蛙沟，灌水，围网，投放成年蛙，雌雄比为1∶1，每亩投放10～20千克，自然繁殖。亲蛙配对产卵后，转移亲蛙，待受精卵长成蝌蚪时，转移至插秧10～25天后稻田，每亩30 000～50 000只，进行蛙苗培育。待蝌蚪变态为蛙后，分散饲养。

预期产量和产值：亩产量约200千克，市场价约50元/千克，亩产值约10 000元。

该模式一季亩产值16 000元左右。

五、稻—鳖共生模式

在种植水稻的稻田增养中华鳖，鳖吃稻田害虫和杂草，粪便成为有机肥，水稻少施农药反而增产，鳖在仿野生环境下生长，品相好，卖价高；稻鳖共生，米是生态米，鳖是生态鳖，产量提高，效益增加。稻鳖共生期为6—9月。

整田要求：在稻田一端开挖深1.0～1.5米，宽3～5米凼，或沿田埂四周开挖深1.0～1.5米，宽1.0～2.0米边凼。凼周围用石棉瓦搭建遮阴物。开挖鳖沟，宽0.5～0.8米、深0.3～0.5米，按田块大小开挖成“一”“十”或“田”字形。加固加高田埂，田埂高0.4～0.5米，埂顶宽0.5米左右。稻田两端斜对角开挖进、排水口，进排水口处设置不锈钢、铁质或尼龙网，防止鳖逃逸和敌害生物进入。建立防逃设施，选用石棉瓦、彩钢板、水泥瓦、聚乙烯网片或塑料布等材料，沿田埂搭建高0.8～1米，成90°稍向内倾斜，入土0.3米的防逃措施。在沟一侧设置饵料台，饵料台可同时作为晒背台。根据沟大小设置长1.5～3米，宽0.5～0.8米的饵料台，一端在埂上，另一端没入水下5～10厘米，便于鳖水中伸头摄食。

（一）水稻种植

品种类型：选择根系发达、茎秆粗壮、抗逆性强、品质好的中熟优质稻品种，如宜香优2115、晶两优534。

育秧方式：采用湿润育秧、旱育秧或机插软盘育秧。

生长季节：4月上旬至4月中旬播种，5月上旬至5月中旬移栽，9月中旬至9月下旬收获。

产量与产值：一般亩产优质稻谷600千克，亩产值可达6 000元左右。

（二）鳖养殖

品种类型：中华鳖。

鳖种投放：在插秧后10～25天，秧苗返青后，放入稻田，鳖种放养密度为

150～300只/亩，放养规格200～500克/只，同一田块放养鳖种个体相差≤50克。

预期产量和产值：亩产量约50千克，市场价约120元/千克，亩产值约6 000元。

该模式一季亩产值12 000元左右。

六、稻—蟹共生模式

在种植水稻的稻田中增养中华绒螯蟹，可使稻田少施肥、节肥、增产、省工，而且并不妨碍河蟹生长，把水稻生长环境与中华绒螯蟹的生活习性合理搭配，以达到共生共养的目的。稻蟹共生期为6—9月。

整田要求：开挖大环沟或半环沟，蟹沟距田埂1～2米，沟宽3～5米，深1～1.5米，蟹沟面积不超过稻田总面积的10%。田埂加高至0.4～0.5米、加宽至0.4米以上。蟹沟底部栽种轮叶黑藻、苦草和伊乐藻等植物作为螃蟹的植物性饵料，每株水草间距为3～5米，水草种植面积不超过蟹沟总面积的三分之一。夯实加固稻田四周田埂内侧，用钙塑板围栏建成防逃墙，高0.8米，入土0.2米。为防止蟹于埂坡打穴逃逸，埂坡四周正常水位线以上0.2～0.4米处，直至平台土坡下铺水泥石墙防滑板，深度约1米。

（一）水稻种植

品种类型：选择株高中等偏上、根系发达、茎秆粗壮、抗倒伏能力强的中熟优质稻品种，如宜香优2115、宜香优1108。

育秧方式：采用湿润育秧、旱育秧或机插软盘育秧。

生长季节：4月上旬至4月中旬播种，5月上旬至5月中旬移栽，9月中旬至9月下旬收获。

产量与产值：一般亩产优质稻谷600千克，亩产值可达6 000元左右。

（二）蟹养殖

品种类型：中华绒螯蟹。

蟹苗投放：在插秧后10～25天，秧苗返青后，放入稻田，蟹苗放养密度为500～600只/亩，蟹苗为由Ⅴ期蚤状幼体蜕皮变态而成的扣蟹，有极强趋光、趋淡水性，规格为（14～16）×10^4只/千克。

预期产量和产值：亩产量约50千克，市场价约120元/千克，亩产值约6 000元。

该模式一季亩产值12 000元左右。

七、稻—鳅共生模式

在种植水稻的稻田中增养鳅类，充分利用稻田水体、肥力和生物资源等条件，稻田中的浮游生物、水生昆虫、其他底栖动物及杂草等能为泥鳅提供天然饵料，泥鳅的排泄物能被水稻吸收利用，泥鳅在浅水中游动，可起到松土、增加水中溶氧量作用，防止水稻缺氧烂根，壮根促长，把水稻生长环境与鳅类的生理习性合理搭配，以达到共生共养的目的。稻鳅共生期为6—9月。

整田要求：①面积1～5亩的稻田，形似正方形或圆形的，在田埂内侧1米开挖环沟；形似长条形的，在稻田中央开挖“一”字形或“丰”字形沟，宽0.4米、深0.4米。在稻田中央或鳅沟交叉处开挖1～2个鳅溜，鳅溜深0.4～0.6米，面积2～3平方米，沟溜相连。②面积5亩以上的稻田，在田埂内侧1米开挖环沟，中央开挖“十”字形或“井”字形沟，宽0.7米，深0.5米。在鳅沟交叉处或进排水口通往鳅沟处开挖2～3个鳅溜，鳅溜深0.5～0.6米，面积4～6平方米，沟溜相连。鳅沟、鳅溜总面积小于稻田面积的10%。田埂高0.5～0.6米，应夯实，或用水泥护坡，或用塑料薄膜等围护，塑料薄膜入泥0.3米左右，并予以固定。每丘稻田对角设进、排水口，并安装细密铁丝网防逃。

（一）水稻种植

品种类型：选择株高中等偏上、根系发达、茎秆粗壮、抗倒伏能力强的中熟优质稻品种，如宜香优2115、宜香优1108。

育秧方式：采用湿润育秧、旱育秧或机插软盘育秧。

生长季节：4月上旬至4月中旬播种，5月上旬至5月中旬移栽，9月中旬至9月下旬收获。

产量与产值：一般亩产优质稻谷600千克，亩产值可达6 000元左右。

（二）鳅养殖

品种类型：鳅、台湾泥鳅、大鳞副鳅。

鳅苗投放：在插秧后10～25天，秧苗返青后，放入稻田，一般每亩放养规格5～6厘米鳅种0.5万～1.0万尾，3～5厘米鳅种1.0万～1.5万尾。

预期产量和产值：亩产量约100千克，市场价约60元/千克，亩产值约6 000元。

该模式一季亩产值一般12 000元左右。

第二节　稻—渔—渔/禽共生模式

该模式要求稻田四周无化工、养殖等污染源，水源有保障，旱能灌，涝能排，有独立的灌溉水系，首选地势低洼的稻田。

一、稻—鱼—鸭共生模式

在种植水稻的稻田中同时养殖鸭和鱼类，把水稻生长环境与鸭和鱼类的生活习性合理搭配，以达到共生共养的目的。稻鱼鸭共生期为6—8月。

整田要求：田埂加高加宽，做到不裂、不漏、不垮，开挖鱼沟、鱼凼，沟、凼总面积小于稻田面积的10%。进、排水口设在稻田相对2角的田埂上，并安装拦鱼设施。

在田埂边宽阔地搭建鸭棚，采取棚顶遮盖，三面作挡，防寒保温和防止兽害，鸭棚内高出地面，用平沙、土壤或谷草等通风透气性好的材料铺垫面，在鱼凼内用宽木板、竹板或塑料板等材料搭好一个食台，架于鱼凼上，稍高于水面即可。

（一）水稻种植

品种类型：选择株高中等偏上、根系发达、茎秆粗壮、抗倒伏能力强的中熟优质稻品种，如宜香优2115、宜香优1108。

育秧方式：采用湿润育秧、旱育秧或机插软盘育秧。

生长季节：4月上旬至4月中旬播种，5月上旬至5月中旬移栽，9月中旬至9月下旬收获。

产量与产值：一般亩产优质稻谷500千克，亩产值可达5 000元左右。

（二）鱼养殖

品种类型：选择适合浅水环境、抗病抗逆、品质优、易捕捞、适宜于当地养殖、适宜产业化经营的水产养殖品种，如松浦镜鲤、福瑞鲤、建鲤及本地鲤等品种。

鱼苗投放：在插秧后15天，秧苗返青后投放鱼苗，放养50～100克（约

8～10厘米）规格；每亩投放400～600尾；生长到300～500克，即可放水捕鱼。

预期产量和产值：亩产量约100千克，市场价约50元/千克，亩产值约5 000元。

（三）鸭养殖

品种类型：要选择适应能力强、抗逆性好、个体不大的鸭子，此类鸭子穿行灵活、食量较小、食谱广、杂食性的麻羽鸭品种。

雏鸭投放：水稻经人工移栽10～25天后放养已驯水训练5～7天且注射过疫苗（禽流感、大肠杆菌、肝炎）的雏鸭，规格100～150克，15～20只/亩。

预期产量和产值：亩产量约30千克，市场价约50元/千克，亩产值约1 500元。

该模式一季亩产值11 500元左右。

二、稻—鱼—鳖共生模式

在种植水稻的稻田中同时养殖中华鳖和鱼类，把水稻生长环境与中华鳖和鱼类的生活习性合理搭配，以达到共生共养的目的。稻鱼鳖共生期为6—9月。

整田要求：沿稻田四周内侧开挖环沟，环沟面积小于稻田总面积10%。建立中华鳖防逃设施，晒台和饵料台合二为一，晒台和饵料台长边一端放在田埂上，另一端放入水中。

（一）水稻种植

品种类型：选择株高中等偏上、根系发达、茎秆粗壮、抗倒伏能力强的中熟优质稻品种，如宜香优2115、宜香优1108。

育秧方式：采用湿润育秧、旱育秧或机插软盘育秧。

生长季节：4月上旬至4月中旬播种，5月上旬至5月中旬移栽，9月中旬至9月下旬收获。

产量与产值：一般亩产优质稻谷500千克，亩产值可达5 000元左右。

（二）鱼养殖

品种类型：选择适合浅水环境、抗病抗逆、品质优、易捕捞、适宜于当地养殖、适宜产业化经营的水产养殖品种，如松浦镜鲤、福瑞鲤、建鲤及本地鲤等品种。

鱼苗投放：在插秧后15天，秧苗返青后投放鱼苗，放养50～100克（约

8～10厘米）规格；每亩投放400～600尾；生长到300～500克，即可放水捕鱼。

预期产量和产值：亩产量约100千克，市场价约50元/千克，亩产值约5 000元。

（三）鳖养殖

品种类型：中华鳖。

鳖种投放：在插秧后10～25天，水稻秧苗返青后，放入稻田，鳖种放养密度为150～300只/亩，放养规格200～500克/只，同一田块放养鳖种个体相差≤50克。

预期产量和产值：亩产量约40千克，市场价约120元/千克，亩产值约4 800元。

该模式一季亩产值14 800元左右。

第四章　旱地高效种植模式

贵州大部分地区年降水量为1 000～1 300毫米，但时空分布不均，季节性缺水和区域性缺水明显，加之一些地区水利设施有待完善，全省500亩以上的坝区中，常年进行旱地种植的仍有较大比例。

目前，贵州已形成多种旱地高效种植模式，如全年蔬菜种植模式、蔬菜—食用菌轮作模式、薯类—蔬菜轮作模式、蔬菜—草莓轮作模式、油料作物套作轮作模式、单一作物种植模式等，各坝区可根据当地生态特点和市场需求，合理选择适宜的种植模式。

第一节　三季四收立体种养模式

佛手瓜—春大白菜—夏季小白菜（菠菜、芫荽、芹菜）—大球盖菇—蜜蜂养殖立体种养模式。该模式主要适宜贵州1 300米以下海拔的坝区。

1. 佛手瓜架下套种第一季春大白菜

品种类型：选用耐抽薹品种黔白5号、黔白9号等。

育苗方式：大棚+小拱棚、营养盘育苗。

种植季节：海拔800～1 100米，1月平均温度5～6.6℃的地区：2月中旬播种，3月中下旬定植，地膜覆盖栽培，4月下旬至5月上旬上市；海拔1 100～1 300米，1月平均温度4.2～5℃的地区，2月底播种，3月底定植，地膜覆盖栽培，4月底至5月中旬上市。

2. 佛手瓜架下套种第二季夏季小白菜（菠菜、芫荽、芹菜）

品种类型：选用秋绿等小白菜品种，常规菠菜、芫荽、芹菜品种。

育苗方式：小拱棚穴盘育苗或直播。

种植季节：小白菜、菠菜、芫荽可于5月下旬至6月上旬直播，7月上旬至7月下旬采收。芹菜可于3月下旬至4月上旬育苗，5月下旬至6月上旬定植，7月下旬至8月中旬采收。

3. 佛手瓜架下套种第三季大球盖菇

品种类型：大球盖菇1号。

种植季节：海拔600～900米地区，10月中旬至10月下旬种植，一般在12月上旬至翌年春节前采收；海拔900～1 300米地区，8月中旬至9月上旬种植，一般在10月上旬开始出菇，可采收至12月。

4. 佛手瓜

品种类型：云南品种绿皮佛手瓜。

育苗方式：露地育苗，营养袋育苗。

种植季节：3月中旬至4月下旬育苗，5月中旬至下旬定植，亩种植30～50株，适当地膜覆盖栽培，水泥柱，竹竿搭架，6月初至下旬上架，种植一次可维持5～6年不用重新种植，佛手瓜为宿根性作物，每年打霜后枯萎，翌年春天即可萌发。

5. 蜜蜂养殖

品种类型：中华蜜蜂。

养殖季节：6月中旬佛手瓜开始开花，佛手瓜雌雄同株异花，无限花序，花期长达半年，至12月下旬打霜；养殖蜜蜂为佛手瓜授粉，提高果树整齐度。

6. 模式的产量及效益

春大白菜一般亩产量5 000～6 000千克，亩产值一般10 000～12 000元。

夏季小白菜（菠菜、芫荽、芹菜）一般亩产量2 000～3 000千克，亩产值一般2 000～3 000元。

佛手瓜一般亩产量5 000～6 000千克，亩产值一般5 000～6 000元。

大球盖菇一般亩产量1 000～1 500千克，亩产值一般10 000～12 000元。

每群蜜蜂按分一箱蜂（1 000元），收10千克蜂蜜预测（蜂蜜300元/千克，计3 000元），年产值合4 000元。

该模式亩投入约5 000元，亩产值一般可达1万～3万元。

第二节　一年三熟模式

一、三季蔬菜轮作

该模式适宜贵州800～1 300米海拔的坝区。

（一）春大白菜—夏秋辣椒（茄子、番茄）—冬莴笋种植模式

1. 第一季春大白菜

品种类型：选用耐抽薹品种黔白5号、黔白9号、韩国强势等。

育苗方式：大棚+小拱棚、营养盘育苗。

种植季节：海拔800～1 100米，1月平均温度5～6.6℃的地区：2月中旬播种，3月中下旬定植，地膜覆盖栽培，4月下旬至5月上旬上市；海拔1 100～1 300米，1月平均温度4.2～5℃的地区，2月底播种，3月底定植，地膜覆盖栽培，4月底至5月中旬上市。

2. 第二季夏秋辣椒（茄子、番茄）

品种类型：选用优质抗病高产的品种，如辣椒可选长辣红帅、黔椒4号等，茄子可选农丰长茄、黔茄5号等。

育苗方式：大棚或小拱棚穴盘育苗。

种植季节：3月下旬至3月底播种，5月下旬至5月底定植，地膜覆盖栽培，7月下旬至10月上旬采收。

3. 第三季冬莴笋

品种类型：选用高产抗病的品种，如春都3号、罗汉莴笋等。

育苗方式：露地育苗，遮阳网覆盖遮阴降温。

种植季节：9月中旬至9月下旬播种，10月中旬至10月下旬定植，地膜覆盖栽培，翌年2月初至2月底收。

4. 模式的产量及效益

春大白菜—夏秋辣椒—冬莴笋一年三季模式，亩产量8 000～9 000千克，亩产值12 000～14 000元。

春大白菜—夏秋茄子—冬莴笋一年三季模式，亩产量9 300～11 000千克，亩产值12 400～14 400元。

春大白菜—夏秋番茄—冬莴笋一年三季模式，亩产量10 200～11 700千克，亩产值14 700～16 200元。

（二）春大白菜—夏秋黄瓜（南瓜、瓠瓜、丝瓜、苦瓜）—冬莴笋种植模式

1. 第一季春大白菜

品种类型：选用耐抽薹品种黔白5号、黔白9号、韩国强势等。

育苗方式：大棚+小拱棚、营养盘育苗。

种植季节：海拔800～1 100米，1月平均温度5～6.6℃的地区：2月中旬播种，3月中下旬定植，地膜覆盖栽培，4月下旬至5月上旬上市；海拔1 100～1 300米，1月平均温度4.2～5℃的地区，2月底播种，3月底定植，地膜覆盖栽培，4月底至5月中旬上市。

2. 第二季夏秋黄瓜（南瓜、瓠瓜、丝瓜、苦瓜）

品种类型：选用高产抗病的品种，如黄瓜可选黔优1号、津春4号等，南瓜可选黔南瓜1号、韩绿珠等，瓠瓜可选黔瓠瓜1号、福圣瓠瓜等；丝瓜可选泰国新一号丝瓜、黔丝瓜1号等；苦瓜可选贵苦瓜1号、早绿苦瓜等。

育苗方式：露地营养钵或营养盘育苗，遮阳网覆盖遮阴降温。

种植季节：5月中旬至5月下旬播种，5月底至6月中旬定植，7月中旬至9月中旬收获。

3. 第三季冬莴笋

品种类型：选用高产抗病的品种，如春都3号、罗汉莴笋等。

育苗方式：露地育苗，遮阳网覆盖遮阴降温。

种植季节：8月底至9月初播种育苗，9月底至10月初定植，地膜覆盖栽培，翌年1月底至2月中旬收。

4. 模式的产量及效益

春大白菜—夏秋黄瓜（南瓜、瓠瓜、丝瓜、苦瓜）—冬莴笋种植模式，亩产量8 000 ~ 11 100千克，亩产值11 000 ~ 19 000元。

（三）春大白菜—夏秋四季豆（豇豆）—冬莴笋种植模式

1. 第一季春大白菜

品种类型：选用耐抽薹品种黔白5号、黔白9号、韩国强势等。

育苗方式：大棚+小拱棚、营养盘育苗。

种植季节：海拔800 ~ 1 100米，1月平均温度5 ~ 6.6℃的地区：2月中旬播种，3月中下旬定植，地膜覆盖栽培，4月下旬至5月上旬上市；海拔1 100 ~ 1 300米，1月平均温度4.2 ~ 5℃的地区，2月底播种，3月底定植，地膜覆盖栽培，4月底至5月中旬上市。

2. 第二季夏秋四季豆（豇豆）

品种类型：四季豆选择耐热、高产抗病的品种，如黔棒豆1号、盛硕架豆王等；豇豆可选黔豇豆1号、之豇特早30等。

种植方式：直播。

种植季节：5月下旬至6月上旬露地直播，7月下旬至9月下旬收获。

3. 第三季冬莴笋

品种类型：选用高产抗病的品种，如春都3号、罗汉莴笋等。

育苗方式：露地育苗，遮阳网覆盖遮阴降温。

种植季节及方式：8月底至9月上旬播种育苗，覆盖遮阳网，9月底至10月上旬定植，地膜覆盖栽培，翌年2月上旬至2月中下旬收。

4. 模式的产量及效益

春大白菜—夏秋四季豆（豇豆）—冬莴笋种植模式，亩产量7 000 ~ 8 000千克，亩产值10 000 ~ 16 000元。

（四）春夏花菜—夏秋大葱—秋冬萵苣种植模式

1. 第一季春夏花菜

品种类型：选优质高产抗病的品种神良65、马瑞亚、雪山60天等。

育苗方式（或种植方式）：采用大棚育苗或大棚加小拱棚育苗。

种植季节：3月上旬至3月中旬播种，4月上旬至4月中旬定植，地膜覆盖栽培，6月底至7月上旬采收。

产量和产值：亩产量1 500～2 000千克，亩产值5 000～6 000元。

2. 第二季夏秋大葱

品种类型：选优质高产抗病的品种如中华巨葱、铁杆大葱等。

育苗方式：普通苗床、遮阳网覆盖遮阴育苗。

种植季节：5月中下旬至5月下旬播种育苗，覆盖遮阳网，7月中下旬至7月下旬定植，10月下旬至11月上旬收。

产量和产值：亩产量4 000～4 500千克，亩产值6 000～7 000元。

3. 第三季秋冬萵苣

品种类型：选优质抗病的品种，如玻璃生菜、凯撒等。

育苗方式：在大棚或小拱棚内，采用穴盘、漂浮盘育苗，遮阳网覆盖遮阴育苗。

种植季节：10月上旬至10月中旬播种，11月上旬至11月中旬定植，翌年2月上旬至2月下旬收。

产量和产值：亩产量1 000～1 500千克，亩产值3 000～4 500元。

4. 模式的产量及效益

该一年三季模式，亩产值14 000～17 500元。

二、二季蔬菜—大球盖菇轮作

夏白菜—秋萬笋—大球盖菇模式。该模式适宜在贵州海拔1 000～1 500米区域应用。

1. 第一季夏白菜

品种类型：选用耐热抗病品种，夏秋王、福禧2号、3号等。

育苗方式：搭盖遮阳网遮阴育苗。

种植季节：5月上旬至5月中旬播种育苗，6月上旬至6月中旬移栽，7月上旬至下旬采收。

产量与产值：亩产4 000 ~ 5 000千克，亩产值在4 800 ~ 7 000元。

2. 第二季秋莴笋

品种类型：选用耐热抗病品种，如春都3号、特耐热二白皮等。

育苗方式：搭盖遮阳网遮阴育苗。

种植季节：7月上旬至7月中旬播种育苗，8月上旬至8月中旬移栽，9月底旬至10下旬采收。

产量与产值：亩产2 500 ~ 3 000千克，亩产值在5 000 ~ 6 000元。

3. 第三季大球盖菇

品种类型：大球盖菇。

栽培方式：大田生料覆土栽培。

种植季节：11月上旬至11月下旬建菌床播种，第二年4月上旬至5月下旬采收。

产量与产值：大球盖菇生物转化率在40%左右，推荐每亩用菌材3 000 ~ 5 000千克，一般亩产1 200 ~ 2 000千克，亩产值7 200 ~ 12 000元。

上述三季亩产值17 000 ~ 25 000元。

第三节　一年二季三收模式

一、辣椒间套白菜—芹菜（莴笋）种植模式

（一）第一季辣椒间套春白菜

1. 春白菜

品种类型：采用耐抽薹品种黔白5号、黔白9号。

育苗方式：大棚加小拱棚育苗。

种植季节：海拔600～850米，1月平均气温7.5～8.7℃的地区，2月中旬至2月下旬播种，3月中下旬至4月初定植，地膜覆盖栽培，4月底至5月下旬收；海拔850～1 000米，1月平均气温5.5～7.5℃的地区，2月下旬至3月初播种，3月底至4月上旬定植；海拔1 000～1 300米，1月平均气温4.2℃以上的地区，3月上旬至3月中旬播种，大棚加小拱棚育苗，4月上旬至4月中旬定植。

2. 套种辣椒

品种类型：选用优质抗病高产的品种，如辣椒可选长辣红帅、黔椒4号等。

育苗方式：大棚或小拱棚育苗。

种植季节：2月底播种育苗，4月上旬至4月中旬定植，6月中旬至9月初采收。

套种方法：隔一株白菜套种一株辣椒。

（二）第二季芹菜（莴笋）

1. 芹菜

品种类型：选育耐热、抗病等品种，如津南实芹、意大利夏芹等。

育苗方式：小拱棚覆盖遮阳网育苗。

种植季节：7月中旬至8月上旬播种，9月中旬至10月上旬移栽，12月上旬至翌年2月上旬采收。

2. 莴笋

品种类型：选用优质、高产、抗病品种，如春都3号、罗汉莴笋等。

育苗方式：搭盖遮阳网遮阴育苗。

种植季节及方式：8月中旬播种，露地育苗，覆盖遮阳网，9月中旬定植，12月中旬至12月下旬采收。

产量与产值：亩产2 500～3 000千克，亩产值在5 000～6 000元。

（三）模式的产量及效益

辣椒间套春白菜—芹菜一年二季三熟模式，亩产量9 250～11 000千克，亩产值13 425～21 050元。

辣椒间套春白菜—莴笋一年二季三熟模式，亩产量8 000～8 850千克，亩产值11 075～16 410元。

二、鲜食玉米间套春白菜—芹菜种植模式

（一）第一季鲜食糯玉米（甜玉米）间套春白菜

品种类型：鲜食糯玉米选用早熟、抗寒的品种，如遵糯4号、毕糯4号、贵糯768，黔糯768；春白菜选用抗寒、耐抽薹，早熟的品种，如黔白9号。

育苗方式：玉米采用小拱棚或大棚育苗，白菜采用大棚加小拱棚播种育苗。

种植季节：在海拔850～1 150米，1月平均温度5.2～7.6℃地区，鲜食糯玉米2月初至2月底播种，2月中下旬至3月中旬定植，5月下旬至6月中旬采收；春白菜2月中下旬至3月初育苗，3月下旬至3月底定植；4月底至5月中旬采收。在海拔1 150～1 400米，1月平均温度3.8～5.2℃地区，鲜食糯玉米2月中旬至3月中上旬育苗，3月初至3月底定植，6月上旬至下旬采收；春白菜2月底至3月上旬育苗，3月底至4月上旬定植，5月上旬至5月中下旬采收。

套种方法：厢面宽1米，在厢中间栽一行玉米，定向移栽，株距19厘米，3 400株/亩。在玉米行两边各栽2行白菜，株距30厘米，5 200株/亩。

（二）第二季芹菜

品种类型：选育耐热、抗病等品种，如津南实芹、意大利夏芹等。

育苗方式：小拱棚覆盖遮阳网育苗。

种植季节：7月中旬至8月上旬播种，9月中旬至10月上旬移栽，12月上旬至翌年2月上旬采收。

（三）产量及效益

该一年二季三熟模式，亩产量8 000～9 700千克，亩产值11 600～17 200元。

三、鲜食玉米间套春白菜—复种秋菜豆种植模式

（一）第一季鲜食糯玉米套种春白菜

品种类型：鲜食糯玉米选用早熟、抗寒的品种，如遵糯4号、毕糯4号、贵糯768，黔糯768；春白菜选用抗寒、耐抽薹，早熟的品种，如黔白9号。

育苗方式：玉米采用小拱棚或大棚育苗，白菜采用大棚加小拱棚播种育苗。

种植季节：在海拔850～1 150米，1月平均温度5.2～7.6℃地区，鲜食糯玉米2月初至2月底播种，2月中下旬至3月中旬定植，5月下旬至6月中旬采收；春白菜

2月中下旬至3月初育苗，3月下旬至3月底定植；4月底至5月中旬采收。在海拔1 150～1 400米，1月平均温度3.8～5.2℃地区，鲜食糯玉米2月中旬至3月中上旬育苗，3月初至3月底定植，6月上旬至下旬采收；春白菜2月底至3月上旬育苗，3月底至4月上旬定植，5月上旬至5月中下旬采收。

套种方法：厢面宽1米，在厢中间栽一行玉米，定向移栽，株距19厘米，3 400株/亩。在玉米行两边各栽2行白菜，株距30厘米，5 200株/亩。

（二）第二季复种秋菜豆

品种类型：品种选用耐热早熟品种，如黔棒豆1号、贵阳青棒豆等。

种植方式：直播。

种植季节：海拔850～1 150米，1月平均温度5.2～7.6℃地区，7月中旬至7月中下旬直播9月中旬至10月底采收；海拔1 150～1 400米，1月平均温度3.8～5.2℃地区，7月上旬至7月中旬直播。9月上旬至10月下旬采收。

套种及复种方法：起垄作厢，厢宽60厘米，在厢面中间栽1行玉米，定向移栽，株距19厘米，每亩栽3 400株；大白菜于厢的两边各栽1行，株距30厘米，大白菜与玉米行之间相距20厘米，每亩栽4 000株；大白菜、玉米收获后，整地、打窝、施肥，直播2行四季豆，行株距46厘米×33厘米，每亩3 000窝，每窝2～3株。

（三）模式的产量及效益

春白菜亩产量4 500～7 500千克，亩产值8 000～15 000元，纯收入约2 270元；鲜食糯玉米亩产量1 200～1 500千克，亩产值2 400～3 000元，纯收入约1 500元；四季豆亩产1 500～1 800千克，亩产值3 800～4 500元，纯收入约1 400元，一年二季三收蔬菜亩产值一般可达14 000元。

四、鲜食玉米间套春白菜—秋冬莴笋种植模式

（一）第一季鲜食玉米间套春白菜

品种类型：鲜食糯玉米选用早熟、抗寒的品种，如遵糯4号、毕糯4号、贵糯768，黔糯768；春白菜选用抗寒、耐抽薹，早熟的品种，如黔白9号。

育苗方式：玉米采用小拱棚或大棚育苗，白菜采用大棚加小拱棚播种育苗。

种植季节：在海拔850～1 150米，1月平均温度5.2～7.6℃地区，鲜食糯玉米

2月初至2月底播种，2月中下旬至3月中旬定植，5月下旬至6月中旬采收；春白菜2月中下旬至3月初育苗，3月下旬至3月底定植；4月底至5月中旬采收。在海拔1 150～1 400米，1月平均温度3.8～5.2℃地区，鲜食糯玉米2月中旬至3月中上旬育苗，3月初至3月底定植，6月上旬至下旬采收；春白菜2月底至3月上旬育苗，3月底至4月上旬定植，5月上旬至5月中下旬采收。

套种方法：厢面宽1米，在厢中间栽一行玉米，定向移栽，株距19厘米，3 400株/亩。在玉米行两边各栽2行白菜，株距30厘米，5 200株/亩。

（二）第二季萵笋

品种类型：选用优质抗病品种，如春都3号、罗汉萵笋、红太阳等。

育苗方式：搭盖遮阳网遮阴育苗。

种植季节及方式：8月中旬播种，露地育苗，覆盖遮阳网，9月中旬定植，12月中旬至12月下旬采收。

（三）产量及效益

该鲜食玉米间套春白菜—萵笋一年二季三熟模式，亩产量6 750～7 550千克，亩产值9 250～12 560元。

第四节　一年二熟轮作模式

一、二季蔬菜轮作模式

该模式适宜于贵州1 000～1 500米海拔的区域。

（一）夏秋茄子—春甘蓝种植模式

1. 第一季夏秋茄子

品种类型：可选抗病高产的品种，如农丰长茄、黔茄5号等。

育苗方式：大棚或小拱棚穴盘育苗。

种植季节：4月上旬播种，5月下旬移栽，7月下旬至9月底收获。

2. 第二季春甘蓝

品种类型：甘蓝要采用早熟牛心甘蓝，如上海牛心，重庆牛心甘蓝等。
育苗方式：普通苗床或大棚育苗。
种植季节：10月中下旬播种，11月中下旬移栽，翌年5月上旬至5月中旬收获。

3. 产量及效益

该模式亩产量7 000 ~ 8 000千克，亩产值7 350 ~ 12 000元。

（二）夏秋番茄—春甘蓝种植模式

1. 第一季夏秋番茄

品种类型：适宜在贵州推广种植的抗病高产的优良品种。
育苗方式：大棚或小拱棚穴盘育苗。
种植季节：4月上旬播种，5月下旬移栽，7月下旬至9月底收获。

2. 第二季春甘蓝

品种类型：甘蓝要采用早熟牛心甘蓝，如上海牛心，重庆牛心甘蓝等。
育苗方式：普通苗床或大棚育苗。
种植季节：10月中下旬播种，11月中下旬移栽，翌年5月上旬至5月中旬收获。

3. 产量及效益

该模式亩产量8 500 ~ 10 000千克，亩产值11 000 ~ 16 000元。

（三）夏秋辣椒—春甘蓝种植模式

1. 第一季夏秋辣椒

品种类型：选用优质抗病高产的品种，如辣椒可选长辣红帅、黔椒4号等。
育苗方式：大棚或小拱棚穴盘育苗。
种植季节：4月上旬播种，5月下旬移栽，7月下旬至9月底收。

2. 第二季春甘蓝

品种类型：甘蓝要采用早熟牛心甘蓝，如上海牛心，重庆牛心甘蓝等。
育苗方式：普通苗床或大棚育苗。
种植季节：10月中下旬播种，11月中下旬移栽，翌年5月上旬至5月中旬收获。

3. 产量及效益

该模式亩产量7 000～8 000千克，亩产值7 350～12 000元。

（四）夏秋茄子—春花菜种植模式

1. 第一季夏秋茄子

品种类型：可选抗病高产的品种，如农丰长茄、黔茄5号等。
育苗方式：大棚或小拱棚穴盘育苗。
种植季节：4月上旬播种，5月下旬移栽，7月下旬至9月底收获。

2. 第二季春花菜

品种类型：花菜采用中熟、中晚熟品种，如神良100天、冬将100F1等。
育苗方式：普通苗床或大棚育苗均可。
种植季节：10月中下旬播种，11月中下旬移栽，翌年5月上旬至5月中旬收获。

3. 产量及效益

该模式亩产量7 000～8 000千克，亩产值7 350～12 000元。

（五）夏秋番茄—春花菜种植模式

1. 第一季夏秋番茄

品种类型：适宜在贵州推广种植的抗病高产的优良品种。
育苗方式：大棚或小拱棚穴盘育苗。
种植季节：4月上旬播种，5月下旬移栽，7月下旬至9月底收获。

2. 第二季春花菜

品种类型：花菜采用中熟、中晚熟品种，如神良100天、冬将100F1等。
育苗方式：普通苗床或大棚育苗均可。
种植季节：10月中下旬播种，11月中下旬移栽，翌年5月上旬至5月中旬收获。

3. 产量及效益

该模式亩产量8 500～10 000千克，亩产值11 000～16 000元。

（六）夏秋辣椒—春花菜种植模式

1. 第一季夏秋辣椒

品种类型：选用优质抗病高产的品种，如辣椒可选长辣红帅、黔椒4号等。

育苗方式：大棚或小拱棚穴盘育苗。

种植季节：4月上旬播种，5月下旬移栽，7月下旬至9月底收。

2. 第二季春花菜

品种类型：花菜采用中熟、中晚熟品种，如神良100天、冬将100F1等。

育苗方式：普通苗床或大棚育苗均可。

种植季节：10月中下旬播种，11月中下旬移栽，翌年5月上旬至5月中旬收获。

3. 产量及效益

该模式亩产量7 000～8 000千克，亩产值7 350～12 000元。

二、蔬菜—食用菌轮作模式

（一）喜温蔬菜—大球盖菇模式

该模式适宜于贵州海拔1 500米以下区域。

1. 佛手瓜—大球盖菇种植模式

该模式属立体栽培方式，即在佛手瓜架下栽培大球盖菇。

（1）第一季佛手瓜。

品种类型：选用当地的地方品种。

育苗方式：大营养钵育苗。

种植季节：2月室内催芽播种，4月上旬至4月下旬定植，6月中旬至10月下旬采收。

栽培方式：搭架栽培。

产量与产值：大球盖菇生物转化率在40%左右，亩产4 000～5 000千克，亩产值6 000～7 000元。

（2）第二季大球盖菇。

品种类型：大球盖菇。

栽培方式：大田生料覆土栽培。

种植季节：8—9月建菌床播种，10月至翌年1月采收；10月下旬至11月上旬建菌床播种，翌年3月中旬至5月下旬采收。

产量与产值：大球盖菇生物转化率在40%左右，推荐每亩用菌材3 000～5 000千克，亩产1 200～2 000千克，亩产值在7 200～12 000元。

该模式上述二季亩产值13 200～19 000元。

2. 茄果类蔬菜（番茄、辣椒、茄子）—大球盖菇种植模式

（1）第一季番茄、辣椒、茄子。

品种类型：选用优质高产抗病的品种。

育苗方式：穴盘育苗，遮阳网遮阴育苗。

种植季节：4月下旬至5月上旬育苗，6月上旬至中旬定植，8月中旬至10月下旬采收。

产量与产值：辣椒亩产3 000千克，茄子4 000千克，番茄6 000千克，亩产值6 000～10 000元。

（2）第二季大球盖菇。

品种类型：大球盖菇。

栽培方式：大田生料覆土栽培。

种植季节：8—9月建菌床播种，10月至翌年1月采收；10月下旬至11月上旬建菌床播种，翌年3月中旬至5月下旬采收。

产量与产值：大球盖菇生物转化率在40%左右，推荐每亩用菌材3 000～5 000千克，亩产1 200～2 000千克，亩产值7 200～12 000元。

该模式上述二季亩产值13 200～22 000元。

3. 瓜类蔬菜（苦瓜、丝瓜、南瓜、黄瓜、瓠瓜等）—大球盖菇种植模式

（1）第一季瓜类蔬菜（苦瓜、丝瓜、南瓜、黄瓜、瓠瓜等）。

品种类型：选用优质高产抗病的品种。

育苗方式：瓜类蔬菜采用穴盘育苗，遮阳网遮阴育苗。

种植季节：5月中旬至6月上旬育苗，6月上旬至下旬定植，7月上旬至9月下旬采收。

产量与产值：亩产3 500～4 500千克，亩产值5 600～9 000元。

（2）第二季大球盖菇。

品种类型：大球盖菇。

栽培方式：大田生料覆土栽培。

种植季节：8—9月建菌床播种，10月至翌年1月采收；10月下旬至11月上旬建菌床播种，翌年3月中旬至5月下旬采收。

产量与产值：大球盖菇生物转化率在40%左右，推荐每亩用菌材3 000～5 000千克，亩产1 200～2 000千克，亩产值7 200～12 000元。

该模式上述二季亩产值12 800～21 000元。

4. 豆类蔬菜（豇豆、四季豆）—大球盖菇种植模式

（1）第一季豆类蔬菜（豇豆、四季豆）。

品种类型：选用优质高产抗病的品种。

育苗方式：建议直播。

种植季节：6月上旬至下旬定植，7月下旬至10月中旬采收。

产量与产值：亩产1 500～2 500千克，亩产值4 000～7 000元。

（2）第二季大球盖菇。

品种类型：大球盖菇。

栽培方式：大田生料覆土栽培。

种植季节：8—9月建菌床播种，10月至翌年1月采收；10月下旬至11月上旬建菌床播种，翌年3月中旬至5月下旬采收。

产量与产值：大球盖菇生物转化率在40%左右，推荐每亩用菌材3 000～5 000千克，亩产1 200～2 000千克，亩产值7 200～12 000元。

该模式上述二季亩产值11 200～19 000元。

（二）喜凉蔬菜—大球盖菇模式

该模式适宜于1 500米海拔以上的区域。

1. 夏秋大白菜—大球盖菇一年二熟栽培模式

（1）第一季夏秋大白菜。

品种类型：选用耐热抗病品种，如夏秋王、福禧2号、3号等。

育苗方式：搭盖遮阳网遮阴育苗。

种植季节：6月上旬至下旬播种育苗，7月上旬至7月下旬移栽，8月上旬至8月底采收。

产量与产值：亩产4 000～5 000千克，亩产值4 800～7 000元。

（2）第二季大球盖菇。

品种类型：大球盖菇。

栽培方式：大田生料覆土栽培。

种植季节：10月中旬至11月上旬建菌床播种，翌年4月上旬至6月下旬采收。

产量与产值：大球盖菇生物转化率在40%左右，推荐每亩用菌材3 000～5 000千克，亩产1 200～2 000千克，亩产值7 200～12 000元。

该模式上述二季亩产值12 000～19 000元。

2. 夏秋萝卜—大球盖菇二熟栽培模式

（1）第一季夏秋萝卜。

品种类型：选用耐热抗病品种，如白玉夏、玉春剑、中萝2号等。

种植方式：直播。

种植季节：7月上旬至7月中旬直播，9月上旬至10月上旬采收。

产量与产值：亩产4 000～5 000千克，亩产值4 800～7 000元。

（2）第二季大球盖菇。

品种类型：大球盖菇。

栽培方式：大田生料覆土栽培。

种植季节：8—9月建菌床播种，10月至翌年1月采收；10月下旬至11月上旬建菌床播种，翌年3月中旬至5月下旬采收。

产量与产值：大球盖菇生物转化率在40%左右，推荐每亩用菌材3 000～5 000千克，亩产1 200～2 000千克，亩产值7 200～12 000元。

该模式上述二季亩产值12 000～19 000元。

3. 夏秋甘蓝—大球盖菇二熟栽培模式

（1）第一季夏秋甘蓝。

品种类型：选用耐热性及抗病性强的优良品种。

育苗方式：搭盖遮阳网遮阴育苗。

种植季节：5月下旬至6月中旬播种育苗，7月上旬至7月下旬移栽，9月上旬至9月底采收。

产量与产值：亩产4 000～5 000千克，亩产值4 800～7 000元。

（2）第二季大球盖菇。

品种类型：大球盖菇。

栽培方式：大田生料覆土栽培。

种植季节：8—9月建菌床播种，10月至翌年1月采收；10月下旬至11月上旬建菌床播种，翌年3月中旬至5月下旬采收。

产量与产值：大球盖菇生物转化率在40%左右，推荐每亩用菌材3 000 ~ 5 000千克，亩产1 200 ~ 2 000千克，亩产值7 200 ~ 12 000元。

该模式上述二季亩产值12 000 ~ 19 000元。

三、马铃薯—蔬菜轮作模式

（一）冬马铃薯—佛手瓜模式

品种选择：马铃薯选择早熟鲜食型品种，如费乌瑞它、中薯3号、中薯5号、闽薯1号、兴佳2号等；佛手瓜选择本地品种。

播种方式：马铃薯采用大垄双行种植，每亩密度4 000 ~ 4 500穴，黑膜覆盖，膜上覆土；佛手瓜用水泥立柱+尼龙网种植，每亩130 ~ 150株。

种植季节：在晚霜出现前50天左右，通常在12月中下旬至翌年1月上旬期间播种，5月中下旬收获；佛手瓜在马铃薯苗期种植，分批采收。

产量与产值：亩产马铃薯商品薯（单薯50克以上）约2 000千克，亩产值4 000元左右。亩产佛手瓜约6 000千克，亩产值6 000元。

适宜区域：冬作区排水良好、土质疏松的水稻田。

该模式亩产值10 000元左右。

（二）春马铃薯—萝卜模式

品种选择：马铃薯品种选择根据市场需求和种植目的确定，如费乌瑞它、青薯9号和威芋5号等；萝卜品种选择根据市场需求而定。

播种方式：马铃薯采用大垄双行种植，亩密度4 000 ~ 5 000穴；萝卜采用大垄覆膜栽培，密度根据品种特性确定。

种植季节：马铃薯种植时间在2月中下旬至3月底，8月底至9月中下旬收获；下旬收获；马铃薯收获后种植萝卜，10月收获。

产量与产值：亩产马铃薯2 200千克，亩产值4 000元左右。亩产萝卜约6 000千克，亩产值4 800元。

适宜区域：春作区排水良好、土质疏松、坡度低于25°地块。

该模式亩产值8 800元左右。

（三）春马铃薯—叶菜模式

品种选择：马铃薯品种选择根据市场需求和种植目的确定，如费乌瑞它、青薯9号和威芋5号等；叶菜品种选择根据市场需求而定，如白菜。

播种方式：马铃薯采用大垄双行种植，亩密度4 000～5 000穴；叶菜栽培根据品种特性确定。

种植季节：马铃薯种植时间在2月中下旬至3月底，8月底至9月中下旬收获；下旬收获；马铃薯收获后种植叶菜，10月收获。

产量与产值：亩产马铃薯2 200千克，亩产值4 000元左右。亩产叶菜约5 000千克，亩产值3 500元。

适宜区域：春作区排水良好、土质疏松、坡度低于25° 地块。

该模式亩产值7 500元左右。

四、山药—蔬菜轮作模式

（一）山药—冬春甘蓝种植模式

该模式适宜于贵州中海拔800～1 300米、土层深厚的区域应用。

1. 山药

品种类型：平坝双胞山药。

种植方式：种薯直播。

种植季节：4月中旬播种，10月上旬至11月中旬采收。

产量和产值：亩产量2 000～2 500千克，亩产值12 000～15 000元。

2. 冬春甘蓝

品种类型：选用抗病虫、抗旱、产量高、耐储运的品种，如京丰1号、中甘15号、争春、春甘45等。

育苗方式（或种植方式）：大棚育苗，育苗移栽。

种植季节：10月上旬开始育苗，11月下旬至12月下旬移栽，翌年4月初采收。

产量和产值：亩产量4 000～5 000千克，亩产值3 000～4 000元。

该模式亩产值15 000～19 000元。

（二）越冬白菜——山药种植模式

1. 越冬白菜

品种类型：选用抗病虫、抗旱、产量高、耐储运的品种。

育苗方式（或种植方式）：大棚育苗，育苗移栽。

种植季节：10月中旬至10月下旬开始育苗，11月中旬至下旬移栽，翌年3月上旬至中旬采收。

产量和产值：亩产量4 000～5 000千克，亩产值4 000～5 000元。

2. 山药

品种类型：平坝双胞山药。

种植方式：种薯直播。

种植季节：3月下旬至4月中旬播种，10月上旬至11月上旬采收。

产量和产值：亩产量2 000～2 500千克，亩产值12 000～15 000元。

该模式亩产值16 000～20 000元。

五、油料作物轮作模式

（一）菜用、肥用油菜—鲜食大豆轮作模式

1. 油菜薹（绿肥）

品种选择：选择双低、甜脆的中早熟甘蓝型油菜品种，如黔油17号、宝油早12、黔油早2号、油研早18。

种植方式：育苗移栽。

种植季节：8月底至9月初育苗，9月底至10月初移栽，12月下旬开始摘薹；翌年3月上旬压青作绿肥。

产量与产值：亩产菜薹300～800千克，产值1 200～3 200元。

2. 大豆

品种选择：选用优质、高产、耐阴性、抗逆性强的黔豆系列品种及适宜当地种植的地方优良品种。

种植季节：作为早上市的鲜食毛豆一般在翌年3月上旬播种（需盖地膜），翌年6月上中旬收获上市；在罗甸等热量回升较早的地区，可于翌年2月中下旬播

种，提早上市。

产量与产值：作为鲜食大豆采摘，每亩可以生产鲜食荚500～600千克（或鲜食青豆米280～320千克），亩产值2 200～2 500元。

该模式亩产值3 400～5 700元。

（二）向日葵—大蒜轮作模式

该模式适宜海拔1 000～1 600米的黔西、黔西北、黔西南等夏季热量及日照资源较为丰富的区域。

1. 正季向日葵

品种选择：选用黔葵系列品种及适宜当地种植的优良地方品种或农家品种。

种植方式：直播，行距70厘米，穴距45～50厘米，每穴留苗单株，密度1 900～2 100株/亩。

种植季节：4月中旬至5月上旬播种，8月上旬至下旬采收。

产量与产值：净作向日葵产量为200～250千克/亩，亩产值1 600～2 000元。

2. 大蒜

品种选择：选用高产优质的地方大蒜品种，如麻江红蒜、毕节大蒜、云南红蒜等地方品种。

种植方式：覆膜种植，厢面为120厘米，沟距宽为40～50厘米，行株距为0.2米×0.1米，密度约为33 000株/亩。

种植季节：9月上中旬播种，翌年4月中下旬采收。

产量与产值：蒜薹的产量为300～400千克/亩，亩产值1 800～2 400元；蒜头的亩产量为500千克，亩产值4 000元，大蒜种植总产值可达5 800～6 400元。

该模式亩产值7 400～8 400元。

（三）向日葵—秋冬蔬菜（莴笋、白菜、萝卜等）轮作模式

该技术模式适宜贵州海拔1 000～2 000米夏季光照资源丰富的区域。

1. 正季向日葵

品种选择：选用高产、抗逆性强的黔葵系列品种及适宜当地种植的优良地方品种或农家品种。

种植方式：直播，行距70厘米，穴距45～50厘米，每穴留苗单株，密度1 900～2 100株/亩。

种植季节：4月中旬至5月上旬播种，8月上旬至下旬采收。

产量与产值：净作向日葵亩产量为200～250千克，亩产值为1 600～2 000元。

2. 秋冬蔬菜

品种选择：选用感光性弱，耐低温、不易抽薹的高产优质莴笋品种。

种植季节：8月中旬播种，9月中旬定植移栽。

产量与产值：莴笋亩产量为2 500～3 000千克，亩产值5 000～6 000元。

该模式亩产值6 600～8 000元。

第五节　一年一季套种模式

一、新植幼龄经果林套种大豆

利用坝区经果林，尤其是新植幼林空闲土地套种大豆，实现改良土壤、培肥地力、养护经果林与大豆丰收双赢，起到“以短养长、以短补长”的作用和效果。

（一）经果林

大坝区已种植经果林，包括核桃、茶、火龙果、油茶、苹果、猕猴桃、葡萄、金刺梨、李子、桃子、樱桃、枣等。

（二）大豆

品种类型：0～3龄期经果林，选用黔豆7号、黔豆8号、黔豆10号、黔豆11号、黔豆12号、安豆5号、安豆7号等；4～5龄期经果林选用黔豆7号、黔豆10号、黔豆12号。

种植方式：机械或人工直播。

种植季节：海拔800米以下地区，3月下旬至4月中旬播种；海拔800～1 300

米地区，4月上旬至4月下旬播种；海拔1 300 ~ 1 800米地区，4月中旬至5月上旬播种。低海拔地区、城郊地区作为鲜食豆销售的，3月下旬至5月下旬期间均可播种。

产量与产值：作为鲜食大豆采摘，每亩可以生产鲜食荚500 ~ 600千克（或鲜食青豆米280 ~ 320千克），新增产值2 200 ~ 2 500元。

二、向日葵套种马铃薯

该模式以马铃薯为主要作物，向日葵为附加套种作物。适宜海拔800 ~ 2 600米的春种马铃薯地区。其中，800 ~ 1 200米，马铃薯既可春种又可秋种，为马铃薯二季作区；1 200 ~ 2 600米，马铃薯只能春种，为马铃薯一季作区，向日葵与春种马铃薯套种，能春种马铃薯的地区即适宜该模式。

（一）马铃薯

品种选择：选用黔芋系列、威芋系列以及青薯9号等优良品种。

种植方式：大垄双行种植，株距25 ~ 30厘米，1.6米开厢种植2行马铃薯，窄行30厘米，大行1.2米，种植密度约2 800株/亩。

种植季节：2月底至3月初播种，一般在10月上旬至下旬采收。

产量与产值：亩产量1 400 ~ 1 800千克、亩产值2 100 ~ 2 700元。

（二）向日葵

品种选择：选用贵州各地优良食用向日葵地方品种。

种植方式：套种于马铃薯1.2米大行内，株距40 ~ 50厘米，单株留苗，密度约1 500株/亩。

种植季节：5月上中旬，结合马铃薯第一次中耕除草及追肥管理进行播种，一般在8月上中旬采收。

产量与产值：亩产量150 ~ 200千克、亩产值1 200 ~ 1 600元。

该模式亩产值3 100 ~ 4 300元。

三、向日葵套种魔芋

魔芋属于喜温耐阴、不耐强光的半阴性作物，该模式利用向日葵对魔芋的遮光作用，适宜海拔在1 000 ~ 2 300米的黔东北、黔西、黔西南等魔芋适宜区域与向日葵套种。

（一）魔芋

品种选择：选择经过消毒处理、无病害及损伤破裂、顶芽健壮、表皮光滑、大小适中（100克左右）形状呈圆形或球形的魔芋为种芋。

种植方式：覆膜栽培，厢宽1.2米，厢高30厘米，厢面间距70厘米。每个厢面种3行魔芋，行距40厘米，种植密度约3 000株/亩。

种植季节：春播一般在3月上旬至4月下旬播种，10月底至11底采收。

产量与产值：种芋（二代种子）亩产量9 000 ~ 1 100千克，亩产值9 000 ~ 11 000元，种植收益在4 500 ~ 5 000元；商品魔芋亩产量1 500 ~ 1 800千克，一代种芋亩产量130千克（商品魔芋块茎上会生长出一些长条形鞭芋，称为一代种芋），亩产值8 000 ~ 1 000元，种植收益3 500 ~ 4 000元/亩。

（二）向日葵

品种选择：选用贵州各地优良食用向日葵地方品种。

种植方式：向日葵种直播于2个魔芋厢面间，株距40 ~ 50厘米，单株留苗，即3行魔芋套种1行向日葵，密度约1 000株/亩。

种植季节：播种期根据魔芋出苗情况而定，魔芋出苗后即可进行播种。一般在9月上旬至下旬采收。

产量与产值：亩产量150 ~ 200千克，亩产值1 200 ~ 1 600元。

该模式亩产值4 700 ~ 5 600元。

四、向日葵套作辣椒

该技术模式适宜1 000 ~ 1 800米的中高海拔辣椒夏秋错季栽培区域，以辣椒为主要作物，向日葵为附加作物。

（一）辣椒

品种选择：选用黔椒系列、湘研系列中早熟抗病品种以及适宜当地栽培的优良地方品种。

种植方式：育苗移栽，采用高畦窄厢栽培，厢宽1.5米，栽植4行，厢高20厘米，2个辣椒厢面的间距或沟宽为50厘米，辣椒定植移栽密度约5 000株/亩。

种植季节：3月上旬至中旬利用大棚或小拱棚播种育苗，4月中旬至4月下旬幼苗6～7叶时定植移栽，6月下旬至10月上旬采收。

产量与产值：鲜辣椒亩产量1 000～1 500千克，亩产值4 000～6 000元，亩种植收益1 500～2 000元；干椒亩产量200～250千克，亩产值4 000～5 000元，亩种植收益约2 000元。

（二）向日葵

品种选择：选用适宜当地种植的地方优良食用向日葵品种。

种植方式：直播栽培，播期与辣椒定植同期，株距80～100厘米，单株留苗，种植密度约400～500株/亩。

种植季节：辣椒定植移栽后即可在厢沟内播种向日葵，一般8月上中旬采收。

产量与产值：亩产量100～130千克，亩产值800～1 200元。

该模式亩产值4 800～7 200元。

五、向日葵套种花生—秋冬蔬菜

该模式适宜海拔1 000～1 500米、有利于花生和向日葵均生长发育的黔中、黔北、黔西北、黔西南等日照资源丰富的地区。

（一）鲜食花生

品种选择：选用优质、高产、耐阴性、抗逆性强、适宜于鲜食的黔花生系列品种及适宜当地种植的地方优良品种或农家品种。

种植方式：覆膜种植，行距40厘米，穴距20厘米，2株/穴留苗。

种植季节：黔西南地区鲜食花生2月下旬播种，7月上旬采收；收获干花生的其他地区，4月中下旬播种，一般干花生采收期9月中下旬。

产量与产值：鲜食花生亩产量500千克，亩产值为5 000元。

（二）向日葵

品种选择：选用黔葵系列品种及适宜当地种植的地方品种或农家品种。

种植方式：套作于花生行间，3行花生套作1行向日葵。在宽度2米内种植3行花生和1行向日葵构成为1个完整带，向日葵与花生间行距为50厘米，株距40厘米，留苗单株。

种植季节：黔西南采收鲜食花生地区，4月中下旬播种套作于花生行间；收获干花生的其他地区，4月中下旬与花生同期播种，9月上中旬采收。

产量与产值：亩产量150～200千克，亩产值1 200～1 600元。

（三）秋冬叶菜类蔬菜

秋冬蔬菜类型及品种选择：根据市场需求及经济效益进行选择，如白菜、豌豆尖等，白菜选择耐低温、不易抽薹的高产品种；豌豆种子选用豆尖产量高、生长速度快、苗粗壮、品质好的适宜用于豌豆尖生产的种子。

种植方式：白菜采用露地或小拱棚育苗，起垄作厢移栽，厢宽80～100厘米，移栽行距40～50厘米，株距30厘米，密度4 500～5 500株/亩；豌豆尖种子可采用开厢撒播、条播、点播等，每亩用种量控制在10～15千克。

播种季节：白菜9月上中旬播种育苗，10月中旬移栽，12月上中旬采收；豌豆尖9月中旬播种，11月上旬至翌年2月上旬采收。

产量与产值：白菜亩产量4 000～5 000千克，亩产值4 000～5 000元；豌豆尖亩产量1 000～1 500千克，亩产值6 000～9 000元。

该模式亩产值12 000～15 000元。

六、油用紫苏/药用紫苏套种半夏

该种植模式适宜1 400～1 600米的高海拔区域，主要为毕节市赫章县，大方县及六盘水市等地区。

（一）紫苏

品种类型：选择成熟期在10月上旬的油用紫苏品种，如奇苏3号、贵苏1号、贵苏3号品种；或成熟期在11月上旬药用紫苏品种。

栽培方式：育苗移栽于半夏厢面两侧，每亩约1 200株。

种植季节：3月下旬至4月上旬播种，4月下旬5月上旬至5月中旬移栽。油用紫苏10月中上旬收获种子。药用紫苏于分别在苗后期、现序期、初花期分三次采摘叶片后，在10月上旬收割植株。

产量与产值：套种条件下油用紫苏品种亩产约60千克，亩产值1 200元左右。药用紫苏品种亩产鲜叶600千克，折合干叶150千克，亩产值1 500元左右。紫苏籽收获后经加工可高值化利用。高海拔条件下种植油用紫苏籽粒α-亚麻酸含量较中低海拔增加2～3个百分点，优质紫苏油品每亩产值可达3 600元左右。

（二）半夏

品种类型：选择贵州赫章地区优质的旱半夏品种，选取直径0.5厘米左右、无病虫害、生长健壮的块茎做种。

栽培方式：按1.2～1.5米开厢，株行距15厘米×20厘米种植，芽向上，栽后覆土3～5厘米。

种植季节：在2月下旬至3月初播种，翌年9—10月采收。

产量与产值：二年生半夏鲜品产量每亩约400千克，折合干品约120千克，每亩产值10 800元左右。

该模式亩产值14 000元左右。

七、药用紫苏套种太子参

（一）药用紫苏

品种类型：选择熟期为10月中旬的药用紫苏品种。药用紫苏满足《中华人民共和国药典》要求，即挥发油含量高于0.4%的紫苏醛型品种。双面红色且满足药典品种的紫苏市场价格较高。

栽培方式：育苗移栽于太子参厢面两侧，每亩约1 200株。

种植季节：2月下旬棚内播种育苗，3月下旬移栽，分别在苗后期、现序期、初花期分3次进行叶片采摘。

产量与产值：套种条件下药用紫苏品种亩产鲜叶800千克，折合干叶150千克，亩产值1 500元左右。药用紫苏提取紫苏叶油，亩产值可达到3 200元。或可作为蔬菜鲜食，亩产量可达5 000元左右。

（二）太子参

品种类型：选择适宜贵州地区太子参种植的优良品种，选取健壮、肥大、芽头完整的种根作为栽培用种。

栽培方式：1.2～1.5米开厢，按株行距5厘米×15厘米种植。芽头距地表5～7厘米，种参头尾相接，细土盖种。

种植季节：在10月中下旬种植播种，翌年7月中上旬采收。

产量与产值：太子参产量亩产量约100千克，亩产值5 000元左右。

该模式亩产值10 000元左右。

八、药用紫苏套种黄精

黄精具有喜阴，耐寒，怕干旱等特点，药用紫苏与黄精套种可有效增加黄精产量及药用价值。

（一）黄精

品种类型：选择优质的黄精，滇黄精或多花黄精，选取无病虫害、生长健壮的带顶芽块茎种植。

栽培方式：1.2～1.5米开厢，按株行距25厘米×30厘米种植，芽向上，栽后覆土1～2厘米。

种植季节：在11月中下旬至12月上旬播种，分二年生或三年生黄精，于翌年或第三年10月中上旬收获。

产量与产值：二年生黄精干品亩产量约400千克，亩产值约为10 000元。三年生黄精干品亩产量约600千克，亩产值15 000元左右。

（二）药用紫苏

品种类型：选择熟期在11月上旬药用紫苏品种。

栽培方式：育苗移栽于黄精厢面两侧，每亩约1 200株。

种植季节：翌年2月下旬棚内播种育苗，翌年3月下旬移栽，分别在苗后期、现序期、初花期分3次进行叶片采摘。

产量与产值：药用紫苏品种亩产鲜叶800千克，折合干叶150千克，亩产值1 500元左右。

该模式亩产值16 500元左右。

第六节　二年四熟模式

由于不同作物生长特性有差异，有的作物如生姜一般要实行二年以上的轮作，本节以生姜为例，介绍旱地二年四季种植模式。

生姜—早春白菜—鲜食糯玉米—秋冬萝卜轮作模式适宜于贵州800 ~ 1 300米海拔地区。

（一）生姜

品种类型：可选用姜辣味较浓的小黄姜，如水城小黄姜、贞丰小黄姜、脱毒小黄姜等；也可选用姜辣味较淡的二黄姜，如普定二黄姜、镇宁二黄姜，建议使用脱毒姜种。

种植方式：姜块直播、地膜覆盖。

种植季节：3月下旬至4月中旬播种，9月采收嫩姜，10月至11月上旬采收老姜；地膜覆盖栽培可提前至2月下旬至3月中旬播种，7—8月采收嫩姜。

产量和产值：平均亩产量2 000 ~ 3 000千克，亩产值5 000 ~ 10 000元。

（二）早春白菜

品种类型：耐抽薹品种黔白5号、黔白9号、健春等。

育苗方式（或种植方式）：采用大棚加小拱棚育苗。

种植季节：10月中旬至下旬育苗，11月中旬至下旬定植，翌年2月收获。

产量和产值：平均亩产量4 000 ~ 5 000千克，亩产值4 000 ~ 5 000元。

（三）鲜食糯玉米

品种类型：选择优质糯玉米品种。

育苗方式（或种植方式）：采用直播、育苗移栽。

种植季节：翌年3月上旬至4月中旬播种，6月中旬至7月下旬收获。

产量与产值：平均亩产鲜果穗1 000 ~ 1 200千克，亩产值3 000 ~ 4 000元。

（四）秋冬萝卜

品种类型：选择优质抗病的萝卜品种如中萝2号、白雪春2号、白玉春等。

育苗方式（或种植方式）：采用直播、育苗移栽。

种植季节：翌年8月上旬至9月中旬播种，11月上旬至12月下旬收获。

产量与产值：平均亩产萝卜5 000千克，亩产值达5 000元。

该模式亩产值17 000 ~ 24 000元。

第七节　单一作物技术模式

一些特色作物由于生育期较长，或可多次进行收获，不适宜轮作，只能进行单一种植。本节主要介绍3种单一作物技术模式。

一、韭黄

韭黄系多年生蔬菜，一般一年内不好接茬，多为单作。

品种选择：选用抗病性好、分株能力适中、植株粗壮的品种，如黄韭1号、791雪韭王、雪韭四号等。

生长季节：春播时间在3—4月，秋播时间在9—10月。韭苗高15～20厘米时即可移栽。韭白扣棚后，春季、秋季10～15天、夏季5～8天、冬季约25天遮光后便软化黄化成功，即可适时收割。

产量及产值：亩产量1 200～1 700千克，亩产值7 000～10 000元。

二、折耳根

折耳根可作一年生或多年生蔬菜，但生育期较长，一般一年内不好接茬，多为单做。

品种选择：选用抗病性强的折耳根品种。在留种地选择健壮、无有害生物为害的地下根茎作为种茎采挖。

生长季节：每年春季2—3月或秋季9—10月均可以栽植。实行轮作制度，轮作期2～3年。折耳根采收时间没有严格限制，可分批采收，食用鲜叶和地上部的，折耳根生长25天后就可采收。

产量及产值：亩产量1 000～1 500千克，亩产值5 000～75 000元。

三、白及

种苗培育：采用白及马鞍型组培种茎驯化技术，组培种茎在苗床上生长4～6个月，达到白及合格苗标准后即可移栽。

移栽：可购买白及商品苗，每年3—6月、9—12月雨后移栽，若连续晴天土壤干燥可提前1天漫灌耕地再移栽。

采收加工：大田栽种3～4年后，采收季节为秋末冬初，宜采用人工挖掘，运回加工。除去杂质、须根，洗净，煮至白及块茎无白心即捞起，晒干，遇到连续阴雨，移至仓库，热风、抽湿，存放白及空间保持干燥。

产量及产值：白及3年亩产量800～1 000千克，每亩折合药材200～250千克；白及4年亩产量1 500～2 000千克，每亩折合药材375～500千克。按照2019年白及药材市场价格150元/千克左右计算，白及3年亩产值3万元以上，4年亩产值5.6万元以上。

第五章　关键配套技术

第一节　优质水稻高效种植技术

一、水稻优质精确栽培技术

该技术是运用精确栽培技术原理与优质稻产业发展相结合，形成的优质稻无公害精确栽培技术、优质稻绿色精确栽培技术、优质稻有机精确栽培技术体系。

（一）水稻无公害精确栽培技术

1. 品种

选择抗性较强，具有较高商品价值的优质水稻品种。

2. 育秧

在日均温高于12℃时方可播种，一般在清明节前后。种子经过消毒、浸泡、催芽露白即可播种。在播种盖土后，用40%的噁草·丁草胺乳油对水喷雾厢面除草，覆盖地膜与拱膜，出苗立针后，去除地膜，保留拱膜，根据气温揭膜炼苗。移栽前3～5天施用尿素作送嫁肥，尿素施用量10～15克/平方米。

3. 移栽

叶龄5叶期移栽，秧龄一般为30～35天。按照品种的分蘖类型与不同稻区目标产量有效穗，确定基本苗与移栽密度。宽窄行移栽规格为宽行36.7～43.3厘米，窄行20厘米左右，穴距16.7厘米，杂交稻每穴栽2粒谷秧，常规稻3～4粒谷秧。

4. 施肥

一般氮：磷：钾肥比例1：0.5：1。根据目标产量确定用肥总量，目标产量为700～800千克/亩时，氮肥总量10～12.5千克/亩，氮肥的基蘖肥与穗肥比例一般为1：1，其中氮肥的基肥和分蘖肥各占60%和40%，穗肥一般分二次施用，各占60%和40%。氮肥的分蘖肥于栽插后5天施用，穗肥一般在晒田复水后倒4叶和倒2叶期施用，倒4叶（葫芦叶出现）时顶4叶叶色与顶3叶叶色相当或略淡，即可施用穗肥，如顶4叶叶色偏深则推迟穗肥施用时间或减少穗肥用量；钾肥分基肥和拔节肥二次等量施用；磷肥全作底肥施用。

5. 水分管理

浅水插秧，移栽后保持浅水7天，自然落干，保持湿润，分蘖数达目标穗数的80%开始晒田控苗，后复水。拔节至孕穗期保持薄水层，后期干湿交替，一直保持到成熟。

6. 病虫害防治

坚持“预防为主，综合防治”的方针。优质稻无公害精确栽培以化学防治为主，水稻破口抽穗前注意防治稻曲病，在水稻破口期和齐穗期选用三环唑等喷雾防治稻瘟病，抽穗后用井冈霉素等防治纹枯病；同时防治稻飞虱、二化螟和稻纵卷叶螟等害虫。

（二）水稻绿色精确栽培技术

1. 品种

在符合绿色农产品环境的坝区，选用抗性较好的优质杂交稻或常规稻品种。

2. 育秧

一般在4月1—5日播种，推荐采用旱育秧，也可选择湿润育秧和钵盘育秧。

3. 移栽

秧苗5叶期移栽，一般秧龄30～35天左右。根据品种的目标基本苗，株高及株型确定行距，杂交稻宽窄行栽培规格一般为（40厘米+20厘米）×16.7厘米，杂交稻等行距栽插规格一般为30厘米×16.7厘米，每穴栽插1～2粒谷苗，常规稻栽插密度可适当增加，每穴栽插2～3粒谷苗。

4. 施肥

氮肥、磷肥、钾肥的施用比例为1∶0.5∶1。施纯氮总量7.5～9千克/亩，农家肥占50%～60%。移栽前每亩施用有机肥，并混施3千克尿素作底肥，进行翻耕。分蘖肥于移栽后5天施用，每亩施尿素3千克。倒4叶叶龄期（葫芦叶出现），此时顶4叶叶色与顶3叶叶色相当或略淡，即可施用穗肥，如顶4叶叶色偏深则推迟穗肥施用时间或减少穗肥用量，每亩施用尿素2.5千克。

5. 水分管理

浅水插秧，移栽后保持浅水7天，自然落干，保持湿润，分蘖数达目标穗数的80%开始晒田控苗，后复水。拔节至孕穗期保持薄水层，后期干湿交替，一直保持到成熟。

6. 病虫害防治

优质稻绿色精确栽培的病虫草害按绿色防控要求实施。

（三）水稻有机精确栽培技术

1. 品种

在符合有机生产环境的坝区，选择抗病性强的优质杂交稻或优质常规稻品种。

2. 育秧

一般4月1日至5日播种，采用旱育秧，播种量为50～75克/平方米，苗床用有机肥培肥、苗期管理按照有机种植要求。

3. 移栽

秧苗5叶期移栽，一般秧龄30～35天。根据品种的目标基本苗，株高及株型确定行距，杂交稻宽窄行栽培规格一般为（40厘米+20厘米）×16.7厘米，杂交稻等行距栽插规格一般为30厘米×16.7厘米，每穴栽插1～2粒谷苗。常规稻栽密度可适当增加，每穴栽插2～3粒谷苗。

4. 施肥

施氮总量控制在6～7.5千克纯氮，全部为有机肥（商品有机肥或农家肥），前作绿肥加施1 000～1 500千克牛粪作底肥。耙田前3天施入高效生物有机肥约50千克，草木灰100千克。插秧返青后追施促蘖肥，亩施高效生物有机肥10～

20千克。

5. 水分管理

浅水插秧，移栽后保持浅水7天，自然落干，保持湿润，分蘖数达目标穗数的80%开始晒田控苗，后复水。拔节至孕穗期保持薄水层，后期干湿交替，一直保持到成熟。

6. 病虫害防治

优质稻有机精确栽培的病虫害防治以性诱剂和杀虫灯、黏虫板为主，并以种植箱根草、稻鸭共作等生态种养模式有效防治稻飞虱和螟虫，病害防治以生物农药为主。

二、水稻毯苗机插栽培技术

毯苗机插栽培是我国应用面积最大的轻简化栽培方式，其主要技术要点如下。

1. 播种期

根据种植区生态条件、茬口和品种特性确定，宜为4月上旬至4月下旬播种。

2. 培育壮秧

可采用温床育秧和大棚育秧。每标准秧盘播种量为2 000粒左右，播后盖0.5厘米厚营养土。覆土后，在软盘表面平铺一层地膜，温床育秧搭拱架盖1层农膜或水稻育秧专用无纺布。立针后立即揭去平盖地膜，3叶1心时看天气揭去无纺布。

3. 壮秧指标

秧龄18～25天，叶龄3～4叶龄，苗高12～20厘米，单株发根数12条以上，盘根带土厚度2～2.2厘米。秧苗整齐，苗基部扁宽，叶片挺立有弹性，叶色翠绿，无病虫、无杂草；秧苗发根力强，根系盘结牢固，提起不散。整盘成苗均匀，成苗数2株/平方厘米左右。

4. 本田耕整

大田耕翻深度掌握在15～20厘米，泥脚深度不超过30厘米，田面平整、基本无杂草，田块内高低落差不超过3厘米。

5. 机插密度

中迟熟杂交稻品种适宜密度为1.0万～1.7万穴/亩，行穴距规格为30厘米×12厘米～30厘米×22厘米；中早熟品种适宜密度为1.4万～2.0万穴/亩，行穴距规格为30厘米×10厘米～30厘米×16厘米。每穴2～3苗。

6. 施肥

施肥量根据当地气候、稻田肥力、品种特性、目标产量要求，结合测土结果确定。氮肥基蘖肥和穗粒肥比例为7∶3，分蘖肥占总氮量的40%，分栽后7天和栽后14天二次施用，穗肥在倒4叶至倒1叶期看苗施用。

7. 水分管理

插秧后适当控水促根，完全活棵立苗后采取浅水勤灌促分蘖。当群体总茎蘖数达到预期穗数的85%时开始自然断水晒田，多次轻晒。拔节后采取干湿交替灌溉。

8. 病虫草害防治

实行以预防为主，综合防治的方针，及时根据病虫预测预报做好防治，重点抓好稻瘟病、纹枯病、稻飞虱、稻纵卷叶螟、二化螟的防治。

主要病虫害防治指标及用药方法。

稻飞虱：100丛稻有虫1 000头以上的田块，若虫高峰期时用药防治，如每亩用10%吡虫啉可湿性粉剂15～20克对水50千克喷雾。

稻纵卷叶螟：100丛稻有虫60头以上的田块，2～3龄幼虫盛期用阿维菌素防治。

稻瘟病：苗期至拔节期叶瘟叶发病率5%以上的田块应立即施药控制，孕穗抽穗期应抢晴普遍施药预防，如每亩用20%三环唑可湿性粉剂100克对水60千克喷雾，始穗期喷1次，齐穗后再喷1次。

纹枯病：分蘖末期至拔节期病丛率10%～15%，或孕穗期病丛率15%～20%时，应立即施药控制，可以使用井冈霉素喷雾防治。

杂草：插秧后7天左右用稻田除草剂，可使用7%苄·乙·扑草净粉剂与第1次追肥尿素混匀施用，施药时保持约3厘米的浅水达7天。

三、水稻钵苗机插育秧技术

水稻钵苗机插育秧技术近年来在贵州各地发展较快，该技术降低了稻种用量，显著提高了秧苗素质，移栽植伤较小，缓苗期短，是一种高产高效的栽培技术，这里仅介绍钵苗机插壮秧培育技术，其大田管理可参照毯苗机插栽培。

1. 播种前准备

选用618毫米×315毫米×25毫米的448孔钵盘，常规稻每亩用秧盘40张，杂交稻每亩用秧盘30～35张。取大田表层土晒干，打碎土块，筛除杂物，并用五目细眼筛子过筛，育秧的细土按要求添加壮秧剂，严格控制用量，并与营养土充分拌匀，以防壮秧剂使用不匀而伤芽伤苗。育秧前10天上水整地，以浅水平整地表，无残茬、秸秆和杂草等，泥浆深度达到5～8厘米，田块高低差不超过3厘米。经过2天的沉实后排水晾田。根据钵盘尺寸规格，按畦宽1.6米、畦沟宽0.35～0.4米、沟深0.2米开沟作畦。要求畦面平整，做到灌、排分开，内、外沟配套，能灌能排能降。摆盘前畦面铺细孔纱布（网孔面积小于0.5厘米×0.5厘米），以防止根系窜长至底部床土中导致起盘时秧盘底部粘带土壤。

2. 播种

按照秧龄25～30天推算播种期。杂交籼稻亩用种1.0～1.5千克，每孔播种2～3粒为宜，每盘适宜播量35克左右。播前种子必须机械去芒和晒种。药剂处理浸种36～60小时，要求种子浸透。播种前要求种子达到刚“破胸露白”即可，发芽率95%以上。采用机插钵苗播种机流水线定量播种，播种程序为秧盘放入播种进口—播底土—播种—覆土—洒水。洒水要控制好水量，做到既保证水浸透土壤，又保证水量不要过大，以免把种子和泥土冲到盘面上。盖表土厚度不超过盘面，以不见芽谷为宜。

3. 暗化

将播种好的秧盘在室外堆叠起来，叠放时上下二张秧盘纵横交替，保证上面一张秧盘的孔放置在下张秧盘的槽上，每摞叠放的秧盘间留有一定空隙。为保证每张秧盘暗化温湿度尽量一致，每摞最底层盘的下面垫上东西支撑或最底层秧盘为空秧盘，每摞最上面一张为空秧盘。秧盘叠放结束，及时盖上黑色塑料布。暗化3～5天后，待苗出齐、不完全叶长出时即可揭去塑料布。

4. 摆盘

将暗化处理过的塑盘沿秧盘长度方向并排对放于畦上，盘间紧密铺放，秧盘与畦面紧贴不能吊空。秧板上摆盘要求摆平、摆齐。摆盘后，应立即灌1次平沟水，水深不超过盘面，盘孔土充分湿润后立即排出，以利于保湿齐苗。在摆好的秧盘上铺置适量麦秆或竹片，再盖无纺布，盖严、四周压实；也可用地膜替代无纺布，地膜上加盖稻草，遮阴降温，确保膜内温度控制在35℃以内。

5. 秧田管理

2叶期前秧田坚持湿润灌溉。补水可灌跑马水，做到速灌速排，始终保持土壤湿润状，既不渍水也不干燥。1叶期每百张秧盘可用15%多效唑可湿性粉剂6克对水喷施，喷雾要均匀、细致。如果使用时秧苗叶龄较大或因机栽期延迟将导致秧龄较长，都需要适当增加用量。控制秧苗高度不超过18厘米以适应机插。揭膜后2叶期每盘施用4克复合肥（N-P-K　15-15-15）。3～4叶期秧田实施水分旱管。若盘面发白、秧苗中午发生卷叶，应于当天傍晚补水，速灌速排。移栽前2～3天施用送嫁肥，每盘用复合肥5克。保持水分旱管。若秧苗中午发生卷叶，可用喷壶洒水护苗，如育秧面积过大，亦可灌跑马水，但应做到畦面无积水。移栽前1天适度浇好起秧水，起盘时还应注意防止损伤秧苗，秧苗随起随栽。

四、水稻机械直播栽培技术

贵州水稻直播有人工直播、半机械直播和机械直播三种方式。水稻机械直播是利用播种机械，将稻种直接播于大田，省去了育秧、拔秧、插秧等环节，省工省力，节本高效。贵州近年来引进水稻精量穴直播机并逐渐示范推广。水稻精量穴直播栽培的作业流程见图5-1。

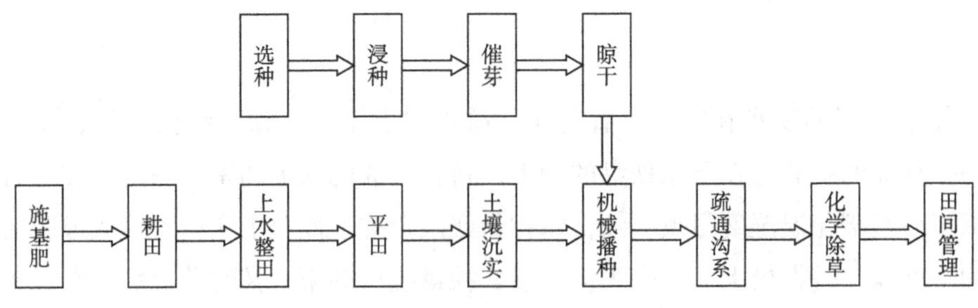

图5-1　水稻精量穴直播作业流程

水稻精量机械穴直播栽培的技术要点如下。

1. 品种

选用生育期相对较短、耐寒性较强、株型紧凑、茎秆粗壮、株高中等的水稻品种。

2. 播种期

根据茬口安排、品种生育期及耐迟播能力，抢早播种，尽可能利用有效生长季。

3. 耕整地

田块表面高低不超过30毫米，土壤要求下粗上细，土软而不糊。

4. 种子处理

晒种1～2天，对有芒的种子进行脱芒。采用温水浸种，催芽至破胸露白即可，置阴凉处晾干至内湿外干易散落状态，播种前可选用水稻专用种衣剂拌种。

5. 播种

播种时保持田面湿润，无积水。同时开边沟，保证田块排水畅通快捷。调整好播种量，防治漏播、重播。

6. 施肥

根据水稻品种和稻田肥力适时适期合理施肥。N：P_2O_5：K_2O一般按1：0.6～1：1.1的比例。氮肥按照“前重、中控、后补”的原则，基肥占40%～50%，蘖肥占20%～30%，穗肥占10%～30%。2叶1心时追施断奶肥，4～5叶时追施分蘖肥，倒4叶至倒1叶期看苗分二次施用穗肥。磷肥一般全作基肥，钾肥分基肥和拔节肥二次施用。

7. 水分管理

直播后至3叶期保持田间湿润状态，3叶后建立浅水层、促进深扎根，达目标穗数80%左右时排水晒田，多次轻搁，控制分蘖发生，拔节后复水，干湿交替，直到蜡熟期断水。

8. 化学除草

选择适宜的化学除草剂，采取“一封、二杀、三补”的原则，播种后3～5

天，干田喷施30%苄嘧磺隆可湿性粉剂或含有苄嘧磺隆成分的复配制剂；在4～5叶龄时，施用广谱性除草剂；6～7叶龄时，对杂草发生严重的位置进行选择性除草，人工拔除。

五、水稻分厢丢秧栽培技术

抛秧是较适宜贵州生产的轻简种植方式，结合本地特点发展为旱育分厢丢秧，是在水稻秧苗移栽时，按照一定数量直接丢栽在稻田土壤表层的一种抛秧方式。其主要技术要点如下：

1. 育秧

采取旱育秧，用无纺布覆盖作拱膜，内膜用地膜平铺覆盖，秧苗立针后，揭除地膜，保留拱膜，根据气温揭膜炼苗。

2. 本田耕整

要求三犁三耙，耕深16～20厘米，做到田平、泥烂，水层1～2厘米，开好排水沟，便于排灌。

3. 丢栽

5～7叶龄期丢栽，秧龄30～45天，最佳叶龄5叶。丢栽前1天用清水浇透苗床，用平铲带土取秧，取后及时丢秧。根据品种特性、土壤肥力、气候合理确定丢秧量。先将稻田拉绳分厢，厢宽2.0～2.7米，厢间间隔0.3～0.4米，厢边分别用人工栽秧1行，作为施肥、防虫管理行，亩丢秧1.2万～2.1万谷粒苗。

4. 施肥

氮肥中基蘖肥与穗粒肥的比例为6：4，分蘖肥在丢栽后5～7天施用，分蘖肥占基蘖肥氮量的40%～60%，穗肥在倒4叶至倒2叶分2次看苗施用。磷肥全部作基肥。钾肥按50%作基肥，50%在8～9叶龄期施用。

5. 水分管理

丢秧时稻田水深不超过2厘米，丢栽后5～7天保持现泥水。立苗后保持浅水层，分蘖够苗80%时晒田控苗，拔节至灌浆结实期干湿交替灌溉，一直保持到成熟。

第二节　稻田高效种养技术

一、稻—鱼共作技术

（一）田间工程

1. 加高加固田埂

利用打田或挖沟的田泥、石块，田埂加高至40～50厘米、加宽至40厘米以上。

2. 开挖鱼沟

鱼沟开挖时间可在插秧后10～20天进行，挖出的秧苗补插在沟的两侧。沟宽0.8～1.0米，深为0.3～0.4米，视稻田面积大小和形状可开挖“一”“十”“井”字形鱼沟。

3. 开挖鱼溜

鱼溜开挖在田中央、进排水处或靠一边田埂，利于鱼栖息活动、水流通畅和起捕。形状随田的形状而不同，一般为长方形、方形、圆形，稻田面积≤1亩的稻开挖1个鱼溜，面积≥1亩的开挖2个及以上鱼溜，鱼沟与鱼溜相通。

4. 拦鱼设施

在稻田对角的田埂上设进、排水口，并安装拦鱼栅。用竹箔、化纤网片或铁丝网等材料等制作拦鱼栅，上端比田埂高0.3米，下端入田0.2米，宽度要与进、排水口相适应，安装后无隙，弧形状，凸面朝向田内，以增加过水面积。

（二）优质稻种植

1. 育秧

根据当地气候确定合理播期，一般在4月中上旬播种。采用旱育秧或机插软盘育秧。

旱育秧播种量为50～75克/平方米，播种盖土后，喷雾厢面除草，覆盖地膜与拱膜，出苗立针后，去除地膜，保留拱膜，根据气温揭膜炼苗。移栽前3～5天施用尿素作送嫁肥，尿素施用量10～15克/平方米。

机插软盘育秧播种量约为2 000粒/盘，播后盖0.5厘米厚营养土。覆土后，在软盘表面平铺一层地膜，温床育秧搭拱架盖1层农膜或水稻育秧专用无纺布。立针后立即揭去平盖地膜，3叶1心时看天气揭去无纺布。

2. 栽插

旱育秧人工移栽适宜秧龄为30～35天（主茎5～5.5叶），采用宽窄行栽插，一般杂交稻种植密度1.1万～1.2万穴/亩（宽行40厘米，窄行26.6厘米，株距16.7厘米），常规稻种植密度1.2万～1.4万穴/亩（宽行40厘米，窄行20厘米，株距16.7厘米），每穴插2苗。机插适宜移栽秧龄约为25天（主茎4叶龄），行距30厘米，杂交稻株距20厘米，常规稻株距18厘米，每穴栽插2～3苗。种植行与主养殖沟垂直，养殖沟、溜外侧密植。

3. 施肥

由于水稻可对鱼的排泄物吸收利用，施氮总量（纯量）控制在5～8千克，以有机肥（鸡粪、猪粪、牛粪）和生物肥为主。其中水稻移栽前2～3天施用有机肥400千克/亩作为基肥，手插秧于插秧后5天施用分蘖肥，机插秧于插秧后7天施用分蘖肥，穗肥于水稻倒4叶时（葫芦叶出现）视苗情施用，有机肥一定要腐熟，施肥时不应将肥料直接撒在鱼沟、鱼凼内。

4. 管水

插秧后保持浅水层，有效分蘖临界叶龄期（插秧后50～55天）开始逐渐排水晒田，晒田前将鱼驱赶至水沟，务必保证水沟水量充足，晒田以田间开裂为止，不宜过度晒田。晒田结束后复水，拔节期以后保持田间5～10厘米水层，黄熟期及时落水干田。

5. 病虫害防治

坚持预防为主，以农业防治、物理防治、生物防治为主，少量药剂综合防治的原则。

主要防治重点：6月下旬至7月上旬防治二化螟、大螟、稻飞虱、稻纵卷叶螟、白叶枯病等；7月下旬防治稻苞虫、稻纵卷叶螟、叶稻瘟病、纹枯病；8月中旬防治稻纵卷叶螟、稻苞虫、二化螟、稻曲病、稻瘟病；始穗期至齐穗期防治穗颈瘟和白叶枯病；灌浆期防治稻褐飞虱。

水稻绿色生产病虫害防治推荐用药：防治二化螟、三化螟、稻苞虫、稻纵卷叶螟等可选用苏云金杆菌；稻飞虱用噻嗪酮、吡虫啉；纹枯病、小球菌核病用井冈霉素；稻瘟病用三环唑、稻瘟灵、咪鲜胺、宁南霉素；白叶枯病用、中生菌素、宁南霉素；稻曲病用中生菌素；立枯病用甲霜·噁霉灵；条纹叶枯病用宁南霉素。

施药时禁用有机磷或菊酯类药剂，严格遵守安全使用浓度，确保鱼的安全。水剂喷雾宜选择在下午进行，施药后稻田中的水最好不要流入沟中。

6. 收割

当85%～90%的谷粒黄熟，选择晴天及时收割。

（三）鱼养殖技术

选择福瑞鲤、松浦镜鲤、杂交鲤、本地土著鲤等品种。

1. 苗种培育

选择规格整齐，体形正常，体表光滑，体质健壮，游动活泼，鳍条、鳞被完整，畸形率和损伤率小于1%，来源于经国家批准的苗种繁育场并经检验合格的鱼苗。对外购的苗种应检疫合格，不得带传染性疾病和寄生虫。

放养：夏花的放养密度视田块状况、饲养管理水平、对出田鱼种规格与时间要求而定，一般3 000～5 000尾/亩。鱼种下田前应调节盛鱼容器与稻田水温，温差不超过2℃。

饲料与投喂：稻田中的杂草、底栖动物、浮游动物、水稻害虫等为鱼类提供一定饵料。为提高鱼产量，可根据鱼体规格投喂相应粒径、粗蛋白质含量的鲤鱼专用浮性颗粒饲料（表5-1）。

表5-1　鱼体规格与饲料粒径的关系、饲料粗蛋白质含量

鱼体规格（克）	饲料粒径（毫米）	饲料粗蛋白质含量（%）
≤5	破碎料	40
5～10	1	40
10～25	1	37
30～75	1.5	33
≥75	2	30

驯化投饲：首先给以节奏的声响信号，训练鱼类集群上浮摄食，每天驯化投喂3～4次，每次30分钟，驯化15天，驯化成功后，按“慢—快—慢，少—多—少”的方法投喂。

“四定”投饲：即坚持“定时、定位、定质、定量”投喂原则。

2. 成鱼养殖（由体重50～100克鱼种养至商品鱼）

鱼种来源：鱼种尽量来源于自繁自育或持有“水产苗种生产经营许可证”的苗种繁育场，并经检验合格。

鱼种放养：在水稻移栽后7天，秧苗返青后即可投放鱼种。稻田养鲤宜投放50～100克/尾规格的鲤鱼鱼种。根据稻田类型、肥力、水源条件和饲养管理技术水平确定放养密度。按预期成鱼产量指标来确定鱼种投放量。

（1）粗养：适宜于傍坡梯田，预期鱼产量15～30千克/亩，投放鲤鱼种10～20千克/亩。

（2）精养：适宜于坝子田块，预期鱼产量50～100千克/亩，投放鲤鱼种30～50千克/亩。

放养前检查田埂、进出水口及拦鱼设施是否完整；放养时调节装运鱼种容器与稻田水温，温差不超过2℃。

鱼种入田前用1%～3%食盐浸浴10～20分钟，或8毫克/升硫酸铜溶液浸浴20分钟。

饲养管理：根据鱼体规格投喂相应粒径、粗蛋白质含量的鲤鱼专用浮性颗粒饲料（表5-2）。

表5-2　鱼体规格与饲料粒径、饲料粗蛋白含量的对应关系

鱼体规格（克）	饲料粒径（毫米）	饲料粗蛋白质含量（%）
5～10	1	40
10～25	1	37
30～75	1.5	33
75～100	2	30
100～200	2.5	30
200～300	3	30

（续表）

鱼体规格（克）	饲料粒径（毫米）	饲料粗蛋白质含量（%）
300～400	3.5	30
400～500	4	30
≥500	5	30

驯化投饲：首先给以节奏的声响信号，训练鱼类集群上浮摄食，每天驯化投喂3～4次，每次30分钟，驯化15天，驯化成功后，按“慢—快—慢，少—多—少”的方法在投饲点投喂。

“四定”投饲：即坚持“定时、定位、定质、定量”投喂。

田水管理：鱼苗下田时，水深15厘米，鱼苗下田后，每间隔5～7天注水1次，每次5～10厘米，最后水深达20～30厘米。鱼种下田时正是水稻生长前期，应保持15～20厘米水深，随着气温升高和鱼体长大，逐渐加深水位，最后保持鱼溜水深50～60厘米。定期疏通鱼沟、鱼溜，保证水流畅通。溶氧3毫克/升以上，pH值7～8.5。

日常工作：勤巡田，即坚持早、中、晚巡田，观察有无浮头现象，鱼类活动、摄食是否正常，有无病害发生以及水质变化情况等，发现问题及时解决。检查田埂是否有鼠洞、崩塌、渗漏等现象，常疏通鱼溜、渔沟，防止田泥堵塞。高温季节，适当加深水位，或在鱼溜上方搭建遮阴棚。检查拦鱼栅、田埂有无漏洞，雨季加强田间巡查，及时排洪、捞渣，并做好防逃工作。

水稻田间管理：

（1）田水管理。根据水稻生长的需水量来确定稻田养鱼水位变化，田间水位是由浅到深，大田水位按常规种稻管理。

（2）晒田。在水稻分蘖末期排水晒田，晒田前疏通鱼沟鱼溜，缓慢排出田面水，驱鱼进入鱼沟鱼溜，沟内水深保持30～40厘米，鱼沟鱼溜每天加换新水，以防鱼缺氧，若烤田时间过长，将鱼捕出暂养于其他水体。

（3）追肥。水稻生长过程中需施化肥，应少量多次，勿超过安全用量。追肥量视土壤肥力而定，追肥时加深田间水位至7～10厘米，分2次进行，每次施半块田，化肥切记不可直接撒于鱼沟鱼溜。

捕捞要点：

（1）捕捞时间。稻谷将熟或晒田割谷前，鱼种规格达100～500克，商品鱼规格达300～500克，即可放水捕鱼，小规格鱼转入其他水体饲养。冬闲水田和低洼田的商品鱼可养至翌年插秧前起捕。

（2）捕捞方法。捕鱼前疏通鱼沟鱼溜，缓慢放水，集鱼于鱼沟鱼溜，出水口放置网具，顺沟驱鱼至出水口，落网捕鱼，迅速转清水池暂养，分规格统计。

鱼病防治：坚持“预防为主，防治结合”的原则，生产操作细心，避免鱼体受伤。

（1）应激性反应。为鱼类营造适宜的栖息环境并保持稳定，避免出现水质、水温、光照、噪声、震动等环境因子的突变，生产操作应轻柔，减少对鱼体的刺激。

（2）外力损伤。主要有鱼类相互咬伤或机械损伤等。主要防治措施有：保障饵料充足、适口；保持养殖稻田内鱼类个体大小基本一致；养殖稻田尽量为同批次苗种，保持鱼体相互适应性和认同感；及时移出体弱、生病鱼体；对受伤鱼体隔离治疗，生理盐水浸泡30分钟后放入养殖稻田，每天1～2次，直至伤口愈合。

（3）营养性疾病。主要有维生素、矿物质缺乏症。主要防治方法为饵料多样化，多种饵料交替投喂，减少营养性疾病的发生。

（4）常见疾病及其治疗。烂鳃病：病鱼身体发黑，黏液增多，游动缓慢，食欲不振，上下窜游，或鳃丝腐烂，或成花瓣鳃，或开天窗。治疗方法：鱼种下塘前用10毫克/升漂白粉溶液浸浴10～30分钟，或2%～4%的食盐水浸浴5～10分钟。

赤皮病：病鱼体表局部或大面积出血发炎，鳞片脱落，特别是鱼体两侧和腹部最为明显。鳍充血，尾部烂掉，形成“蛀鳍”。鱼的上下颚及鳃盖部分充血，呈块状红斑。有时鳃盖烂去一块，呈小圆窗状，出现“开天窗”。在鳞片脱离和鳍条腐烂处往往出现水霉寄生，加重病势。发病几天后死亡。治疗方法：高温季节每半个月用10～20毫克/升生石灰或1毫克/升漂白粉沿鱼沟、鱼溜均匀泼洒一次。

细菌性肠炎：肛门红肿，轻按腹部有黄色或者黄带红色液体从肛门流出，肠道红肿，肝脏肿胀变色。治疗方法：用大蒜头5～10克/千克水磨成糊状与饲料搅拌投喂。

水霉病：病鱼急躁不安，独游或浅滩，游动缓慢，体表有絮状水霉附生，皮肤黏液增多。治疗方法：沿鱼沟、鱼溜泼洒0.04%食盐和0.04%小苏打混合剂进行消毒。

二、稻—鸭共作技术

（一）优质稻种植

1. 育秧

根据当地气候确定合理播期，一般在4月中上旬播种。采用旱育秧或机插软盘育秧。

旱育秧播种量为50～75克/平方米，播种盖土后，喷雾厢面除草，覆盖地膜与拱膜，出苗立针后，去除地膜，保留拱膜，根据气温揭膜炼苗。移栽前3～5天施用尿素作送嫁肥，尿素施用量10～15克/平方米。

机插软盘育秧播种量约为2 000粒/盘，播后盖0.5厘米厚营养土。覆土后，在软盘表面平铺一层地膜，温床育秧搭拱架盖1层农膜或水稻育秧专用无纺布。立针后立即揭去平盖地膜，3叶1心时看天气揭去无纺布。

2. 栽插

旱育秧人工移栽适宜秧龄为30～35天（主茎5～5.5叶龄），采用宽窄行栽插，一般杂交稻种植密度1.1万～1.2万穴/亩（宽行40厘米，窄行26.6厘米，株距16.7厘米），常规稻种植密度1.2万～1.4万穴/亩（宽行40厘米，窄行20厘米，株距16.7厘米）每穴插2苗。机插适宜移栽秧龄约为25天（主茎4叶龄），行距30厘米，杂交稻株距20厘米，常规稻株距18厘米，每穴栽插2～3苗。种植行与主养殖沟垂直，养殖沟、溜外侧密植。

3. 施肥

由于水稻可对鸭的排泄物吸收利用，施氮总量（纯量）控制在7.5～9千克，水稻移栽前2～3天施用有机肥400千克/亩作为基肥，手插秧于插秧后5天施用分蘖肥，机插秧于插秧后7天施用分蘖肥，穗肥于水稻倒4叶时（葫芦叶出现）视苗情施用，有机肥一定要腐熟，施肥时将鸭群驱赶至鸭舍。

4. 管水

插秧后保持浅水层，有效分蘖临界叶龄期（插秧后50～55天）开始逐渐排水晒田，晒田以田间开裂为止，不宜过度晒田。晒田结束后复水，拔节期以后保持田间5～10厘米水层，黄熟期及时落水干田。

5. 病虫草害防治

坚持预防为主，以农业防治、物理防治、生物防治为主，少量药剂综合防治的原则。

主要防治重点：6月下旬至7月上旬防治二化螟、大螟、稻飞虱、稻纵卷叶螟、白叶枯病等；7月下旬防治稻苞虫、稻纵卷叶螟、叶稻瘟病、纹枯病；8月中旬防治稻纵卷叶螟、稻苞虫、二化螟、稻曲病、稻瘟病；始穗期至齐穗期防治穗颈瘟和白叶枯病；灌浆期防治稻褐飞虱。

水稻绿色生产病虫害防治推荐用药：防治二化螟、三化螟、稻苞虫、稻纵卷叶螟等可选用苏云金杆菌；稻飞虱用噻嗪酮、吡虫啉；纹枯病、小球菌核病用井冈霉素；稻瘟病用三环唑、稻瘟灵、咪鲜胺、宁南霉素；白叶枯病用中生菌素、宁南霉素；稻曲病用中生菌素；立枯病用甲霜·噁霉灵；条纹叶枯病用宁南霉素。

稻田养鸭对水稻螟虫、稻飞虱和杂草均有较好的防治效果，稻田养鸭绿色防控模式有：种子处理+稻鸭共生+杀虫灯（诱捕器）+生物（低毒化学）农药；种子处理+稻鸭共生+释放天敌+生物（低毒化学）农药。

6. 收割

当85%～90%的谷粒黄熟，选择晴天及时收割。

（二）鸭养殖技术

1. 鸭子品种选择

根据贵州水稻的生长环境和市场需求，选择抗病力强、适应性广及体型小、灵活爱动、觅食力强的鸭子品种，如三穗鸭、江西麻鸭、广西麻鸭和四川麻鸭等地方品种中的中小型麻鸭。

2. 雏鸭培育

（1）材料和场所准备。按饲养规模，准备育雏场所、饲料、防疫消毒药品以及搭棚、围网的材料。并在进雏鸭前做好育雏场所和用具的消毒工作。

（2）适时订购苗鸭。鸭子下水时不能太小，鸭龄要在20天以上，因此要做好提早育雏的工作。育雏时间一般为20～25天，及早与孵化场联系并落实苗鸭的数量，以便水稻移栽返青后或直播3叶期后能及时投放雏鸭。

（3）培育健壮雏鸭。通过“一看二抓三摸”的方法挑选好雏鸭，适时饮水开食，育雏室控制合适温度，切忌忽冷忽热，合理分群，严防堆压，及时调教下水，逐步锻炼放牧等措施培育健壮雏鸭。

（4）做好雏鸭疾病防疫。推荐免疫程序：1日龄注射雏鸭病毒性肝炎疫苗。5～7日龄注射鸭疫里莫氏杆菌、大肠杆菌二联苗。7～10日龄注射禽流感疫苗。20日龄注射鸭瘟疫苗。

3. 放养时间

当雏鸭20～25日龄、插秧后10～25天趁晴天放养。

4. 放养密度

要根据稻田的食料、杂草等情况，一般每亩稻田放养密度15～20只。

5. 放养方法

要根据农田的自然地理、路和渠道情况，分区域按田块集中放养，防止鸭群过大，觅食不匀，损坏稻苗。田边搭个小型简易避风雨棚，便于鸭子躲风雨和喂饲，提高成活率。

6. 适量添饲

鸭放养初期，早、晚喂些碎米（麦）或小鸭配合饲料；放养15天之后，一般情况下不补充饲料，以提高鸭子的觅食能力，促进水稻生长；中期稻间草、虫等活食减少，而鸭子摄食量增加时，适当添喂稻谷等饲料，以确保鸭子对营养的要求，为鸭的商品性打好基础。

7. 适时收鸭

当水稻稻穗谷粒部分发黄或鸭子重达1.2～1.5千克时，及时将鸭子从稻间赶出，并组织销售。鸭子赶出稻田后，立即排水，采取湿润灌溉，以增强稻根活力，防止水稻发生倒伏，提高千粒重和产量。

8. 常见疾病及其治疗

鸭瘟：头部肿大，流泪，双脚发软，拉绿色稀粪，体温升高，剖检时见肝脏有出血点，泄殖腔出血、水肿和坏死。鸭群感染鸭瘟后，迅速蔓延，发病率和死亡率都很高，往往造成鸭群死亡。

治疗方法：在没有发生鸭瘟的鸭场或地区，应做好预防工作，定期给鸭注射鸭瘟弱毒疫苗，种蛋鸭每年接种2次。接种时按瓶签注明的头份，用灭菌生理盐水稀释100倍，20日龄左右的小鸭每只肌内注射0.5毫升；1.5～2个月龄时重复1次，肌注1毫升。

雏鸭病毒性肝炎：雏鸭突然发病，传播迅速，几乎全部雏鸭都在发病后3～4天内死亡。开始时病鸭无精打采，运动失调，身体倒向一侧或背部着地，转圈、下蹲，双脚呈痉挛性踢动，死前头向后仰，呈角弓反张姿态。通常在出现神经症状后几小时或几分钟内死亡。有些病例发病很急，病雏鸭常没有任何症状而突然倒毙。发病后没有死亡的雏鸭，生长缓慢。

治疗方法：在流行雏鸭病毒性肝炎的地区鸭场，给出壳后3日龄内雏鸭皮下注射0.5毫升抗雏鸭病毒性肝炎高免血清，预防效果可达90%～100%；也可给初出壳鸭每只接种雏鸭病毒性肝炎弱毒疫苗0.25毫升。

鸭传染性浆膜炎：表现为嗜眠、缩颈或嘴抵地面，脚软弱，不愿走动或行动蹒跚，共济失调，不食或少食，眼、鼻有浆液或黏液性分泌物。粪便稀薄，呈绿色或黄色，有的腹部膨胀。濒死时出现神经症状，如痉挛、摇头或点头，背脖和双腿伸直呈角弓反张状，不久抽搐死亡，病程一般为1～3天，日龄较大的小鸭（4～7周龄），病程可达1周以上，且多呈亚急性或慢性经过。

治疗方法：采用氯霉素或土霉素，用药量按0.04%混于饲料，连续喂3～4天；环丙沙星0.3%混料连用4～5天，能有效控制发病与死亡。

鸭大肠杆菌病：本病主要症状为下痢，粪便稀薄，恶臭、带白色黏液或混有血丝、血块和气泡，一般呈青绿色或灰白色，肛门周围污秽。病雏精神委顿、昏睡、食欲减退或废绝，渴欲增加，呼吸困难，常因败血症或衰弱脱水而死亡。

治疗方法：金霉素和土霉素，每1千克饲料用3～5克，5～6天为1疗程，个别病例则每只每日量为10～15毫克，每天2次。

三、稻—虾共作技术

（一）田间工程

1. 虾沟开挖

虾沟距田埂1.5米。环形沟上口宽3米，下口宽0.8米；“L”形或条形沟上口宽1.5米，下口宽0.4米，沟深1.5米以上。开挖面积不超过稻田面积的10%，不得破坏耕作层。

2. 防逃设施建设

防逃设施可选择防逃板或防逃网，地上部分高40厘米以上，地下部分入土20厘米以上，每隔1米用木桩固定，木桩设置在防逃设施外侧，转角处做成钝角或圆弧形，整个防逃设施稍向内侧倾斜。防逃板可选择彩钢板或木板，防逃网可选择不锈钢网或硬质塑料网。对于面积较大的田块，设置内外二道防逃设施。稻田的进、排水口用双层密网防逃，同时也能有效地防止蛙卵、野杂鱼卵及幼体进入稻田危害脱壳虾。

3. 进排水设施

进、排水口分别位于稻田两端，进水渠道建在稻田一端的田埂上，进水口用20目的长形网袋过滤进水，防止敌害生物随水流进入。排水口建在稻田另一端环形沟的低处。

（二）优质稻种植

1. 育秧

一般4月中上旬播种，采用旱育秧或钵盘育秧。

旱育秧：播种量约50克/平方米，其他技术要点同本书101页。

钵盘育秧：选用618毫米×315毫米×25毫米的448孔钵盘，常规稻每亩用秧盘40张，杂交稻每亩用秧盘30～35张。每孔播种2～3粒为宜，播种程序为秧盘放入播种进口—播底土—播种—覆土—洒水。洒水要控制好水量，盖表土厚度不超过盘面，以不见芽谷为宜。将播种好的秧盘在室外堆盘，叠放时上下二张秧盘纵横交替，每摞叠放的秧盘间留有一定空隙。秧盘叠放结束，及时盖上黑色塑料布。暗化3～5天后，待苗出齐、不完全叶长出时即可揭去塑料布。塑盘沿秧盘长度方向并排对放于畦上，盘间紧密铺放，秧盘与畦面紧贴不能吊空。摆盘后，应立即灌1次平沟水，水深不超过盘面，盘孔土充分湿润后立即排出，以利于保湿齐苗。在摆好的秧盘上铺置适量麦秆或竹片，再盖无纺布，盖严、四周压实，膜内温度控制在35℃以内。2叶期前秧田坚持湿润灌溉。揭膜后2叶期每盘施用4克复合肥。3～4叶期秧田实施水分旱管。移栽前2～3天施用送嫁肥，每盘用复合肥5克。保持水分旱管。移栽前1天适度浇好起秧水，起盘时还应注意防止损伤秧苗，秧苗随起随栽。

2. 栽插

采用钵苗机插等大苗栽插技术，水稻移栽后10天即可进行稻虾共生。一般杂交稻种植密度1.0万穴/亩，常规稻种植密度1.2万穴/亩，钵苗机插适宜移栽秧龄30～35天（主茎5～5.5叶龄），等行距插秧机行距30厘米，株距20厘米，宽窄行插秧机宽行33厘米，窄行23厘米，株距为20厘米。旱育抛秧和人工移栽适宜秧龄为35天（主茎5.5叶龄）。

3. 施肥

施氮总量（纯量）控制在5～8千克，以有机肥（鸡粪、猪粪、牛粪）和生物肥为主。其中水稻移栽前2～3天施用有机肥400千克/亩作为基肥，手插秧于插秧后5天施用分蘖肥，机插秧于插秧后7天施用分蘖肥，穗肥于水稻倒4叶时（葫芦叶出现）视苗情施用，有机肥一定要腐熟，施肥时不应将肥料直接撒在虾沟内。

4. 管水

移栽后10天，保持田面湿润至薄水层；中期灌水5～10厘米，以利于小龙虾入田活动觅食。为减少搁田对小龙虾在稻田活动的影响，可采用夜晾日灌的方式进行晾田，使土壤凝聚变硬，也可采用开挖水沟作为烤田时小龙虾栖息地。黄熟期及时落水干田。

5. 病虫草害防治

坚持预防为主，以农业防治、物理防治、生物防治为主，少量药剂综合防治的原则。

主要防治重点：6月下旬至7月上旬防治二化螟、大螟、稻飞虱、稻纵卷叶螟、白叶枯病等；7月下旬防治稻苞虫、稻纵卷叶螟、叶稻瘟病、纹枯病；8月中旬防治稻纵卷叶螟、稻苞虫、二化螟、稻曲病、稻瘟病；始穗期至齐穗期防治穗颈瘟和白叶枯病；灌浆期防治稻褐飞虱。

水稻绿色生产病虫害防治推荐用药：防治二化螟、三化螟、稻苞虫、稻纵卷叶螟等可选用苏云金杆菌；稻飞虱用噻嗪酮、吡虫啉；纹枯病、小球菌核病用井冈霉素；稻瘟病用三环唑、稻瘟灵、咪鲜胺、宁南霉素；白叶枯病用中生菌素、宁南霉素；稻曲病用中生菌素；立枯病用甲霜·噁霉灵；条纹叶枯病用宁南霉素。

采用生物、物理及生态等对小龙虾无公害的防控技术进行水稻病虫害的防治。如需药物防治首选低毒、低残留的药物如井冈霉素、戊唑醇和氯虫苯甲酰胺等，禁用对小龙虾敏感的有机磷或菊酯类杀虫剂；稻冈虾共作田间杂草数量明显减少，通常不需要除草，但除草剂类药物如扑草净等对小龙虾的毒性极低，可以使用。

6. 收割

当85%～90%的谷粒黄熟，选择晴天及时收割。

（三）虾养殖技术

1. 虾沟清整与消毒

新开挖的虾沟用生石灰进行消毒，用量75～100千克/亩。若虾沟在前一年饲养过克氏原螯虾，应清理虾沟，除去浮土，修正垮塌的沟壁，用茶籽饼消毒，用量25～40千克/亩。

2. 种草

虾沟消毒10～15天后种植，水草品种有伊乐藻、轮叶黑藻、苦草等，其中以伊乐藻为主。水草的栽植面积应占虾沟面积的50%以上。

3. 注水

肥水前，虾沟可注水20～30厘米。后期随着水草的生长逐渐加高水位至40～60厘米。

4. 肥水

施肥时间为放虾前的7～10天，可施用腐熟的有机肥，用量为300～400千克/亩。

5. 虾苗培育

（1）亲虾选择。亲虾应来源于不同群体，外表颜色暗红或深红色，有光泽，附肢齐全，无病无伤，体格健壮，活动能力强。虾龄为8～12个月为宜，体重30克以上。

（2）饲料投喂。亲虾放养后加强饲料投喂及日常管理，可投喂动物性饲料，辅投螺蛳肉、河蚌肉及动物内脏等。亲虾出洞后，追施腐熟有机肥100千克/亩，根据仔虾数量，可投喂动物性人工饵料如鱼糜。

亲虾放养时，日投喂量应为亲虾总重的3%～5%，早、晚各投喂1次，傍晚的投喂量占全天投喂量的70%。稚虾孵出后，先投喂亲虾料，再投喂稚虾料。

一般每天投喂2次，上午8时左右，投喂量为日投饵量的30%；下午17时左右，投喂量为日投饵量的70%。当水温低于12℃时，可不投喂。投喂地点选择为虾沟内浅水处，适当分散。投喂应做到定时、定位、定质、定量的原则。

（3）水质管理。繁育期可视田水颜色与透明度情况换水，保持田水溶氧量5毫克/升以上，pH值7.5～8.5，过低用生石灰调节，氨氮≤0.2毫克/升，亚硝酸盐≤0.1毫克/升，透明度30～40厘米。

巡田检查：每天应坚持巡田进行2次，主要观察天气状况，虾在田中的活动与摄食情况，虾沟中水生植物的生长情况。经常检查、维修、加固防逃设施，暴雨时应做好防逃工作，检查田埂是否塌漏，防逃设施是否牢固。

（4）亲虾繁殖。亲虾配对：将选择好的亲虾按照不同的来源地进行雌雄配对，雌雄比例3∶1。

繁殖过程：8月中下旬将配组好的亲虾移入稻田，亲虾投放密度7.5～10千克/亩。自然繁殖到10月中下旬结束。

转移抱卵虾：待稚虾孵化10天后，大多数稚虾离开母体，及时将网箱中已孵化完成的雌虾转移他处，进行稚虾培育。

（5）稚虾培育。控制稚虾的培育密度10万～15万尾/亩；经过25～30天的培育，当体长达到2～4厘米后，可转田或转池养殖。

6. 成虾养殖

（1）苗种投放。人工移栽水稻后10～25天，放养160头/千克规格虾苗，40～50千克/亩。从8月上旬开始捕捞，到9月底结束。

虾苗下田前应用3%～5%盐水浸泡1分钟，拿出空置30秒，再浸泡1分钟，反复操作3～5次后下田。放置虾苗时，应将虾苗放置于田埂上，不得直接放入水田内。

（2）饲养管理。饵料种类：稻田养殖小龙虾主要以人工配合饲料及青绿饲料为主，除蜕壳期及繁育期外，严格控制动物性饲料的用量。

饲料消毒：植物性饵料用6毫克/升漂白粉溶液浸泡20～30分钟，使黏附在水草上的病原生物脱落或灭活然后投喂。肥料应高温发酵后使用。

投饵方法：一般每天投喂2次，上午7时左右，投喂量为日投饵量的30%；下午7时左右，投喂量为日投饵量的70%。当水温低于12℃时，可不投喂。投喂地点选择为虾沟内浅水处，适当分散。投喂应做到定时、定位、定质、定量的原则。

掌握“两头精，中间青”投喂法。5—6月以投喂人工配合饲料为主，6—8月以投喂青饲料为主，8—9月以投喂人工配合饲料为主。

日投喂饲料参考量为虾体重的3%～5%。具体投喂量要结合具体天气情况、水质状况、池内水生动植物数量、剩余饵料量等，灵活调整。

（3）蜕壳期管理。在小龙虾蜕壳期间应注意疾病防治，但要少用化学制剂，可以加入蜕壳素、磷酸二氢钙等，增强体质，促进小龙虾顺利蜕壳。

加强饵料投喂：在小龙虾蜕壳前要加强饲料管理，提高动物性饵料投喂量，要在脱壳前满足其营养需求，尤其是钙元素。可在蜕壳前3～5天，按每亩水深1米使用2.5千克磷酸二氢钙。

加强水质管理：在脱壳期要经常注入新水，保持水质清洁，促进小龙虾蜕壳。

（4）水质管理。养殖期间可视田水颜色与透明度情况注换水，保持田水溶氧量5毫克/升以上，pH值7.5～8.5，过低用生石灰调节，氨氮≤0.2毫克/升，亚硝酸盐≤0.1毫克/升，透明度30～40厘米。晴天应采用浅水位；阴雨天或寒冷天气，应采用深水位。

（5）巡田检查。每天应坚持巡田进行2次，主要观察天气状况，虾在田中的活动与摄食情况，虾沟中水生植物的生长情况。经常检查、维修、加固防逃设施，暴雨时应做好防逃工作，检查田埂是否塌漏，防逃设施是否牢固。

（6）病害防治。

a.工具消毒。生产操作工具使用前后应消毒，防止病原传染，采用饱和食盐水浸泡15分钟以上。

b.常见疾病及其治疗。软壳病：虾壳软薄、体色不红、活动力差、觅食不旺、生长缓慢、协调能力差。

治疗方法：20毫克/升生石灰化水全池泼洒；用鱼骨粉拌新鲜豆渣或其他饵料投喂，每天1次，连用7～10天。

烂壳病：病虾壳上有明显溃烂斑点，斑点呈灰白色，严重溃烂时呈黑色，斑点下陷，出现空洞，最后导致内部感染，甚至死亡。治疗方法：用25毫克/升生石灰化水全池泼洒1次，3天后再用20毫克/升生石灰全池泼洒。

黑鳃病：鳃部由肉色变为褐色或深褐色，直至变黑，鳃组织萎缩坏死。患病的幼虾活动无力，多数在池底缓慢爬行，停食。患病的成虾常浮出水面或依附水草露出水外，不进洞穴，行动缓慢，最后因呼吸困难而死。治疗方法：用1毫克/升漂白粉全池泼洒，每天1次，连用2～3次

纤毛虫病：体表、附肢、鳃上附着污物，虾体表面覆盖一层白色絮状物，致使小龙虾活动力减弱，食欲减退。治疗方法：用20～30毫克/升生石灰全池泼洒，连用3次，使池水透明度提高到40厘米以上。

烂尾病：感染初期病虾尾部有小疮，边缘溃烂、坏死或残缺不全，随着病情恶化，溃烂由边缘向中间发展，严重感染时，病虾整个尾部溃烂掉落。治疗方法：用“强氯精”等消毒剂化水全池泼洒，病情严重的，连续2次，中间间隔1天。

c.病虾隔离。应建立病虾隔离池，发现虾体活动、体色、食欲等异常，体表或鳃出现充血、溃烂、突起或斑点、黏液增多等异常症状时，应及时移至隔离池，进行专门诊断、治疗，避免病害传播。

d.用药方法。浸浴法。主要用于数量较少的暂养亲虾等的体表或鳃疾病治疗。将配好的药液放入盆、桶、池等容器中，放入病虾进行浸浴，药液要能够淹没病虾全身，发现有狂游、剧烈躁动不安、有强烈逃离等现象时，及时移出，放入清水或流水池中暂养。

全田泼洒法。测算稻田水量，关闭进、出水口，将药物溶于一定数量水中后，均匀泼洒于水稻田中，待浸浴时间足够后，开启进、出水口换水。浸浴过程中，如虾体出现异常反应，立即开启进、出水口，更换水体，降低药物浓度。

e.用药选择。一旦发现稻田中虾体患病，立即准确诊断其病症，然后对症下药及时治疗。

f.营养性疾病预防。主要有维生素、矿物质缺乏症。主要防治方法：①饵料

多样化，多种饵料交替投喂，减少营养性疾病的发生。②定期投喂复合维生素等，投喂方法与口服药物相同，一般1～2个月投喂1次。按照周期投喂。

g.非生物性病害。应激性反应预防。为虾类营造适宜的栖息环境并保持稳定，避免出现水质、水温、光照、噪声、震动等环境因子的突变，生产操作应轻柔，减少对虾体的刺激。

相互伤害。主要有虾类相互咬伤或机械损伤等。主要防治措施：①保障饵料充足、适口。②稻田内投放虾体尽量同批次苗种，虾体大小基本一致。③及时移出体弱、生病的虾体，合理控制虾苗或种虾存塘密度，避免受到伤害。④细心操作，减少人为损伤。

（7）成虾捕捞和亲虾留存。捕捞时间从8月开始，到9月底结束。捕捞工具为地笼，网眼规格应为1～2厘米。

①捕捞方法。将地笼布放于稻田及虾沟内，每隔5天改变地笼布放位置。当捕获量比开捕时有明显减少时，可排出稻田中的积水，将地笼布集中于虾沟中捕捞。捕捞时遵循捕大留小的原则，并避免因挤压伤及幼虾。

②亲虾留存。捕捞期间，前期是捕大留小，后期捕小留大，亲虾存田量每亩不少于15千克。

（8）质量标准。体色暗红或深红色。有光泽，体表光滑无附着物，无损伤，虾体厚实，反应敏捷。

（9）包装、运输。将成品虾冲洗干净，装入塑料虾筐或泡沫箱。塑料虾筐或泡沫箱中应预先放置冰块，冰块用量为0.5～1.0千克/60升。冰块应用塑料袋（瓶）密封。包装材料应卫生、洁净。

在低温清洁的环境中装运，避免阳光直射。用塑料虾筐包装的，应避免风吹。运输工具在装货前清洗、消毒，应做到洁净、无毒、无异味。运输过程中，防温度剧变、挤压、剧烈震动，不应与有害物质混运。

四、稻—蛙共作技术

（一）田间工程

1. 蛙沟

须对1亩以上稻田进行划分，一般0.5亩为1个养殖单元；1亩以下稻田设置为单个养殖单元。开挖回形蛙沟，沟深0.5米，沟宽1～1.5米。

2. 田埂

利用开挖蛙沟中挖出的泥土加宽、加高、夯实田埂，保持田埂高度高出稻田平面0.3～0.5米以上，埂底宽0.8～1.0米，顶部宽0.3～0.4米，不漏水。

3. 进排水口

每个养殖单元设置进出水口各1个，进水口建在田埂上，排水口建在沟渠最低处，其大小应根据田的大小和下暴雨时进水量的大小而定。一般进水口宽为30～50厘米，排水口为50～80厘米。另外，进排水口应用铁丝网或者聚乙烯网片做成栅铁条网封住，以防止蛙外逃。

4. 防逃设施

在稻田四周打木桩，用尼龙纱网建造防逃隔离带，将尼龙纱网埋入田埂泥土中30厘米，地面上纱网保留1.0～1.2米高，顶部应设计成向稻田内伸出宽20～30厘米的倒檐，然后用竹竿在每隔1.5米处固定。另外，再用1.0米高的黑色塑料薄膜覆盖纱网内侧，以防蛙跳跃撞伤感染病菌。

5. 食台

在田埂与的蛙沟之间沿着沟搭建食台，食台应高出沟水面3～5厘米。根据田块实际情况可分别制作单个食台或者整条食台。

（1）单个食台。用规格为50厘米×30厘米的木条或竹条用铁钉固定成框，钉上聚乙烯密网片，将其拉直绷紧，使具有一定的弹性。将食台呈一定坡度放置，放置数量根据田块大小和蛙放养数量确定，一般每250～300只幼蛙搭设1个食台。

（2）整条食台。在田埂与的蛙沟之间，将聚乙烯密网布两边埋入地下，用宽度和网布等宽的竹筒将网布撑起，绷紧，具有一定坡度，每隔2米放置一个竹筒，形成楼梯状。

6. 诱虫灯

在食台的上方15～20厘米处，悬挂诱虫灯。单个食台上方悬挂1～2盏；整条食台可每1～2米处悬挂1盏。

7. 遮阳棚

在蛙沟的上方，搭建遮阳棚平挂遮阳网。

8. 防天敌

在养殖稻田外侧不影响日常管理操作处设置防鸟网或防鸟线。

（二）优质稻种植

1. 育秧

根据当地气候确定合理播期，一般在4月中上旬播种。采用旱育秧或机插软盘育秧。

旱育秧播种量为50～75克/平方米，播种盖土后，喷雾厢面除草，覆盖地膜与拱膜，出苗立针后，去除地膜，保留拱膜，根据气温揭膜炼苗。移栽前3～5天施用尿素作送嫁肥，尿素施用量10～15克/平方米。

机插软盘育秧播种量约为2 000粒/盘，播后盖0.5厘米厚营养土。覆土后，在软盘表面平铺一层地膜，温床育秧搭拱架盖1层农膜或水稻育秧专用无纺布。立针后立即揭去平盖地膜，3叶1心时看天气揭去无纺布。

2. 栽插

旱育秧人工移栽适宜秧龄为30～35天（主茎5～5.5叶龄），采用宽窄行栽插，一般杂交稻种植密度1.1万～1.2万穴/亩（宽行40厘米，窄行26.6厘米，株距16.7厘米），常规稻种植密度1.2万～1.4万穴/亩（宽行40厘米，窄行20厘米，株距16.7厘米），每穴插2苗。机插适宜移栽秧龄约为25天（主茎4叶龄），行距30厘米，杂交稻株距20厘米，常规稻株距18厘米，每穴栽插2～3苗。种植行与主养殖沟垂直，养殖沟、溜外侧密植。

3. 施肥

施氮总量（纯量）5～8千克，以有机肥（鸡粪、猪粪、牛粪）和生物肥为主。其中，水稻移栽前2～3天施用有机肥400千克/亩作为基肥，手插秧于插秧后5天施用分蘖肥，机插秧于插秧后7天施用分蘖肥，穗肥于水稻倒4叶时（葫芦叶出现）视苗情施用。

4. 管水

插秧后保持浅水层，有效分蘖临界叶龄期（插秧后50～55天）开始逐渐排水晒田，晒田以田间开裂为止，不宜过度晒田。晒田结束后复水，拔节期以后保持田间5～10厘米水层，黄熟期及时落水干田。

5. 病虫草害防治

坚持预防为主，以农业防治、物理防治、生物防治为主，少量药剂综合防治的原则。

主要防治重点：6月下旬至7月上旬防治二化螟、大螟、稻飞虱、稻纵卷叶螟、白叶枯病等；7月下旬防治稻苞虫、稻纵卷叶螟、叶稻瘟病、纹枯病；8月中旬防治稻纵卷叶螟、稻苞虫、二化螟、稻曲病、稻瘟病；始穗期至齐穗期防治穗颈瘟和白叶枯病；灌浆期防治稻褐飞虱。

水稻绿色生产病虫害防治推荐用药：防治二化螟、三化螟、稻苞虫、稻纵卷叶螟等可选用苏云金杆菌；稻飞虱用噻嗪酮、吡虫啉；纹枯病、小球菌核病用井冈霉素；稻瘟病用三环唑、稻瘟灵、咪鲜胺、宁南霉素；白叶枯病用中生菌素、宁南霉素；稻曲病用中生菌素；立枯病用甲霜·噁霉灵；条纹叶枯病用宁南霉素。

蛙可减少病虫害发生，一般水稻防治用药少。施药时最好选择生物农药制剂，严格遵守安全使用浓度，确保蛙的安全。能喷药于水稻叶面的要尽量喷于叶面，不喷或少喷于入水中。水剂喷雾宜选择在下午进行，下午稻叶干燥程度大，大部分药液能较好吸附其上。施药后稻田中的水最好不要流入沟中。

6. 收割

当85%～90%的谷粒黄熟，选择晴天及时收割。

（三）蛙苗养殖技术

1. 种蛙选择

选个体较大、体质健壮、皮肤光滑而具有光泽、发育良好、性情活泼、无伤残、性成熟的成蛙作种蛙，雌蛙体重达150克，雄蛙体重达200克，雌雄比例1∶1。选购野生种蛙时，仔细检查是否囤积过久和有无受伤。

2. 种蛙培育

种蛙放养前用3%～4%食盐溶液或者用10～15克/立方米高锰酸钾溶液浸泡10～15分钟，雌雄蛙各放5～10只/平方米，种蛙池水深15～20厘米，水质清新，pH6～8，水中无有害寄生虫。为保证种蛙性腺发育，应加强饲养管理工作，除做好环境条件外，还必须保证有充足的饲料，种蛙以蚯蚓、蝇蛆、黄粉虫等动物性饲料为主，繁殖季节可以灌食猪肝、鱼块、鳅等补充营养。每天定点投喂1次饲料，投喂时间一般在18—19时。投喂量约为蛙体重的5%~7%，结合蛙摄食后残饵量多少，决定下一次投饲量。

坚持每天巡池，检查各种设施是否损坏，观察池水变化和设施情况等，蛙不吃死饵，要及时清除池中腐烂的饵料，清洗蛙池，保持水质清新，保持常流清水。蛙池上方加盖防护网，防治鼠、鸟、蛇等敌害生物。在进出水口加过滤设施，防治水生昆虫、蚂蟥等进入。发现水霉、红腿、烂皮等发病个体，及时隔离和治疗控制。死亡个体及时捞除，进行深埋等无害化处理。

3. 产卵

4月上旬，当水温达15℃、气温20℃以上时，雌、雄蛙开始抱对产卵。产卵环境应保持光线暗淡、安静，水质清新、水位稳定、避免惊扰。

蛙卵产出12小时内不要搅动，以免卵块破碎降低孵化率。收卵时间一般在12小时后，收取后即转入孵化池或孵化箱孵化。

4. 孵化

孵化过程中，防止卵块堆叠，及时清刷污物，避免阳光直射，孵化用水经60目筛绢过滤，防止敌害生物侵入。孵化池保持微流水，水温稳定、水质清新，孵化后期应适当加大换水量。

5. 蝌蚪培育

投饲管理：出膜后第三天起投喂煮熟蛋黄，每5 000尾蝌蚪投喂蛋黄1个，将蛋黄放在纱布内用手捏挤成糊状后投喂，早晚各1次，连喂3~5天。随后投喂配合饲料，日投喂量为蝌蚪体重的2%~3%，具体投喂量应根据水温、天气、摄食情况等确定。

分池饲养：蝌蚪全长3厘米左右进行分池饲养，放养密度为150~200尾/平方米；蝌蚪全长5厘米左右进行再次分池，放养密度为100尾/平方米。

变态期管理：春季孵化的蝌蚪，通过加强饲养促使其变态，转入幼蛙培育阶段。秋季孵化的蝌蚪，通过调整放养密度和营养结构、控制投饲量等措施，不使其当年变态，以蝌蚪越冬为宜。

6. 蛙苗放养

每亩放养规格大小一致的幼蛙（由蝌蚪刚变态到青蛙）2 500~3 000只。

7. 诱食训食

饲养蛙必须经过人工驯食才能使其摄食饲料或其他不动饵料。驯食方法为：在人工颗粒饲料中拌入活的泥鳅、蚯蚓、粪虫等，利用其爬行带动颗粒饲料的滚动，蛙类便误把饲料当作活饵料吞入腹中。驯化时间一般在20天左右。

投喂人工饲料。人工投喂饲料为自配或商品全价颗粒料，粗蛋白含量应达到35%以上，饲料粒径要与蛙的个体相一致。

补充天然饵料。夏季晚上可开灯诱虫，补充食物来源。另外，还可在防逃网内侧的田埂上培养活饵料动物进行投喂，如堆放经发酵的牛粪、作物秸秆培养蚯蚓，利用废弃动物下脚料养殖蝇蛆，或在室内培育黄粉虫等鲜活饵料动物。

投方法及投喂量。饵料投喂方法坚持“定点、定时、定量、定质”，每天可在上午和下午共投喂2次。投饲量一般幼蛙阶段约为体重的2%～3%、成蛙阶段约为体重的1%～2%，具体还应根据天气、水质和蛙的吃食情况做适当调整，最好以1～2小时吃完为宜。

8. 日常管理

坚持早、中、晚巡田，随时检查蛙的活动情况，及时检查田埂有否漏洞，防逃网是否牢固；下雨和打雷时做好防洪、防逃工作；及时驱赶白鹭和清除老鼠、蛇等敌害。定期清理食台的残饵和粪便，保持食台干净卫生。

9. 常见疾病及其治疗

车轮虫病：患病蝌蚪食欲减退，呼吸困难，动作迟缓而离群，常导致大量死亡。治疗方法：减少蝌蚪的养殖密度，加强营养以预防发病；发病初期每1立方米水体用硫酸铜0.5克和硫酸亚铁0.2克合剂或0.7克硫酸铜全池泼洒；每亩水面用切碎的韭菜20克与黄豆混合磨浆，均匀泼洒，连续进行1～2次，可控制发病蝌蚪不至于恶化死亡。

蝌蚪肤霉病：蝌蚪体表受伤处可见白色棉絮状纤维。患病蝌蚪活动迟缓、摄食困难，体弱，严重者并发其他疾病致死。治疗方法：避免蝌蚪体表受伤；对患病蝌蚪用0.5毫克/升高锰酸钾溶液消毒。

蝌蚪鳃霉病：与蝌蚪肤霉相似，患病蝌蚪的鳃部苍白，有时呈现点状充血或出血状，严重时鳃溃烂，呼吸受阻而死。治疗方法：防止水质污染；已污染的蝌蚪池要用生石灰水清池，加速有机物分解，杀死鳃霉病菌；患病蝌蚪用0.7毫克/升硫酸铜和硫酸亚铁合剂（5：2比例配合）浸泡治疗。

舌杯虫病：舌杯虫寄生在蝌蚪尾部，以周围水中的食物粒作营养。对寄生组织无直接破坏作用，但在蝌蚪密度高，每年7—8月发病高峰期时感染快，舌杯虫繁殖数量多，对蝌蚪危害增重。治疗方法：消毒池塘，改善水质；每1立方米水体用0.7克硫酸铜泼洒，7小时后有70%的虫体从蝌蚪身上脱落，24小时治愈率达95%以上。

锚头鳋病：患病蝌蚪胴体与尾交界处肌肉组织发炎红肿，甚至溃烂，导致生长停滞，消瘦，严重时死亡。治疗方法：用10～20毫克/升浓度的高锰酸钾溶液浸泡患病蝌蚪10～20分钟，每天1次，连续治疗2～3天。锚头鳋很快就会陆续死亡。用药水浸泡蝌蚪时，蝌蚪会浮头。可在浸泡后用清水洗去蝌蚪上少量被药水氧化的黏液和沉积的微量二氧化锰，处理后蝌蚪将呼吸正常而不再浮头。青蛙成体也发现有锚头鳋寄生情况，但危害比蝌蚪轻些。防治方法同上；也可用0.5毫克/升的敌百虫液或鲜松树汁全池泼洒。

五、稻—鳖共作技术

（一）田间工程

1. 沟、凼

沟、凼的面积不超过稻田面积的10%。

在稻田一端开挖深1～1.5米，宽3～5米的方形凼，或沿田埂四周开挖深1～1.5米，宽1～2米的边凼。并在凼周围用石棉瓦搭建遮阴物。

沟宽0.5～0.8米、深0.3～0.5米，按田块大小开挖成“一”“十”“田”字形。

2. 田埂加高加固

开挖沟、凼的土用于加高加固田埂，田埂高0.4～0.5米，埂顶宽0.5米左右，加固时每层土都要夯实，做到不裂、不漏、不垮，在满水时不能崩塌，确保田埂的保水性能。

3. 进、排水设施

在稻田两端斜对角开挖进、排水口。要求进排水方便可控，进排水口处设置不锈钢、铁质或尼龙网，防止鳖种逃逸或敌害生物进入。

4. 防逃设施

选用石棉瓦、彩钢板、水泥瓦、聚乙烯网片或塑料布等材料，沿田埂搭建高0.8～1米，成90°稍向内倾斜，入土0.3米的防逃措施。

5. 饵料台、晒背台

在沟一侧设置饵料台，饵料台可同时作为晒背台。根据沟大小设置长1.5～3米，宽0.5～0.8米，饵料台一端在埂上，另一端没入水下5～10厘米以便于鳖伸头能够摄食到饲料。

（二）优质稻种植

1. 育秧

根据当地气候确定合理播期，一般在4月中上旬播种。采用旱育秧、湿润育秧或机插软盘育秧。主要技术要点同上。

2. 栽插

旱育秧人工移栽适宜秧龄为30～35天（主茎5～5.5叶龄），采用宽窄行栽插，一般杂交稻种植密度1.1万～1.2万穴/亩（宽行40厘米，窄行26.6厘米，株距16.7厘米），常规稻种植密度1.2万～1.4万穴/亩（宽行40厘米，窄行20厘米，株距16.7厘米），每穴插2苗。机插适宜移栽秧龄约为25天（主茎4叶龄），行距30厘米，杂交稻株距20厘米，常规稻株距18厘米，每穴栽插2～3苗。

3. 施肥

施氮总量（纯量）控制在5～8千克，其中水稻移栽前2～3天施用有机肥或复合肥作为基肥，手插秧于插秧后5天施用分蘖肥，机插秧于插秧后7天施用分蘖肥，穗肥于水稻倒4叶时（葫芦叶出现）视苗情施用。

4. 管水

插秧后保持浅水层，有效分蘖临界叶龄期（插秧后50～55天）开始逐渐排水晒田，晒田过程务必保证水沟水量充足，晒田以田间开裂为止，不宜过度晒田。晒田结束后复水，拔节期以后保持田间5～10厘米水层，黄熟期及时落水干田。

5. 病虫草害防治

坚持预防为主，以农业防治、物理防治、生物防治为主，少量药剂综合防治的原则。

主要防治重点：6月下旬至7月上旬防治二化螟、大螟、稻飞虱、稻纵卷叶螟、白叶枯病等；7月下旬防治稻苞虫、稻纵卷叶螟、叶稻瘟病、纹枯病；8月中旬防治稻纵卷叶螟、稻苞虫、二化螟、稻曲病、稻瘟病；始穗期至齐穗期防治穗颈瘟和白叶枯病；灌浆期防治稻褐飞虱。

水稻绿色生产病虫害防治推荐用药：防治二化螟、三化螟、稻苞虫、稻纵卷叶螟等可选用苏云金杆菌；稻飞虱用噻嗪酮、吡虫啉；纹枯病、小球菌核病用井冈霉素；稻瘟病用三环唑、稻瘟灵、咪鲜胺、宁南霉素；白叶枯病用中生菌素、宁南霉素；稻曲病用中生菌素；立枯病用甲霜·噁霉灵；条纹叶枯病用宁南霉素。

施药时禁用有机磷或菊酯类药剂，严格遵守安全使用浓度，确保鳖的安全。水剂喷雾宜选择在下午进行，施药后稻田中的水最好不要流入沟中。

6. 收割

当85%～90%的谷粒黄熟，选择晴天及时收割。

（三）鳖养殖技术

1. 鳖种选择

放养鳖种尽量来自国家认定良种场的中华鳖品系，且已经过一年温室培育，外观要求规格整齐，个体健壮，肢体齐全，爬行敏捷，无损伤，无寄生虫附着，能够较快适应野外复杂环境。放养规格200克以上，要求雌雄鳖分开单养，在同一稻田放养的鳖种力求规格一致。

2. 鳖种放养

稻田插秧10～25天，投放中华鳖苗种，200～500克/只，同一田块放养鳖种个体相差≤50克，投放量为150～300只/亩，在鳖苗放养之前，用聚维酮碘溶液浸泡鳖种15分钟左右，视其活动情况适当延时，以杀灭幼鳖体表的病原菌及寄生虫。

3. 饲料投喂

以鲜鱼、螺丝、瓜菜、麦麸等天然饵料为主，可辅以颗粒饲料，颗粒饲料蛋白质含量≥45%，日投饲量=稻田中养殖鳖的总重量×投饲率（1.0～2.0），根据天气情况调整投喂量。

4. 投喂方法

投喂前清扫食台上的残饵，保证食台清洁，将鲜活饵料洗净、切碎，颗粒饲料加工成软硬、大小事宜的团状，投在投饲台上。

5. 成鳖捕捞

放干水体，人工捕捉或用地笼网捕捞。

6. 常见疾病及其治疗

红脖子病：用土霉素、金霉素等敏感抗生素药物拌入饵料中投喂，第1天用药0.2克/千克，2～6天减半计算，6天为一疗程；病情较严重时，可选用金霉素进行腹腔注射，每1千克鳖1次注射15万～20万国际单位，连续注射2～3天，每天1次。

腐皮病：每周用2～3毫克/升漂白粉液对鳖进行药浴。

疥疮病：将病鳖置于2%～3%的食盐水溶液内浸泡15分钟。

白点病：发病的个体采用2%～3%食盐水浸泡15分钟后，再日晒1～2小时。

白斑病：对病鳖用磺胺嘧啶软膏涂擦患处。

水霉病：病鳖可用3%～4%的食盐水浸洗5分钟。

六、稻—蟹共作技术

（一）田间工程

1. 加高加固田埂

利用打田或挖沟的田泥、石块，将田埂加高至40～50厘米、加宽至40厘米以上。

2. 开挖蟹沟

根据稻田面积大小和形状，开挖大环沟或半环沟，蟹沟距田埂1～2米，沟宽3～5米，深1～1.5米，蟹沟开挖面积不超过稻田总面积的10%。

3. 水草种植

蟹沟底部可以栽种轮叶黑藻、苦草和伊乐藻等植物作为螃蟹的植物性饵料。每株水草间距为3～5米，水草种植面积不超过蟹沟总面积的三分之一。

4. 防逃设施

夯实加固稻田四周田埂的内侧，并用钙塑板围栏建成防逃墙，钙塑板高0.8米，入土0.2米，为防止蟹在四周埂坡上打穴逃跑，在埂坡四周正常水位线以上0.2～0.4米处至平台土坡下铺水泥石墙防滑板，深度约1米。

（二）优质稻种植

1. 育秧

根据当地气候确定合理播期，一般在4月中上旬播种。采用旱育秧、湿润育秧或机插软盘育秧。主要技术要点同本书111页。

2. 栽插

旱育秧人工移栽适宜秧龄为30～35天（主茎5～5.5叶龄），采用宽窄行栽插，一般杂交稻种植密度1.1万～1.2万穴/亩（宽行40厘米，窄行26.6厘米，株距16.7厘米），常规稻种植密度1.2万～1.4万穴/亩（宽行40厘米，窄行20厘米，株距16.7厘米），每穴插2苗。机插适宜移栽秧龄约为25天（主茎4叶龄），行距30厘米，杂交稻株距20厘米，常规稻株距18厘米，每穴栽插2～3苗。

3. 施肥

施氮总量（纯量）控制在5～8千克，其中水稻移栽前2～3天施用有机肥或复合肥作为基肥，手插秧于插秧后5天施用分蘖肥，机插秧于插秧后7天施用分蘖肥，穗肥于水稻倒4叶时（葫芦叶出现）视苗情施用。

4. 管水

插秧后保持浅水层，有效分蘖临界叶龄期（插秧后50～55天）开始逐渐排水晒田，晒田过程务必保证水沟水量充足，晒田以田间开裂为止，不宜过度晒田。晒田结束后复水，拔节期以后保持田间5～10厘米水层，黄熟期及时落水干田。

5. 病虫草害防治

坚持预防为主，以农业防治、物理防治、生物防治为主，少量药剂综合防治的原则。

主要防治重点：6月下旬至7月上旬防治二化螟、大螟、稻飞虱、稻纵卷叶螟、白叶枯病等；7月下旬防治稻苞虫、稻纵卷叶螟、叶稻瘟病、纹枯病；8月中旬防治稻纵卷叶螟、稻苞虫、二化螟、稻曲病、稻瘟病；始穗期至齐穗期防治穗颈瘟和白叶枯病；灌浆期防治稻褐飞虱。

水稻绿色生产病虫害防治推荐用药：防治二化螟、三化螟、稻苞虫、稻纵卷叶螟等可选用苏云金杆菌；稻飞虱用噻嗪酮、吡虫啉；纹枯病、小球菌核病用井冈霉素；稻瘟病用三环唑、稻瘟灵、咪鲜胺、宁南霉素；白叶枯病用中生菌素、宁南霉素；稻曲病用中生菌素；立枯病用甲霜·噁霉灵；条纹叶枯病用宁南霉素。

施药时禁用有机磷或菊酯类药剂，严格遵守安全使用浓度，确保蟹的安全。水剂喷雾宜选择在下午进行，施药后稻田中的水最好不要流入沟中。

6. 收割

当85%～90%的谷粒黄熟，选择晴天及时收割。

（三）蟹养殖技术

1. 蟹苗

应选国家级、省级中华绒螯蟹苗种繁育场，并经检验合格。选择体质健壮、规格均匀、甲壳附肢完整、无病无伤，爬行活跃，倒地后迅速翻爬的蟹种。100～160只/千克规格的蟹种为宜。

2. 蟹苗消毒

放养前用20毫克/升高锰酸钾浸浴1分钟或3%～4%食盐水浸浴4～6分钟。

3. 蟹种放养

在插秧后10～25天，放入养殖田，扣蟹放养密度为500～600只/亩。投放时在田边多点投放，将扣蟹投放在田边，自行爬入稻田。投放后投喂充足的饵料，避免蟹夹食秧苗。

4. 水质管理

在水稻生长期间，稻田水深保持10～20厘米，蟹沟水深保持50～80厘米。对水质进行定期监测，按照水质状况及时调控。每月泼洒生石灰10～15千克，调控水质，补充水体钙质。注意掌握蟹蜕壳规律。蜕壳高峰期前7天换水、消毒。

脱壳高峰期避免用药、施肥，减少投喂量，保持环境稳定。

5. 日常管理

每天观察蟹的活动情况，特别是高温闷热和阴雨天气，更要注意水质变化情况、蟹摄食情况、堤坝有无漏洞、防逃设施有无破损等情况，发现问题，及时处理。

6. 投饲管理

科学投饵要做到定质、定点、定时、定量。投喂点设在田边浅水处，多点投喂。控制日投饵量，做到足量不剩。养殖前期，以投喂粗蛋白含量在30%以上的全价配合饲料为主，搭配玉米、黄豆、豆粕等植物性饵料，同时补充动物性饵料，做到荤素搭配；养殖后期，多投喂动物性饲料，同时搭配高粱、玉米等植物性饵料。饲料保证清洁卫生、未受污染，按蟹总体重的3%～5%投喂。选择在蟹沟内，沿环沟浅水处多点均匀投喂，每天投喂2次，傍晚的投喂量在70%以上。

7. 脱壳期管理

蟹每次脱壳前，投喂含有脱壳素的配合饲料，力求脱壳同步。同时增加新鲜适口的动物性饵料投喂量，避免软壳蟹遭残食。脱壳期间，要保持水位稳定，只能补添水，不能换水。

8. 商品蟹捕捞

以地笼诱捕为主，或利用蟹的趋光性，晚上用灯光诱捕。

9. 常见疾病及其治疗

烂肢病：蟹肢节间呈充水状腐烂，步足易断落，群体残蟹较多。治疗方法：大蒜按饲料重量的1%～2%捣碎拌饲料投喂，连续投喂5～7天。

烂鳃病：病蟹行动迟缓、鳃腐烂。治疗方法：对病鱼田泼洒1～2毫克/升的漂白粉，每天1次，连续3～4天。

水肿病：发病初期，蟹腹内呈橘黄色，严重时腹脐下端与头胸甲连接处有明显裂口，近似蜕壳不遂，三角区有积水。治疗方法：用40毫克/千克生石灰全田泼洒。

黑鳃病：蟹鳃丝呈暗灰色甚至黑色，行动迟缓，不好摄食。治疗方法：用溴氯海因或二溴海因0.2毫克/千克浸泡，连用2～3天，每天1次。

腐壳病：病蟹步足尖端破损，成黑色溃疡并腐烂，步足各节及背甲、胸板出现白色斑点，并逐渐变成黑色溃疡，严重时中心部溃疡较深，甲壳被侵袭成洞，可见肌肉或皮膜，最终导致蟹死亡。治疗方法：发病时用2毫克/千克漂白粉浸泡，连续3～5天，每天1次。

脱壳不遂：蟹的头、胸甲后缘与腹部交接处出现裂口，但不能蜕去旧壳，进而导致死亡。治疗方法：在每次蜕壳前2～3天，用“免疫多糖”+“虾蟹多维”+“离子对钙”拌料，补充能量营养和钙质，一般连用3～5天。

七、稻—鳅共作技术

（一）田间工程

1. 鳅沟，鳅溜

面积1～5亩的稻田：稻田形似正方形或圆形的，离田埂内侧1米开挖环沟，稻田形似长条形的，在中央开挖“一”字形或“丰”字形沟，沟宽40厘米、深40厘米。在稻田中央或鳅沟交叉处开挖1～2个鳅溜，深40～60厘米，面积2～3平方米，沟溜相连。

面积5亩以上的稻田：田埂内侧1米左右开挖环沟，中央开挖“十”字形或“井”字形沟，沟宽70厘米，深50厘米。在鳅沟交叉处或进排水口通往鳅沟处开挖2～3个鳅溜，深50～60厘米，面积4～6平方米，沟溜相连。

2. 防逃设施

田埂高50～60厘米，应夯实，或用水泥护坡，或用塑料薄膜等围护，将塑料薄膜等入泥30厘米，并予以固定。每丘稻田设1个进水口，1个排水口，进排水口应对角设置，安装细密铁丝网防逃。

（二）优质稻种植

1. 育秧

根据当地气候确定合理播期，一般在4月中上旬播种。采用旱育秧、湿润育秧或机插软盘育秧。主要技术要点同本书111页。

2. 栽插

旱育秧人工移栽适宜秧龄为30～35天（主茎5～5.5叶龄），采用宽窄行栽插，一般杂交稻种植密度1.1万～1.2万穴/亩（宽行40厘米，窄行26.6厘米，株距16.7厘米），常规稻种植密度1.2万～1.4万穴/亩（宽行40厘米，窄行20厘米，株距16.7厘米），每穴插2苗。机插适宜移栽秧龄约为25天（主茎4叶龄），行距30厘米，杂交稻株距20厘米，常规稻株距18厘米，每穴栽插2～3苗。

3. 施肥

施氮总量（纯量）控制在5～8千克，其中水稻移栽前2～3天施用有机肥或复合肥作为基肥，手插秧于插秧后5天施用分蘖肥，机插秧于插秧后7天施用分蘖肥，穗肥于水稻倒4叶时（葫芦叶出现）视苗情施用。

4. 管水

插秧后保持浅水层，有效分蘖临界叶龄期（插秧后50～55天）开始逐渐排水晒田，晒田过程务必保证水沟水量充足，晒田以田间开裂为止，不宜过度晒田。晒田结束后复水，拔节期以后保持田间5～10厘米水层，黄熟期及时落水干田。

5. 病虫草害防治

坚持预防为主，以农业防治、物理防治、生物防治为主，少量药剂综合防治的原则。

主要防治重点：6月下旬至7月上旬防治二化螟、大螟、稻飞虱、稻纵卷叶螟、白叶枯病等；7月下旬防治稻苞虫、稻纵卷叶螟、叶稻瘟病、纹枯病；8月中旬防治稻纵卷叶螟、稻苞虫、二化螟、稻曲病、稻瘟病；始穗期至齐穗期防治穗颈瘟和白叶枯病；灌浆期防治稻褐飞虱。

水稻绿色生产病虫害防治推荐用药：防治二化螟、三化螟、稻苞虫、稻纵卷叶螟等可选用苏云金杆菌；稻飞虱用噻嗪酮、吡虫啉；纹枯病、小球菌核病用井冈霉素；稻瘟病用三环唑、稻瘟灵、咪鲜胺、宁南霉素；白叶枯病用中生菌素、宁南霉素；稻曲病用中生菌素；立枯病用甲霜·噁霉灵；条纹叶枯病用宁南霉素。

施药时禁用有机磷或菊酯类药剂，严格遵守安全使用浓度，确保鳅的安全。水剂喷雾宜选择在下午进行，施药后稻田中的水最好不要流入沟中。

6. 收割

当85%～90%的谷粒黄熟，选择晴天及时收割。

（三）鳅养殖技术

1. 施肥

肥料要以饼肥和发酵的有机类肥为主，化肥为辅。施肥要以基肥为主，追肥为辅，比例为65%和35%。在水稻栽插前10～15天将有机肥一次性深翻入土，并保护好沟、溜不被破坏。

水稻插秧结束后7天，施分蘖肥，稻田每隔15天施鸡、猪粪肥25千克/亩，施生物肥5千克/亩。直到8月中旬结束。施肥的目的是养稻，也可培育水中浮游生物喂鳅。

2. 苗种放养

放养前15天，每亩稻田用100千克鲜生石灰消毒，7天后注入新水，同时每亩施入经腐熟发酵的畜禽肥200～300千克，培养水质为鳅种提供丰富的饵料。

选择体型正常，鳍条完整，体表光滑，体质健壮游动活泼的苗种。待水稻移栽后，追施的肥料沉淀7～10天，用几尾杂鱼放塘试养，观察池水水质是否安全，若安全，则投放鳅苗，一般每亩放养规格5～6厘米鳅种0.5万～1万尾，3～5厘米鳅种1万～1.5万尾。投放前用20毫克/升的高锰酸钾溶液浸泡消毒3～5分钟，或用3%～5%的食盐水浸洗5～10分钟。鳅种下田前应测量运输容器内与稻田水温，温差不超过2℃。

3. 水质管理

在水稻生长期间，根据水稻的生长需求调整稻田水深，当水温高于25℃，稻田水深应保持在10～15厘米。随水稻长高，鳅苗长大，可加深至20厘米。收割稻穗后田水保持水质清新，水深40厘米以上。水质变化时，加换新水。定期疏通清理鳅沟，保持鳅沟深度及水流畅通。

4. 投饲

泥鳅放养初期，秧苗移栽后25～30天，池内天然饵料比较丰富，加之刚从野外捕来的鳅对新环境不习惯，摄食少，不需要人工投饵。

水稻生长中后期，鳅对田间环境基本适应，要逐渐增加鳅投饵量。投喂的饵料主要种类有米糠、麸皮、豆渣、豆饼、蚕蛹粉、蚯蚓及食品加工废弃物等，投饲时要求做到“定时、定量、定点、定质”。每天投饵量为鳅总量的3%～6%。鳅日投饵3次，上午7—8时，11—12时，下午17—18时，上午的投饵量占全天投饵量的30%，下午占70%。以投喂细稻糠为主。在鳅摄食旺季，不能让鳅吃得太多，因鳅贪吃，过多的食物会引起肠道充塞，影响肠的呼吸，从而造成缺氧。阴雨天少投或不投，水温在30℃以上不投喂。总之，要让鳅吃得均、匀、饱。

5. 捕捞

在鳅篓中放入炒香的麦麸、米糠、动物内脏、蚯蚓等鳅喜食的饵料诱捕。或者放干田水，待鳅聚集到鳅溜时用抄网捕捞。或者在进水处放细水诱鳅，待鳅聚集时用抄网捕捞。

6. 常见疾病及其治疗

车轮虫病：摄食减少，离群独游，严重时虫体密布。治疗方法：用硫酸铜和硫酸亚铁按5：2配制成合剂，按1.4毫克/升全田泼洒。

小瓜虫病：病鳅在皮肤、鳍、鳃上布满白点状孢囊。治疗方法：将辣椒粉与生姜加水煮沸，泼洒稻田，浓度分别1.1～1.5毫克/升和2.2～2.5毫克/升，连用2～3天。

细菌性肠炎：病鳅肛门红肿，挤压有黄色黏液溢出，肠内紫红色。治疗方法：大蒜素按1.25克/千克饵料投喂，连用3天。或每100千克鳅每天用干粉状的地锦草、马齿苋、辣蓼各500克，食盐200克，拌饵料每天上午、下午各投喂1次，连用3天。

打印病：病灶红肿，多为圆形或椭圆形，主要在鳅体后半部。治疗方法：1立方米水体用1克漂白粉对水泼洒，隔天1次，连用2次。

赤皮病：病鳅的鳍、腹部皮肤及肛门周围充血、溃烂、尾鳍、胸鳍发白腐烂。治疗方法：1平方米水体用1克漂白粉对水泼洒，隔天1次，连用2次。

水霉病：病鳅体表长有白色或灰白色棉絮状物。治疗方法：1平方米水体用400克食盐和400克小苏打合剂溶解后全田泼洒。

八、稻—鱼—鸭共作技术

（一）环境条件

选择面积为0.5亩以上，交通便利、安静、无噪声、水源充足、排灌方便、保水保肥性能好、不受旱涝影响的田块。集中连片10亩以上，方便管理和节约成本投入。

（二）稻田准备

1. 加高加固田埂

田埂加高至0.4～0.5米，顶宽0.4米以上，加固时每层土都要夯实，做到不裂、不漏、不垮，在满水时不能崩塌，确保田埂的保水性能。

2. 开挖鱼沟鱼凼

沟、凼的面积不应超过稻田面积的10%。

鱼沟：沟宽0.6～0.8米，深0.5～0.6米，主沟开在田中央，沟的形状根据田块的大小而定。“十”字形、“一”字形、“井”字形和“工”字形并与鱼凼相通。鱼沟也可在播种后开挖，将沟处的稻株移植在鱼沟内壁。

鱼凼：大小视稻田的面积大小确定，面积一般为5～20平方米，开挖在田中央或田头间，一般为长方形、正方形或圆形，深为1～1.2米。

3. 开好进、排水口，安装拦鱼设施

进、排水口选择在稻田相对2角的田埂上，在进、排水口安装拦鱼设施（鱼栅）。拦鱼设施（鱼栅）的形状以“︿”或“∧”为好，材料用竹篾、金属丝、树枝条、尼龙筛绢布网片等编织而成。鱼栅高度，上端比田埂高30厘米，下端扎入田底20厘米，其宽度要与进、排水口相适应，安装后无隙。

孔目视饲养鱼的规格而定，一般3～10厘米的鱼，鱼栅孔目0.5厘米。鱼栅的安装，进水口处鱼栅凸面向外，出水口处凸面向里，鱼栅入泥深度20～35厘米。

4. 搭好鸭棚、食台

在田边或田埂边比较宽阔的地方搭建鸭棚，供鸭栖息，鸭棚高0.8米、长1.8～2.5米、宽1～1.5米。采取棚顶遮盖，三面作挡，防寒保温和防止兽害，鸭棚内高出地面，用平砂、土壤或谷草等通风透气性好的材料铺垫面。

在鱼凼内用宽木板、竹板或塑料板等材料搭好一个食台，架于鱼凼上，稍高于水面即可。

（三）品种选择

水稻选择高产、优质、抗病、耐寒、抗倒伏、适应强的中熟品种；鱼苗选择生长速度快，适应能力强，耐浅水的杂食性和草食性鱼种；鸭选择成活率高，生长速度快，适应能力强，产蛋多的品种。

（四）技术要求

为防止鱼、鸭之间“大鸭吃小鱼”的现象，选择放养大规格鱼种、小规格鸭苗。

投放鱼种后20天左右，按照10～20只/亩，投放20日龄注射过疫苗（禽流感、大肠杆菌、肝炎）的鸭苗。每天需要赶鸭子下田觅食，晚上赶回鸭棚。

稻田能为鱼、鸭提供部分饵料，但不能满足高密度精养条件下的需要，在鱼种下塘后根据天然饵料的多少，适当投喂碎米、米糠、玉米、饲草以及配合饲料等，投喂时间一般为9时。必要时于15时增喂1次。饵料投在凼中食台上，小鸭在傍晚投饲1次，0.5千克以上大鸭中午可增投饲1次，饲料主要为谷物。在喂食饲料时可掺适量土霉素防止鸭病发生。

查看水位、水质是否正常，观察鱼类活动情况有无异常，检查鱼类有无浮头、检查鱼和鸭有无死亡和生病现象，是否受到敌害侵袭，如水蛇、水鸟等。如鸭已生病，及时隔离处理。

做好防洪、防旱、防逃、防盗工作。严禁在田中洗涤农药器械等。

（五）收获

当85%～90%的谷粒黄熟，选择晴天及时收割脱粒，晒干贮藏。

稻谷将成熟或晒田收割前，当鱼长到商品规格时，即可放水捕鱼。

捕鱼前应疏通鱼沟，缓慢放水，集鱼于鱼沟鱼凼，出水口放置网具，顺沟驱鱼至出水口，落网捕鱼，出售达规格的商品鱼，小规格鱼放回稻田继续饲养或转池饲养。

为防止成鸭采食快成熟的稻谷，水稻成熟前及时收回成鸭，未达上市规格的，转田饲养。

九、稻—鱼—鳖共作技术

（一）稻田条件和准备

1. 开挖环沟

沿稻田四周内侧开挖环沟，环沟面积占稻田总面积小于10%。

2. 建立防逃设施

选用石棉瓦、彩钢板、水泥瓦、聚乙烯网片或塑料布等材料，沿田埂搭建高0.8～1米，成90° 稍向内倾斜，入土0.3米的防逃措施。

3. 建立晒台和饵料台

在沟一侧设置饵料台，将饵料台同时可作为晒背台。根据沟大小设置长1.5～3米，宽0.5～0.8米，饵料台一端在埂上，另一端没入水下0.05～0.1米，以便鳖伸头能够摄食到饵料。

（二）优质稻种植

1. 育秧

根据当地气候确定合理播期，一般在4月中上旬播种。采用旱育秧、湿润育秧或机插软盘育秧。主要技术要点同本书111页。

2. 栽插

旱育秧人工移栽适宜秧龄为30～35天（主茎5～5.5叶龄），采用宽窄行栽插，一般杂交稻种植密度1.1万～1.2万穴/亩（宽行40厘米，窄行26.6厘米，株距16.7厘米），常规稻种植密度1.2万～1.4万穴/亩（宽行40厘米，窄行20厘米，株距16.7厘米），每穴插2苗。机插适宜移栽秧龄约为25天（主茎4叶龄），行距30厘米，杂交稻株距20厘米，常规稻株距18厘米，每穴栽插2～3苗。

3. 施肥

施氮总量（纯量）控制在5～8千克，其中水稻移栽前2～3天施用有机肥或复合肥作为基肥，手插秧于插秧后5天施用分蘖肥，机插秧于插秧后7天施用分蘖肥，穗肥于水稻倒4叶时（葫芦叶出现）视苗情施用。

4. 管水

插秧后保持浅水层，有效分蘖临界叶龄期（约插秧后50～55天）开始逐渐排水晒田，晒田过程务必保证水沟水量充足，晒田以田间开裂为止，不宜过度晒田。晒田结束后复水，拔节期以后保持田间5～10厘米水层，黄熟期及时落水干田。

5. 收割

当85%～90%的谷粒黄熟，选择晴天及时收割。

（三）鱼、鳖养殖技术

1. 鱼、鳖种来源

鲤鱼、鳖种来源于经国家批准的苗种繁育场，并经检验合格。

2. 鱼、鳖种质量

鲤鱼种质量要求见表5-3；鳖种质量要求见表5-4。

表5-3 鱼种质量要求

项目	要求
外观	体型正常，鳍条、鳞被完整，体表光滑，体质健壮游动活泼
可数指标	畸形率和损伤率小于1%，规格齐整
检疫合格	不带传染性疾病和寄生虫

表5-4 鳖种质量要求

项目	要求
外观	体型正常，规格整齐无异形、无色变、无病残、无伤游动活泼，体表光亮，体质健壮
可数指标	畸形率和损伤率小于1%，规格齐整
检疫合格	不带传染性疾病和寄生虫

3. 放养品种

鲤鱼、鳖。可单养，也可多种鲤鱼和鳖混养，鳖要雌雄分开放养。

4. 鱼、鳖种消毒

鱼放养前用1%食盐加1%小苏打水溶液或3%～4%食盐水浸浴消毒5分钟。

鳖种放养前，根据鳖的健康情况，用聚维酮碘进行药浴，时间由温度和鳖的忍受程度而定，一般为10～30分钟。药浴时应有足够的水体和活动空间供鳖自由活动。

鱼、鳖种放入稻田前应测量运输容器与稻田水温，温差应不超过2℃。

5. 放养密度

鲤鱼放养密度见表5-5；鳖放养密度见表5-6。

表5-5　鲤鱼的放养密度

养殖方式	鱼苗鱼种放养数量		产量（千克）
	放养规格（克）	放养数量（千克/亩）	
套养	50～100	30～50	50～100

表5-6　鳖的放养密度

养殖方式	鳖种放养数量		产量（千克）
	放养规格（克）	放养数量（只/亩）	
套养	200～500	150～300	50～100

6. 水的管理

田间水深保持在0.15～0.2米，高温季节适当加深水位，将水温控制在22～30℃。根据水稻不同生长期对水位的要求，控制好水位，适当加注新水。水稻收割前，降低水位，露出耕作层。

定期疏通清理鱼沟，保持环沟水流畅通，溶氧充足。

7. 防逃

常检查防逃墙、拦鱼栅、田埂有无破损、漏洞，暴雨期间加强巡察，及时排洪、清除杂物。

8. 投饲

饲料粗蛋白质含量≥30%，其他的饲料应清洁卫生、未受污染。鳖用饲料以投喂低价的鲜活鱼或屠宰场下脚料为主。

配合饲料按鱼总体重的3%～5%投喂。鳖日投喂量为鳖总体重的10%投喂。

鱼投喂地点选择在鱼沟内，每天投喂2次，坚持定时、定位、定质、定量的原则。鳖投喂在饵料台上，每天投喂2次。

9. 施肥

一般每亩施基肥150～250千克、硝酸钾8～10千克；施追肥尿素为每亩每次7.5～10千克，施化肥分2次进行，每次施半块田，间隔10～15天施肥1次，不得直接施在鱼沟、鱼溜内。

（四）捕捞

1. 捕捞时间

稻谷将熟或晒田割谷前，当鱼长到商品规格时，放水捕鱼；冬闲水田和低洼田养殖的商品鱼可养至翌年插秧前捕捞。

2. 捕捞

捕鱼前疏通鱼沟、鱼溜，缓慢放水，集鱼于鱼沟、鱼溜，出水口放置网具，沿沟驱鱼至出水口，落网捕鱼，迅速转入清水池暂养，分类统计。鳖的捕捞：放干水体，人工捕捉或用地笼网捕捞。

第三节 蔬菜高效种植技术

一、番茄高效栽培技术

（一）品种选择

应选用适宜在贵州推广种植的较抗枯萎病、晚疫病及病毒病的优质高产品种。

（二）播种时间

1. 低热地区冬春反季节栽培

1月平均温度9℃以上。10月初至10月上旬播种育苗，翌年1月初至1月中旬定植，4月上旬采收。

1月平均温度7.8～8.9℃以上。11月中旬播种育苗，翌年2月中上旬深窝地膜定植，4月中下旬采收。

1月平均温度6～7.7℃以上。12月中旬播种育苗，采用电热温床育苗。翌年3月初至3月上旬深窝地膜定植，5月上旬采收。

2. 中、高海拔地区夏秋反季节栽培

海拔1 000～1 200米地区，播期以5月底至6月中旬为宜；1200～1400米地区，播期以5月下旬至6月上旬为宜；1 400～1 600米地区，5月中旬至5月底播种为宜，8月底至11月中旬早霜前陆续供应市场。

3. 低热地区秋冬反季节栽培

只适宜在1月平均温度10℃以上的地区种植。品种选用早熟的品种，8月中旬大营养钵播种育苗，9月上旬至9月中旬定植，11月中旬至12月中旬采收。选用无限型品种，则在三穗果摘心。

（三）苗床选择及管理

栽植一亩所需常规播种量25～35克，精量播种10克。选择地势较高，排水良好，3年内没种过茄科作物的地块作苗床，苗床土的1/3为腐熟的农家肥。

夏秋反季节及秋冬反季节栽培：播种后至一片真叶前搭阴棚或用遮阳网遮阴，防暴雨拍击，减轻病害发生。幼苗生长期要及时浇水，均苗，加强蚜虫及晚疫病防治，生长弱时可追一次腐熟清粪水。由于夏秋季高温，秧苗生长快，苗龄仅30天左右，也可不假植，故播种密度要稀些，以300株/平方米为宜，有利培育壮苗。

冬春反季节栽培：播种后至一片真叶前搭盖薄膜保温防雨，减轻病害发生。由于秋冬季温度不高，秧苗生长稍缓，苗龄在70天以上。

（四）开厢，施肥与定植

1. 开厢

栽培反季节番茄宜选择3年没有种过茄科作物，疏松、肥沃、微酸性的土壤，采用深沟窄厢栽培，一般厢宽80～83厘米，厢高20～23厘米，沟宽36～40厘米，每厢栽2行。

2. 施肥

番茄需肥量大，生长期长，施肥以基肥为主，每亩穴施或沟施腐熟有机肥2 500～3 500千克（禁止使用城市垃圾肥料），复合肥50千克或过磷酸钙25千克和钾肥20千克（或草木灰100千克），与土拌匀后定植。

3. 定植

定植苗龄以6～8片真叶为宜，定植前先打穴后栽苗，栽后随即浇定根水。栽植密度：双干整枝的行株距50厘米×40厘米，每亩栽2 300株左右；单干整枝的行株距50厘米×33厘米，每亩栽3 000株左右。

（五）田间管理

1. 追肥

番茄是陆续生长结果的蔬菜，需肥较多，一般追肥5～6次。定植成活后施1次稀腐熟人畜粪水或沼液，促进幼苗生长；第一穗果实开始膨大后，施第2次追肥，亩施复合肥15千克；第一穗果采收后，第2～3穗果迅速生长期施第3次肥，亩施复合肥10千克加尿素8千克；第4～6穗果迅速生长期施第4、5次肥，每次每亩施复合肥10千克加尿素8千克；后期可视生长情况再追施1次复合肥15千克/亩。追施充分腐熟的人畜粪水，前期稀，后期稍浓。整个生长期施用的纯氮不能超过25千克/亩（折合尿素58千克）。果实生长期可用1%的过磷酸钙或0.3%的磷酸二氢钾叶面喷施2～3次，促进果实发育。无限生长型的品种，结果前不宜追肥过多，以免徒长，等到第1～2穗花序结果后，才能重施追肥。

2. 排水灌溉

反季节番茄栽培，要注意排灌分开，做到厢沟不积水，避免串灌，减轻病害发生。结果期如遇干旱，应结合施肥浇水，保持土壤有足够水分。不得使用工业、生活废水和被污染的水源。

3. 中耕、除草、培土与搭架

中耕、除草及培土宜结合进行，一般在定植成活缓苗后，施第1次追肥时进行第1次中耕除草；在定植后1个月左右进行第2次中耕并结合培土。植株约30厘米高时，开始搭架，搭架后要及时进行绑蔓。

4. 整枝、抹芽、摘心

番茄整枝方式常用的有单干整枝和双干整枝。单干整枝只留主干，侧枝全部摘除，此法每亩栽苗株数多，适宜无限生长型品种密植丰产栽培采用；双干整枝除留主枝外，还要保留第一花序下叶腋所生长的一个侧枝，其余侧枝全部抹去。此法株行距大，每亩栽苗株数少，可节约秧苗用量。为调节营养生长与生殖生长的矛盾，减少养料的消耗，加强通风透光，减轻病害，及时抹芽、摘心。抹芽主要是去除无用的侧芽，抹芽时间最好在每天露水干后进行，避免病毒病通过汁液传播。摘心主要是去除顶芽控制延长生长，使养分集中供应果实生长，无限型品种一般结7～9穗果后摘心。

5. 疏花疏果

一般中果型的品种每穗留4～6个果实，大果型的品种，每穗留3～4个果实。此外，应及时去掉发育不良的畸形果。采用疏花疏果措施，能使果实生长均匀，提高番茄的等级，且不会降低产量。

（六）主要病虫害防治

1. 主要虫害防治

蚜虫：主要为桃蚜，属同翅目，蚜科。

为害特征：成虫或若虫刺吸茎和叶的汁液，并传播病毒。

药剂防治：提倡喷洒生物农药，如0.2%苦参碱水剂800倍液；也可选用兼有触杀及内吸作用的化学药剂，如10%吡虫啉可湿性粉剂1 500倍液，或10%氯氰菊酯乳油2 000倍液，或50%抗蚜威可湿性粉剂2 000倍液等。

棉铃虫：属鳞翅目，夜蛾科。

为害特征：主要以幼虫蛀果为害，引起腐烂、脱落，造成减产。也为害花、果、茎、叶和芽。

防治方法：在卵孵化盛期至二龄盛期，幼虫尚未驻入果内之前，选用1.8%阿维菌素乳油4 000倍液，或8 000国际单位/毫克苏云金杆菌可湿性粉剂600倍液，或2.5%高效氟氯氰菊酯乳油2 500～3 000倍液，或10%氯氰菊酯乳油1 500倍液，或5%氟虫脲可分散液剂1 500倍液，或1.5%阿维·苏云菌可湿性粉剂1 000～1 500倍液等交替喷雾防治。

2. 主要病害防治

晚疫病：病原为致病疫霉，属卵菌。

症状：叶、茎和青果均可受害。病叶的叶尖或叶缘呈水浸状不规则形暗绿色病斑，湿度大时，叶背有稀疏白色霉层。病茎呈黑褐色腐败状斑。病果表面凹凸不平，呈暗褐色不规则云纹状，边缘明显，果实较硬，湿度大时，病部生少量白色霉层，病果迅速腐烂。

发病条件：病菌喜低温高湿环境，借气流或雨水传播，从气孔或表皮直接侵入。适宜发病的温度范围在10～32℃，最适宜的温度为18～25℃，相对湿度为95%以上。地势低洼、排水不良、田间湿度大易发病。

防治方法：在发病前用1∶1∶100倍波尔多液进行保护，隔10天左右喷1次，连续喷3～4次。发病初期控制中心病株和中心地块，用64%噁霜·锰锌可湿性粉剂1 000倍液，或25%甲霜灵可湿性粉剂800倍液，或72%霜脲·锰锌可湿性粉剂500～600倍液等喷雾防治。隔7～10天喷1次，连续防治2～3次。

枯萎病：病原为尖孢镰刀菌，属半知菌类真菌。

症状：该病是一种维管束病害，剖开病茎，可见维管束变褐，用手挤压切口，无乳白色黏液（菌浓）流出，区别于青枯病。湿度大时，病部产生粉红色霉层。初期植株叶片中午萎蔫下垂，早晚可恢复正常，叶色变淡，似缺水状。反复数天后，逐渐遍及整个植株，叶片萎蔫不再复原，最后全株枯死。一般要15～30天植株才枯黄死亡。

发病条件：该病发病最适温度为27～28℃，21℃以下或33℃以上病情扩展缓慢。通过雨水或灌溉水传播蔓延。土温28℃、土壤潮湿、连作地、移栽或中耕时伤根多、酸性土壤、植株生长势弱的发病重。

防治方法：定植前用哈茨木霉菌对米糠拌匀蘸根后移栽；发病初期喷洒和浇灌35%噁霉灵可湿性粉剂800倍液，或3%甲霜·噁霉灵水剂800倍液，或25%络氨铜水剂400～500倍液与敌磺钠原粉1 000倍液混合，或50%多菌灵可湿性粉剂500倍液等。采取浇灌，每株可用调配好的药液200～400毫升，隔7～10天浇淋1次，视病情连续2～4次。

青枯病：病原为茄青枯劳尔氏菌，属细菌。

症状：该病与枯萎病症状表现相似。主要有以下几点区别：一是病株直到枯死仍保持青绿；二是横切病茎，用手挤压，切面上维管束溢出白色菌液；三是病程进展迅速，严重的病株经7～8天死亡。

发病条件：该菌主要通过雨水和灌溉水传播，也可通过农事操作传播，从根部或茎基部伤口侵入，在维管束中繁殖，造成导管堵塞，影响水分的正常供应而导致茎、叶萎蔫。10～40℃均可发病，30～37℃最适，耐pH值6～8，pH值6.6最适。田块地势低洼、排水不良、土质微酸性发病重。

药剂防治：在发病初期喷洒和浇灌53.8%氢氧化铜2 000干悬浮剂1 000倍液，或72%农用链霉素可溶性粉剂4 000倍液，或86.2%氧化亚铜可湿性粉剂1 500倍液，或47%春雷·王铜可湿性粉剂600倍液，或30%琥胶肥酸铜可湿性粉剂600倍液等。相隔10天每株灌药液0.3升，连续2～3次。

病毒病：病原主要有烟草花叶病毒（TMV）、黄瓜花叶病毒（CMV）、烟草卷叶病毒（TLCV）、苜蓿花叶病毒（AMV）等。

症状：病叶呈黄绿相间或叶色深浅相间的花叶形，或呈线状蕨叶形，中、下部叶片上卷。病茎有暗褐色斑块，有的扭曲停止生长。病果有云纹斑或淡褐色斑，果面着色不均匀，果小而硬，整个植株矮化、丛生，结果少或不结果。

发病条件：病毒喜高温干旱环境。适宜发病温度在15～38℃，最适温度为20～35℃，相对湿度80%以下。此外，施用过量的氮肥，植株组织生长柔嫩或土壤瘠薄、板结、黏重以及排水不良发病重。

防治方法：播种前先用清水浸泡种子4小时，再用10%磷酸三钠溶液浸种50分钟，或用0.1%高锰酸钾浸种30～40分钟，用清水洗净后播种。在发病初期喷洒20%盐酸吗啉胍可湿性粉剂500倍液，隔7～10天喷1次，连续防治2～3次。

（七）及时采收

商品番茄以变色期采收为宜。采收时要轻拿轻放，保持果实表面清洁，有光泽。剔除病果、虫蛀果、畸形果，并进行分级包装。采收要严格执行农药安全间隔期。

二、茄子全年高效栽培技术

（一）选择适宜的优良品种

根据市场的消费习惯，应选择适销对路优质高产，较抗绵疫病、褐纹病及黄萎病的品种。适宜贵州反季节栽培的茄子品种有黔茄2号、黔茄4号、黔茄5

号、粤丰紫红茄、渝早茄二号、渝早茄四号、先锋1号、农丰3号等。

（二）培育壮苗

1. 选择适宜播期

低热地区冬春反季节栽培。

1月平均温度9℃以上。9月中至9月下旬播种育苗，翌年1月中旬定植，4月上中旬采收。

1月平均温度7.8～8.9℃以上。10月底播种育苗，翌年2月中下旬深窝地膜定植，4月底采收。

1月平均温度6～7.7℃以上。12月上旬播种育苗，采用电热温床育苗。翌年3月上中旬深窝地膜定植，5月中旬采收。

如地膜加小拱棚栽培，定植期可适当提早20天左右，采收期提早15～20天。

中高海拔地区夏秋反季节栽培。

海拔1 400～1 500米的地区安排在5月中旬至5月下旬播种为宜；海拔1 200～1 400米的地区适宜播期为5月中旬至5月底；海拔900～1 200米的地区适宜播期为5月下旬至6月初。该季节播种后宜覆盖遮阳网或搭阴棚遮阴，以利出苗。苗龄约35天，8月下旬至11月上旬采收。

2. 播种

选择3年以上未种过马铃薯、烤烟、茄果类蔬菜的土壤作苗床。苗床营养土采用充分腐熟的有机肥2份，加过筛的菜园土2份，加火土灰1份，每1立方米营养土加2～3千克的复合肥，同时用200克百菌清或多菌灵进行床土消毒，播种时将种子与少量细土拌匀后进行撒播或直接撒播均可，尽量播均匀。有条件的可用营养钵或穴盘育苗。一般定植每亩本田用种量30～35克，营养钵或穴盘育苗精量播种约需10～15克。播种后要用营养土将种子覆盖，覆盖厚度以浇透水后不露种子为度。

3. 加强苗期管理

苗期间苗2～3次，除去过密、过弱苗。育苗期正值雨季，湿度大，特别要注意防止猝倒病、立枯病，应少浇水，病害发生后立即拔除病苗，撒适量草木灰控制蔓延。也可在幼苗长到4片真叶以前用营养钵进行假植。此外，还要避免沤根和秧苗徒长，视秧苗生长情况追施充分腐熟的清人粪尿1～2次。

（三）整厢、施肥、定植

茄子怕涝，忌洼地种植，亦不宜密植，以免互相遮挡通风不良，导致发病，降低产量和品质。茄子宜采用深沟窄厢栽培。定植前土壤深耕后，整地开厢，厢宽80～83厘米，厢高18～25厘米，沟宽33～37厘米，栽植2行。行株距50厘米×43厘米，每亩约栽2 200株。

茄子采收期长，需要养分多，加之根系再生能力较弱，应注意深耕重施基肥，每亩穴施或沟施腐熟有机肥2 500～3 500千克，复合肥50千克或过磷酸钙40千克，硫酸钾30千克（草木灰50千克），与土拌匀后定植。禁用城市垃圾肥料。定植苗龄以5～7片真叶为宜，选晴天傍晚或阴天定植，秧苗栽植应掌握深浅适度，一般土面与子叶持平为宜。

（四）田间管理

1. 科学追肥

茄子生长结果期长，合理追肥是优质丰产的主要措施之一。整个生长期追肥5次。一般定植成活后结合浇水施1次腐熟稀人畜粪尿或沼液；门茄樱桃大时，施第2次追肥，用腐熟人畜粪水（沼液）加尿素6～8千克/亩，硫酸钾7千克/亩；当对茄5～8厘米长时，重施第3次肥，用腐熟人畜粪水（沼液）加尿素8～10千克/亩或复合肥20千克/亩；对茄采收后，追施第4次肥，用腐熟人粪尿加尿素6～8千克/亩或复合肥15千克/亩；结果后期，追施1次尿素8千克/亩或复合肥15千克/亩。也可以用0.2%磷酸二氢钾叶面喷施1～2次，以促进后期旺长不衰。整个生长期施用纯氮肥亩不超过25千克（折合尿素58千克）。

2. 整枝摘叶

为了减少养分消耗，改善通风透光条件，应及时抹除门茄以下的侧枝。门茄采收后，下部的老叶、病叶、黄叶应及时摘除，以利通风透光，减轻病虫害蔓延。如肥水条件好，生长旺盛，整个生长期可摘叶2～3次。

3. 中耕培土

中耕早期宜深些，6～7厘米，后期要浅些，3～4厘米。一般雨后转晴中耕除草，当株高30～40厘米时，要及时进行培土，以防植株倒伏。

4. 灌溉与排水

茄子叶面积较大，水分蒸发较多，土壤需保持充足水分，才能获得高产，品质优良。特别是夏秋茄子果实发育期正值贵州伏旱期，需水量大，要及时浇水，浇水可结合追肥进行。当雨水过多时，要及时清理厢沟排水，减小田间湿度，以减轻病害发生。

（五）主要病虫害防治

1. 主要虫害防治

茄黄斑螟：属鳞翅目，螟蛾科，别名茄螟。

为害特征：幼虫为害蕾、花并蛀食嫩茎、嫩梢及果实，引起枝梢枯萎、落花、落果及果实腐烂。

药剂防治：结合人工捕杀，在幼虫发生期清晨10时前施药，用55%杀单·苏云菌可湿性粉剂30～40克对水50千克/亩，或5.7%氟氯氰菊酯乳油1 000～2 000倍液，或20%氰戊菊酯乳油2 000倍液，或20%氰戊·马拉松乳油1 500倍液等喷雾。重点防治嫩茎、嫩梢、花蕾及果实。

茶黄螨：属蜱螨目，跗线螨科。

为害特征：刺吸为害。受害叶片僵直，叶背呈灰褐色或黄褐色，油浸状，叶缘向下卷曲。果实受害，表现果柄、萼片变为灰褐色或黄褐色，果皮龟裂，木栓化。

药剂防治：初花期开始用1.8%阿维菌素乳油3 000～4 000倍液，或2.5%高效氟氯氰菊酯乳油2 500～3 000倍液，或20%甲氰菊酯乳油2 000倍液等喷雾防治。以上药剂交替使用，隔10天左右1次，连续防治3次。重点喷洒嫩叶背面、嫩茎、花器和幼果。

2. 主要病害防治

绵疫病：病原为寄生疫霉和辣椒疫霉，均属真菌。

症状：该病俗称烂茄子，主要为害果实，也能为害叶和茎。染病果面有水浸状圆形凹陷斑，果肉变黑褐色；茎染病有水浸状暗绿色斑或紫褐色斑，后期缢缩；叶片染病呈不规则或近圆形水浸状淡褐色至褐色病斑，有较明显的轮纹。湿度大时，病斑均易生白霉，病果脱落腐烂。

发病条件：该病可借雨水传播。适宜发病的温度为15～32℃，最适温度为28～30℃，相对湿度为85%以上。高温多雨，湿度大此病易流行。地势低洼、土壤黏重、雨后水淹、管理粗放和杂草丛生的地块发病重。

药剂防治：发病初期用70%乙铝·锰锌可湿性粉剂500倍液，或75%百菌清可湿性粉剂600倍液，或58%甲霜·锰锌可湿性粉剂400～500倍液，或72.2%霜霉威盐酸盐水剂600倍液等喷雾防治。隔7～10天喷1次，连续防治2～3次。

褐纹病：病原为茄褐纹拟茎点霉，属半知菌类真菌。

症状：病叶呈褐色近圆形或多角形斑，有轮纹，其上轮生大量黑点；茎染病呈褐色水浸状梭形凹陷斑，其上生许多深褐色小点，病部组织干腐纵裂，最后皮层脱落，露出木质部，易折断；染病果面产生褐色圆形凹陷斑，生许多黑色小粒点，排列成轮纹状，病斑扩大可达整个果实，病果后期落地软腐，或干缩成僵果悬挂在枝干上。

发病条件：病菌喜高温高湿环境，适宜发病的温度为7～40℃，最适温度为28～30℃，相对湿度为95%以上。此病在偏施氮肥、多年连作，苗床播种过密幼苗瘦弱、定植田块低洼、土壤黏重、连续阴雨、排水不良等发病重。

药剂防治：结果后喷洒75%百菌清可湿性粉剂600倍液，或50%甲基硫菌灵可湿性粉剂600～800倍液，或80%代森锰锌可湿性粉剂600倍液、64%噁霜·锰锌可湿性粉剂500倍液，或47%春雷·王铜可湿性粉剂600倍液。视天气和病情隔10天左右喷1次，连续防治2～3次。

黄萎病：病原为大丽花轮枝孢，属半知菌类真菌。

症状：该病俗称“半边疯”，多在开花坐果后开始发病。病叶的一侧或病株的一侧，叶片的叶缘或叶脉黄化、萎蔫，后期叶片变褐，皱缩，凋萎，脱落。严重时全株叶片变褐萎垂，以至落光仅剩茎秆。病茎的维管束变褐，但挤压病茎横切面，无白色菌脓液渗出。

发病条件：该病主要为土传病害。病菌可在土壤中可存活6～8年，在带菌肥料、土壤或杂草中，借风、雨、流水或人畜农具机械传播。病菌从根部的伤口或幼根表皮及根毛侵入。适宜发病温度5～30℃，最适温度19～24℃，相对湿度为60%～85%。地势低洼、施用未腐熟的有机肥、灌水不当及连作地发病重。

防治方法：在定植前用50%多菌灵可湿性粉剂2千克/亩进行土壤消毒；移栽

时用哈茨木霉菌蘸根后移栽；成活后用30%琥胶肥酸铜悬浮剂350倍液灌根；发病初期用50%多菌灵可湿性粉剂600倍液，或0.5%氨基寡糖素水剂200倍液等灌根，隔10～15天喷1次，连续防治2～3次。

（六）适时采摘

要掌握采收适期，分批分次进行。茄子一般开花后20～25天采摘，时间最好在早晨或傍晚。采收过早，产量低，采收过迟，果肉粗糙，影响后期产量。果实采收的标准是看萼片与果实相连的地方白色环状带，这条环状带宽，表示果实生长快，如环状带变窄逐渐不明显，表示果实生长转慢，要及时采收。采收要严格执行农药安全间隔期。

三、辣椒绿色高效栽培技术

（一）选地

选择土层深厚，地下水位较低，排灌方便，土壤肥沃。

（二）品种选择

选用适应当地生产条件、抗逆性强、优质、高产的辣椒品种。其中菜椒推荐选用黔椒3号、菜椒201、龙行3号等；朝天椒推荐选用辣研2号、黔辣9331、红簇朝天椒、三樱椒、艳椒525等；线椒推荐选用辣研201、黔椒4号、长研4号、红辣十八号等。

（三）种子处理

种子处理可采用以下2种方法之一。

1. 温汤浸种

将辣椒种子在50～55℃的温水中浸种15～20分钟，搅拌至水温降至30℃，继续浸种4～6小时。

2. 药剂浸种

辣椒种子在10%的磷酸三钠溶液中浸种20～30分钟，捞出冲洗干净。

（四）育苗

1. 育苗方式

采用160穴漂盘进行漂浮育苗。

2. 基质及育苗设施消毒

基质消毒：40千克育苗基质拌50%多菌灵可湿性粉剂8克。

漂盘及育苗池消毒：先将旧盘洗净后用0.1%硫酸铜溶液浸泡10分钟，或用50%多菌灵可湿性粉剂500倍液浸泡穴盘30分钟。

3. 播种

单穴单粒播种。

4. 苗期管理

发芽期苗床温度白天30℃左右，夜间18～20℃。出苗后白天22～25℃，夜间15～18℃，并注意通风排湿。椒苗长到2片真叶时，追施N、P、K三元复合肥1次，并注意预防苗期猝倒病、灰霉病、立枯病、蚜虫等。椒苗移栽前7～10天，控水炼苗2～3次。

（五）定植

苗龄6～8片真叶，选择生长健壮、叶色正常、根系发达、无病虫害的秧苗采取双行单株定植，厢面株行距35厘米×50厘米，每亩种植2 900株左右，用低毒高效菊酯类农药对水浇灌定根、培土压膜。

（六）田间管理

1. 整枝打杈

根据辣椒品种特性进行适当的整枝打杈，除朝天椒留3～4侧枝外，其他类型品种门椒以下抹除侧芽，不留侧枝。

2. 肥水管理

移栽缓苗后，随水追施浓度为0.3%～0.5%的尿素和磷酸二氢钾溶液提苗；在开花结果期，每亩再随水追施复合肥10千克（分二次追肥，开花坐果期和盛果期，每次追肥量为5千克），或花期叶面喷施0.5%磷酸二氢钾和硼肥1次。

3. 主要病虫害防治

辣椒生产病虫害防治原则“预防为主，综合防治”。以物理防治为主，化学防治为辅。禁绝使用剧毒、高毒农药。

每50亩安装1盏太阳能杀虫灯，每亩悬挂黄板、蓝板50～70块，诱杀蚜虫、白粉虱、斑潜蝇、蓟马、斜纹夜蛾等害虫。

针对贵州易发疫病、青枯病、病毒病、炭疽病等病害，以及斜纹夜蛾、烟青虫、蚜虫、蓟马、茶黄螨等虫害，选择合适的生物农药或高效低毒、低残留化学农药进行防治。

疫病：发病前每亩随灌水加施硫酸铜晶体1.5～2.5千克。发病初期喷洒0.1%高锰酸钾和0.2%木醋液，严重时隔7天再喷施68.75%氟菌·霜霉威悬浮剂800倍2～3次。

炭疽病：在发病前或发病初期，12%苯醚·噻霉酮水乳剂1 000倍或25%咪鲜胺锰盐750倍交替施用，连续喷2～3次，收获前10天停用；或用80%波尔多液可湿性粉剂400倍液喷雾，每7天使用1次，连喷2～3次。

青枯病：在发病前或发病初期，用枯草芽孢杆菌（根部型）600倍液灌根，顺茎基部向下浇灌，每株需浇灌150毫升；或用3%的中生菌素可湿性粉剂500倍液；或20%噻菌铜悬浮剂700倍液灌根，间隔7～10天，连用2～3次。

病毒病：首先要及时消灭蚜虫和蓟马等害虫，以减少病毒扩展。然后用宁南霉素加20%盐酸吗啉胍可湿性粉剂加锌肥对水1 000倍，叶面喷施，用量为60～120毫升/平方米，对水后喷雾。在低温来临前施用效果显著。每7天喷1次，共喷3～4次。

蚜虫、蓟马等传毒害虫：害虫为害初期，用2.5%鱼藤酮乳油400～500倍液或7.5%鱼藤酮乳油1 500倍液均匀喷雾1次；或前期预防用0.3%苦参碱水剂600～800倍液喷雾，害虫初发期用0.3%苦参碱水剂400～600倍液喷雾，5～7天喷洒1次。虫害发生盛期可适当增加药量，3～5天喷洒1次，连续2～3次，喷药时应叶背、叶面均匀喷雾，尤其是叶背；或用10%吡虫啉可湿性粉剂或21%噻虫嗪悬浮剂3 000倍液交替喷雾。

甘蓝夜蛾、斜纹夜蛾等害虫：虫害发生初期可用16 000国际单位/毫克的苏云金杆菌可湿性粉剂1 000倍液喷雾，虫害发生较重时可用4.5%高效氯氰菊酯乳油1 500倍液或1%甲基阿维菌素苯甲酸盐微乳剂3 000倍液交替喷施，每隔7～10

天使用1次，或发现有幼虫时喷施，连续2～3次。施药时间以上午10时之前或下午5时之后为佳。

（七）采收

分批采收，青椒转色变硬即可采收，红椒在果实完全红熟后采收。采收应尽量选择晴天采收，采收产品要求新鲜、果面清洁、无杂质，无虫及病虫造成的损伤，无异味，色泽一致，质地脆嫩，无机械损伤，无腐烂。

四、黄瓜高效栽培技术

（一）选择适宜的品种

选择抗性强、适应性广、商品性好、产量高的黄瓜品种。适宜贵州高海拔山区作反季节栽培的黄瓜品种有：中农10号、津春5号、中农8号、津杂2号、津研7号、津青1号等。

（二）播种育苗

1. 种子处理

选择优质种子，用55℃的温水浸种10～15分钟，不断搅拌至水温降到30～35℃，再浸泡3～4小时，将种子反复搓洗，用清水冲净黏液后晾干；用湿布包好放在25～30℃的环境催芽1～2天，然后再把种子放在0～2℃的环境低温处理1～2天。

2. 苗床准备

苗床应选择土壤疏松肥沃有水源的地方。施足腐熟的有机肥充分拌匀后进行床土消毒。床土用福尔马林30～50毫升/平方米加水3升喷洒，然后用塑料薄膜密闭苗床5天，揭膜15天后再播种。也可以采用营养钵或营养块育苗。

3. 播种

低热地区冬春反季节栽培。

1月平均温度9℃以上。直播：1月中旬至1月下旬，深窝地膜栽培，4月上旬上市；育苗移栽：12月底至翌年1月初育苗，采用酿热温床育苗（3寸酿热物），翌年1月底至2月初定植，4月初采收。

1月平均温度7.8～8.9℃。直播：1月下旬至2月上旬，深窝地膜栽培，4月底上市；育苗移栽：1月中下播种育苗，采用酿热温床育苗（3寸酿热物），2月中下深窝地膜定植，4月下旬开始采收。

1月平均温度6～7.7℃。直播：2月中旬播种，深窝地膜栽培，5月中旬开始上市；育苗移栽：2月上旬播种育苗，采用酿热温床育苗（3寸酿热物）或电热温床育苗，3月上中旬深窝地膜或地膜加小拱棚定植，5月初至5月下旬开始收。

中、高海拔地区夏秋反季节栽培。

海拔1 400～1 600米地区，播期以6月中旬至6月底为宜；海拔1 200～1 400米的地区，以6月下旬至7月上旬播种为宜；1 000～1 200米的地区，播期以7月初至7月中旬播为宜。上市期主要为8—10月。

低热地区秋冬反季节栽培。

只适宜在1月平均温度10℃以上的地区种植。品种选用早熟的燕白、秀美、谷雨等，8月下旬至9月初营养钵播种育苗，9月上旬至9月中旬定植，11月初至12月初采收。

4. 播种量

一般直播用种量250克，育苗移栽用种量100克。

（三）整地、施肥、作厢

黄瓜要求土壤有机质含量高、疏松肥沃、保水保肥力强。基肥以有机肥为主，禁止施用有害的城市垃圾肥和污泥。定植前要深翻熟化土壤，每亩施入腐熟的有机肥2 500～3 500千克，复合肥50千克或草木灰100千克加过磷酸钙50～100千克。施肥可将2/3基肥开沟施入厢面，其余施入定植穴。贵州大部分地区雨水较多，宜采用高畦窄厢栽培，一般厢宽80～83厘米，厢高20～25厘米，沟宽33～36厘米。

（四）适时定植

育苗移栽待幼苗有3～4片真叶时，即可定植。栽植密度因品种不同而异，以主蔓结瓜为主的品种可稍密，主侧蔓均能结瓜的品种宜稀植。一般栽植密度为行距46～50厘米，株距30～33厘米，每亩栽3 000～3 300窝，每窝栽1～2株。定植后立即淋定根水。直播的按株行距打窝播种，每穴播3～4粒，出苗后选留1～2

株健壮幼苗，其余拔除。

（五）田间管理

1. 浇水与追肥

黄瓜根系吸收能力弱，对高浓度肥料反应敏感，叶片蒸腾量大，连续结果，需肥量大，因此追肥应薄肥勤施，浇水应轻浇勤浇。

定植成活后，浇1次缓苗水；根瓜坐住后结束蹲苗，浇1次大水；以后10天内再浇二次水，结瓜盛期4～6天浇1次水。

从定植到采收结束追肥5～6次。定植缓苗后追施一次腐熟的清粪水或沼液；根瓜坐住后每亩追施一次尿素4～5千克或复合肥10～15千克；采瓜盛期追肥3～4次，每次每亩追施尿素4～5千克（充分发酵腐熟的清粪水或沼液）加复合肥8～10千克。禁止使用硝态氮肥，整个生长期施用纯氮每亩不超过25千克（折合尿素58千克），化肥要深施。结瓜盛期出现肥力不足，可叶面喷施0.2%尿素和0.5%磷酸二氢钾800倍液。

2. 中耕除草

搭架前，根据杂草生长情况，一般在齐苗后至开花前进行中耕除草，中耕除草时结合理沟进行培土，操作中应尽量避免损伤植株。进入盛瓜期后，不再中耕除草。

3. 整枝搭架

植株开始抽蔓时，应及时搭架绑蔓。常用的搭架方法有人字架或篱笆架，蔓长30厘米绑一道，以后每隔3～4节绑一道，绑蔓宜在下午进行。以主、侧蔓结瓜的品种，整枝时选留2～3条侧蔓，其余侧蔓结1～2个瓜后保留2片叶摘心，满架后打顶。以侧蔓结瓜的品种，在幼苗期4～5叶时摘心，留2～3条侧蔓结瓜。

（六）主要病虫害防治

1. 主要虫害防治

蚜虫：主要为瓜蚜，属同翅目，蚜科，别名棉蚜。为害黄瓜、南瓜、西瓜、豆类、茄子、洋葱等蔬菜。

为害特征：以成虫及若虫在叶背和嫩茎上吸食汁液。使嫩叶及生长点叶片卷缩，瓜苗萎蔫，甚至枯死。老叶受害，提前枯落，缩短结瓜期，造成减产。

药剂防治：选用10%吡虫啉可湿性粉剂1 500倍液，或3%啶虫脒乳油1 500倍液，或2.5%高效氟氯氰菊酯乳油2 500～3 000倍液，或1%苦参碱水剂500倍液等交替喷雾防治。

黄守瓜：属鞘翅目，叶甲科。以葫芦科为主，也为害十字花科、茄科、豆科等蔬菜。

为害特征：成虫取食瓜苗的叶和嫩茎引起死苗，也为害花及幼瓜。幼虫在土中为害瓜根，导致瓜苗整株枯死。还可蛀入接近地表的瓜内为害。

防治方法：成虫选用20%氰戊菊酯乳油2 000～3 000倍液，或20%甲氰菊酯乳油2 000倍液，或2.5%高效氟氯氰菊酯乳油2 000倍液喷雾防治。防治地下幼虫可用2.5%鱼藤酮乳油1 000倍液，或4.5%高效氯氰菊酯乳油2 000倍液灌根。

茶黄螨：属蜱螨目，跗线螨科。为害茄果类、瓜类等蔬菜。

为害特征：刺吸为害幼瓜，瓜皮变为黄褐色，丧失光泽，组织僵硬，木栓化，表皮呈龟状纹，失去商品价值。

防治方法：初花期开始用1.8%阿维菌素乳油3 000～4 000倍液，或2.5%高效氟氯氰菊酯乳油2 500～3 000倍液，或20%甲氰菊酯乳油2 000倍液等喷雾防治。以上药剂交替使用，隔10天左右1次，连续防治3次。重点喷洒嫩叶背面、嫩茎、花器和幼果。

美洲斑潜蝇：属双翅目，潜蝇科。为害瓜类、茄果类、豆类等蔬菜。

为害特征：雌成虫刺伤叶片取食和产卵。幼虫潜入叶片和叶柄为害，产生不规则蛇形白色虫道，叶绿素被破坏，影响光合作用。发生初期虫道呈不规则线状伸展，为害严重的叶片迅速干枯。

药剂防治：在幼虫2龄前用1.8%阿维菌素乳油3 000倍液，或4.5%高效氯氰菊酯乳油1 000～1 500倍液，1.5%阿维·苏云菌可湿性粉剂1 000～1 500倍液，或10%虫螨腈悬浮剂1 000倍液等喷雾防治。

2. 主要病害防治

霜霉病：病原为古巴假霜霉菌，属真菌。

症状：染病叶片叶缘或叶背出现水浸状浅绿色斑点，病斑扩大后受叶脉限制呈多角形淡褐色或黄褐色斑块，湿度大时叶背面长出灰黑色霉层。后期病斑连接成片，全叶变为黄褐色干枯、卷缩、易破碎，严重时田间一片枯黄。

发病条件：病菌主要靠风传播，适宜发病温度10～30℃，最适温度15～22℃，空气相对湿度为83%以上。温度低于10℃或高于30℃发病受抑制。

药剂防治：发病初期用72.2%霜霉威盐酸盐水剂600倍液，或58%甲霜·锰锌可湿性粉剂500倍液，或40%三乙膦酸铝可湿性粉剂200倍液，或64%噁霜·锰锌可湿性粉剂500～1 000倍液。以上药剂交替使用，隔7～10天喷1次，连续喷2～3次。

黑星病：病原为瓜枝孢，属半知菌类真菌。

症状：该病危害叶片、茎和果实。染病叶片初为污绿色近圆形斑点，后期穿孔形成边缘有黄晕的星状孔洞。叶柄、瓜蔓病部中间凹陷，形成疮痂状，表面生灰黑色霉层。瓜条病部有暗绿色凹陷疮痂斑，湿度大时，表面长出灰黑色煤烟状霉层。

发病条件：一般由种子、土壤带菌，借风雨传播蔓延。发病的温度范围为5～30℃，最适温度为15～25℃，相对湿度93%以上。

药剂防治：发病初期可用50%乙霉威可湿性粉剂600倍液，或50%多菌灵可湿性粉剂600倍液，或70%甲基硫菌灵可湿性粉剂800～1 000倍液等喷雾防治。每隔7～10天喷1次，连续喷3～4次。

炭疽病：病原为瓜类炭疽菌，属半知菌类真菌。

症状：染病叶片产生淡褐色近圆形病斑，严重时叶片干枯。主蔓及叶柄染病产生黄褐色稍凹陷的椭圆形病斑，严重时病斑绕主蔓扩散，导致植株部分或全部枯死。瓜条染病呈暗褐色稍凹陷的近圆形病斑，湿度大时，表面有粉红色黏稠物，后期常开裂。

发病条件：该菌附着在种子或病残株上，通过雨水或气流传播。孢子萌发适温22～27℃，病菌生长适温24℃，8℃以下或30℃以上即停止生长。

药剂防治：在发病前或发病初期，12%苯醚·噻霉酮水乳剂1 000倍、80%福·福锌可湿性粉剂800倍液、32.5%苯甲·嘧菌酯悬浮剂1 500倍或25%咪鲜胺锰盐750倍交替施用，每7～10天使用1次，连喷2～3次。

灰霉病：病原为灰葡萄孢，属半知菌类真菌。

症状：主要为害幼瓜、叶、茎。病菌从开败的雌花侵入，致花瓣和脐部呈水浸状腐烂，病部表面产生灰色霉层。染病叶片多由脱落的烂花附着在叶面上引起发病，病斑较大，边缘明显，呈近圆形或不规则形，表面着生少量灰霉。茎蔓节部发病，表面密生灰白色霉层，发展后引起茎部的腐烂，致瓜蔓折断，植株枯死。

发病条件：病菌附着在病残体上或土壤中，可借气流、雨水或农事操作传播蔓延，结瓜期是发病高峰期，适温18～23℃，最高30～32℃，最低4℃，适宜的湿度为90%以上的高湿条件。

药剂防治：发病初期用50%异菌脲可湿性粉剂1 500倍液，或4%嘧啶核苷类抗菌素水剂400倍液，或50%乙霉威可湿性粉剂600倍液，隔5～7天喷1次，连续喷2次。

白粉病：病原为瓜类白粉菌，均属子囊菌门真菌。

症状：病初叶面或叶背及茎上产生白色近圆形小粉斑，以叶面居多，后向四周扩展成边缘不明显的白粉斑，严重时整叶布满白粉。发病中后期，白色粉状霉斑变为灰色，病叶枯黄。

发病条件：该菌喜温暖湿润环境，可借风传播。最适发病温度为20～25℃，相对湿度90%～95%。

药剂防治：发病初期可选用20%三唑酮乳油1 500倍液，或30%琥胶肥酸酮悬浮剂600倍液，或12.5%腈菌唑乳油2 000倍液，或2%嘧啶核苷类抗菌素水剂200倍液等喷雾。以上药剂交替使用，隔7～10天喷1次，连续防治2～3次。

枯萎病：病原为尖孢镰刀菌黄瓜专化型，属半知菌类真菌。

症状：该病主要为害根茎部。一般进入开花结果期才发病，部分叶片或植株的一侧叶片从下到上逐渐萎蔫下垂，似缺水状。发病初期，萎蔫叶片早晚尚可恢复，后期萎蔫叶片不断增多，逐渐遍及全株，不再恢复常态，致整株枯死。主蔓基部纵裂，纵切病茎可见微管束变褐。湿度大时，病部表面产生白色或粉红色霉状物，有时从病部溢出少许琥珀色胶质物。

发病条件：该病一般由种子、土壤及未腐熟的肥料带菌造成。发病适宜温度为4～34℃，最适温度24～25℃，空气相对湿度90%以上，pH值4.5～6.0。

药剂防治：在发病初期喷洒和浇灌35%噁霉灵可湿性粉剂800倍液，或40%硫磺·多菌灵悬浮剂500倍液，或0.3%多抗霉素水剂100倍液等。每株灌对好的药液300毫升左右，隔7～10天喷1次，视病情连续灌2～4次。

疫病：病原为疫霉菌，属卵菌。

症状：病茎基部或嫩茎节部有暗绿色水渍状斑，后期变软，病部显著缢缩，其上的叶片萎蔫或全株枯死，但维管束不变色。病叶初生暗褐色水浸状斑点，后扩展成边缘不明显的圆形或不规则形大病斑。干燥时病斑呈青白色，易破裂，潮湿时，病斑扩展迅速，造成全叶腐烂。病瓜有暗绿色水浸状凹陷斑点，潮湿时表面长出稀疏白霉，迅速腐烂，并有腥臭味。

发病条件：该病为土传病害，借风、雨、灌溉水传播蔓延。病菌喜高温高湿环境，最适发病温度28～30℃，空气相对湿度为85%以上。田间湿度大，或大雨后变晴，最易发病。

药剂防治：在发病初期及时喷洒和浇灌69%烯酰·锰锌可湿性粉剂600倍液，或64%噁霜·锰锌可湿性粉剂500倍液，或72%霜脲·锰锌可湿性粉剂600～700倍液，或58%甲霜·锰锌可湿性粉剂500倍液，或72.2%霜霉威盐酸盐水剂800倍液，或40%三乙膦酸铝可湿性粉剂200～400倍液等，隔7～10天喷1次，连续喷、淋2～3次。

细菌性角斑病：病原为丁香假单胞菌流泪致病变种，属细菌。

症状：叶片染病初期呈水渍状淡褐色斑，后扩展因受叶脉限制呈多角形灰褐或黄褐色斑，湿度大时叶背有白色菌脓产生，干燥时呈白薄膜状，质脆，易开裂穿孔。茎上病斑沿茎沟纵向扩展，呈短条状，严重的纵裂呈水浸状腐烂，变褐干枯。染病瓜初为水渍状病斑，潮湿时，病部溢出白色菌脓，并向果肉部分侵害，使果肉变色，腐烂。幼瓜被害后常腐烂早落。

发病条件：病菌在种子或病残体上越冬，借引种、气流、灌溉水、雨水、昆虫、农事等进行传播，通过气孔、水孔、伤口等处侵入。发病适宜温度为24～28℃，相对湿度70%以上。

防治方法：实行轮作，选用抗病品种，进行种子消毒，加强田间管理，排除田间积水，减小田间湿度，清除病残体并集中销毁。发病初期可喷洒2%春雷霉素液剂500倍液，或47%春雷·王铜可湿性粉剂700倍液，或50%琥胶肥酸铜悬浮剂800倍液，或53.8%氢氧化铜干悬浮剂1 000倍液等。隔7～10天喷1次，连续防治3～4次。

（七）适时采收

反季节黄瓜果实生长快，应及时采收，特别是根瓜要适时早采摘，防止坠秧。从播种到开始采收一般45～50天，谢花后8～10天即可采收嫩瓜，通常每隔3～4天采收1次，盛果期隔日采收。采收宜在早晨或傍晚进行，用剪刀或小刀割断瓜柄，要轻拿轻放。采收时严格执行农药安全间隔期，合理包装储运，防止2次污染。

五、瓠瓜高效栽培技术

（一）选择适宜品种

品种应选择适应性强、抗病性好、瓜棒形的高产品种，如农得利瓠瓜、浙蒲6号、福圣瓠瓜、特选翠玉瓠子瓜，越蒲1号等。

（二）播种育苗

1. 冬春反季节栽培

1月平均温度9℃以上。1月中旬至1月下旬播种育苗，采用营养坨或营养土块等播种，苗床用土温床或酿热温床（3寸酿热物），1月底至2月初深窝地膜定植，4月上旬开始采收。

1月平均温度7.8～8.9℃。2月初播种育苗，采用营养坨或营养土块等播种，苗床用土温床或酿热温床育苗（3寸酿热物），2月下旬深窝地膜定植，4月下旬开始采收。

1月平均温度6～7.7℃。2月底播种育苗，采用营养坨或营养土块等播种，苗床用土温床或酿热温床育苗（3寸酿热物），3月中旬深窝地膜定植，5月初开始采收。

2. 夏秋反季节栽培

以7月初至7月底播种育苗为宜，采用营养土块或营养钵播种育苗，10～13天的苗龄，7月中旬至8月上中旬定植，9月上旬至9月底开始采收上市。

3. 低热地区秋冬反季节栽培

只适宜在1月平均温度10℃以上的地区种植。9月初至9月上旬采用营养土块或营养钵播种育苗，9月中旬至9月下旬2～4片真叶定植，苗龄10～13天，苗期注意控制肥水，防止瓜苗徒长，11月初至12月初采收。

（三）整地开厢施基肥

移栽前要深翻土壤，开厢整地，结合整地每亩施充分腐熟的有机肥2 000～

2 500千克，复合肥50千克作基肥，基肥进行沟施或穴施。厢面宽85～100厘米，沟宽40厘米，种植2行；每穴定植1株，一般厢高约20厘米。

（四）合理密植

一般幼苗达2片真叶时即可定植，定植密度为行距60厘米，株距约45厘米，每穴1株，每亩定植约2 000株。

（五）加强田间管理

1. 追肥、浇水

前期追肥注意控制肥水，缩短节间距离，防徒长，开花结果期加大肥水量，保持土壤湿润，以促进瓜条的发育。第1次追肥在第1次摘心后，每亩施复合肥5千克，第2次在第1档瓜结瓜时每亩施复合肥8～10千克，以后每采2～3次瓜追肥1次，追肥量为复合肥8～10千克。天气干旱时，追肥可结合浇水进行。同时，用0.3%的磷酸二氢钾进行叶面喷施2～3次。

2. 搭架

开始抽蔓后，进行搭架引蔓，架成人字形或篱笆架，以利通风透光，促进开花结果，并且可加大种植密度，增加单位面积种植株数，提高产量，提升品质。

3. 植株调整

当苗高30厘米时，用2米以上的长竹竿设立人字架，在约1米处交叉，让主蔓和侧蔓攀缘，并及时绑蔓整枝。当主蔓6～8片叶时，进行第1次摘心，保留最上部一条子蔓的顶心，其余子蔓留1～2个健壮的雌花，并在雌花上部留1～2片叶摘心，以后再将抽生的孙蔓如此摘心。

（六）主要病虫害防治

瓠瓜主要病害有白粉病、病毒病等；主要虫害有蚜虫、红蜘蛛等。应在农业综合防治基础上，搞好药剂防治。

1. 病害防治

进行种子消毒，与非葫芦科瓜类作物实行轮作，合理密植，科学追肥，增施磷钾肥，搞好田园清洁等。白粉病药剂防治可喷20%三唑酮乳油1 500倍液，或

30%琥胶肥酸铜悬浮剂600倍液，或35%百菌清可湿性粉剂600倍液；病毒病防治在彻底防治蚜虫基础上，用0.5%氨基寡糖素水剂800倍液，或20%盐酸吗啉胍可湿性粉剂600倍液等喷雾。

2. 虫害防治

蚜虫用黄板诱蚜；或交替使用10%吡虫啉可湿性粉剂1 500倍液，或50%抗蚜威可湿性粉剂1 500倍液等；红蜘蛛可用2.5%高效氟氯氰菊酯乳剂4 000倍液，或1.8%阿维菌素乳油4 000倍液进行喷雾防治。

（七）适时采收

适时采收可提高果实品质，当幼果茸毛基本脱落，皮色变淡时为适收期。一般第一批瓜的采收时间是开花后15～20天，旺果期的采收适期是开花后10～12天。采收用剪刀或小刀割断瓜柄，要轻拿轻放。

六、南瓜高效栽培技术

（一）选择适宜品种

以采收嫩瓜为栽培目的应选择较早熟或中早熟的品种，如韩国幸运99、早青、贵阳小青瓜等。

（二）播种育苗

1. 冬春反季节栽培

1月平均温度9℃以上。1月中旬至1月下旬播种育苗，采用营养坨或营养土块等播种，苗床用土温床或酿热温床（3寸酿热物），1月底至2月初深窝地膜定植，4月上旬开始采收。

1月平均温度7.8～8.9℃。2月初播种育苗，采用营养坨或营养土块等播种，苗床用土温床或酿热温床育苗（3寸酿热物），2月下旬深窝地膜定植，4月下旬开始采收。

1月平均温度6～7.7℃。2月底播种育苗，采用营养坨或营养土块等播种，苗床用土温床或酿热温床育苗（3寸酿热物），3月中旬深窝地膜定植，5月初开始采收。

2. 夏秋反季节栽培

以7月初至7月底播种育苗为宜，采用营养土块或营养钵播种育苗，10～13天的苗龄，7月中旬至8月上中旬定植，9月上旬至9月底开始采收上市。

3. 低热地区秋冬反季节栽培

只适宜在1月平均温度10℃以上的地区种植。品种选用韩国幸运99、早青、贵阳小青瓜等，9月初至9月上旬采用营养土块或营养钵播种育苗，9月中旬至9月下旬2～4片真叶定植，苗龄10～13天，苗期注意控制肥水，防止瓜苗徒长，11月初至12月初采收。

（三）整地开厢施基肥

移栽前要深翻熟化土壤，厢宽因品种而异，无蔓南瓜品种厢宽83厘米，种植2行，每穴定植1株；短蔓南瓜品种厢宽100厘米，种植2行；厢高视稻田排水情况而异，一般高18～21厘米。基肥：每亩施有机肥2 000～2 500千克，过磷酸钙或复合肥40千克，窝施后与土壤混合，再定植幼苗。

（四）合理定植

栽培密度因品种不同而异，无蔓南瓜品种可稍密，一般栽培密度为行距50厘米，株距46厘米，每穴一株，呈三角形定植，每亩定植2 100株。蔓生南瓜品种，一般栽培密度为行距67厘米，株距50厘米，每穴1株，每亩约1 400株。

（五）加强田间管理

1. 中耕、追肥、浇水

为促进南瓜根系生长和不定根下扎，需及时中耕。幼苗期中耕宜深，抽蔓、开花期宜浅。定植成活后，追施清粪水或沼液1次，开始抽蔓时，用清粪水、沼液或尿素追肥1次，待果坐住后用复合肥施肥1次，以后每采收1～2批用复合肥追肥1次，蔓生品种前期氮肥不宜过多，否则易徒长，坐果困难。南瓜叶片大，蒸腾量大，连续结瓜，需水量较大，秋冬干旱时应及时浇水抗旱，促进生长结果。

2. 搭架

蔓生南瓜品种，开始抽蔓后，进行搭架引蔓，架成人字形或篱笆架，以利通风透光，促进开花结果，并且可加大种植密度，增加单位面积种植株数，提高产量，提升品质。

（六）主要病虫害防治

南瓜主要病虫害有白粉病、病毒病、炭疽病；黄守瓜、蚜虫，瓜绢螟，应在农业综合防治基础上，搞好药剂防治。

1. 病害防治

进行种子消毒，与非葫芦科瓜类作物实行轮作，合理密植，科学追肥，增施磷钾肥，搞好田园清洁等。白粉病药剂防治可喷20%三唑酮乳油1 500倍液，或30%琥胶肥酸酮悬浮剂600倍液，或35%百菌清可湿性粉剂600倍液；病毒病防治在彻底防治蚜虫基础上，用0.5%氨基寡糖素水剂800倍液，或20%盐酸吗啉胍可湿性粉剂600倍液等喷雾，或20%病毒清300倍液交替使用。炭疽病可用75%百菌清可湿性粉剂600倍液，或70%甲基硫菌灵可湿性粉剂500倍液，或80%福·福锌可湿性粉剂800倍液喷雾。

2. 虫害防治

黄守瓜成虫主要为害苗期叶片，可用20%氰戊菊酯乳油2 000 ~ 3 000倍液，或20%甲氰菊酯乳油2 000倍液，或2.5%高效氟氯氰菊酯2 000倍液喷雾；瓜蚜用银灰膜避蚜，或黄板诱蚜；或交替使用10%吡虫啉可湿性粉剂1 500倍液，或50%抗蚜威可湿性粉剂1 500倍液等；瓜绢螟幼虫在叶背啃食叶肉，三龄后吐丝将叶或嫩梢缀合，居其中取食，幼虫常驻入瓜内危害，可用2.5%高效氟氯氰菊酯乳剂4 000倍液。

（七）适时采收

反季节南瓜，从播种到开始采收需50 ~ 55天，谢花后13 ~ 15天即可采后嫩瓜盛果期隔日采收1次。采收用剪刀或小刀割断瓜柄，要轻拿轻放。

七、苦瓜高效栽培技术

（一）对环境条件的要求

苦瓜喜温、耐热，也能适应较低的温度。在高温季节，生长茂盛，结瓜不衰。到了秋季，生长后期仍能正常开花结瓜。因此，苦瓜是很好的夏秋淡季蔬菜品种。苦瓜种子发芽的适宜温度为30～33℃；生长发育的适宜温度为20～30℃。苦瓜为短日照植物，但开花结果期需要充足的光照条件。苦瓜根系发达，喜湿，但不耐渍，适合贵州多阴雨的气候条件栽培。

（二）选择适宜的优良品种

选择适销对路，较抗白粉病、霜霉病、枯萎病的优质高产品种。适宜贵州栽培的反季节苦瓜品种有蓝山大白苦瓜、高优好3号、大麻子1号、绿华夏苦瓜、翠优2号苦瓜、湘苦瓜4号等。

（三）培育优质壮苗

贵州反季节苦瓜适宜的播种期，海拔14 00～1 500米的地区，以6月中旬至6月底为宜；海拔1 200～1 400米的地区，以6月下旬至7月初为宜，海拔900～1 200米的地区，以6月底至7月上旬为宜，一般8—10月收获。

最好采用营养钵培育优质壮苗，带土移栽。苦瓜种子种皮坚硬，发芽缓慢，播种前需浸种催芽。将种子用55℃温水浸种10小时，取出沥干，用湿纱布包好后，置于30℃温度条件下催芽，出芽后播种于苗床（苗床的准备参照黄瓜）或营养钵（营养土的配制参照四季豆），播种后覆一层营养土，浇足水后用稻草或遮阳网覆盖。出苗后根据苗情喷施1～2次0.2%～0.3%磷酸二氢钾。栽种每亩本田苦瓜的用种量为300～400克。

（四）整地作厢，合理密植

选择前作没种过瓜类、排灌方便、有机质含量高的肥沃土壤。将土地精细整平，做成高畦窄厢，厢宽90～100厘米，沟宽33～40厘米，厢高20～30厘米，每厢栽2行。结合整地施足基肥，每亩施腐熟农家肥2 500～3 000千克，复合肥50千克或磷肥30千克，草木灰100千克（硫酸钾40千克），禁止使用城市垃圾肥料。行株距为70厘米×40厘米，每亩栽种1 800～1 900窝，每窝2株。

（五）田间管理

1. 搭架与整枝

苦瓜茎蔓细长柔弱，且分枝多，需搭高架栽培。一般大面积栽培以人字架为宜，当苦瓜幼苗长到20～30厘米时，进行搭架引蔓。搭架要求牢固，以避免风吹倒塌，损伤瓜苗，影响产量。苦瓜分枝力很强，主蔓、侧蔓均能结瓜，应适当整枝，协调主蔓与侧蔓生长发育的关系。如生长势强，侧蔓较多，距离地面50厘米以下的侧蔓以及过密的和衰老的枝叶应及时摘除，以利于通风透光。在生长中期如果瓜蔓过于疯长，则要及时摘心打顶，以抑制其生长，促进结瓜。整枝引蔓一般在上午9时以后进行，可防止折蔓。贵州苦瓜生育期较长，植株生长旺盛，距离地面1米以下的侧蔓选留2～3枝后全部摘除，及时剪除衰老有病的枝叶，减少相互遮阴，提高光合作用。

2. 土、肥、水管理

苦瓜栽培应注意保持厢面湿润，及时中耕除草，并适当培土。结果期充足供应肥水，做到适时灌水，及时排水。幼苗期可少追肥，施清腐熟人粪尿（沼液）1次；初现花蕾时结合中耕除草追施腐熟人粪尿（沼液）加尿素10千克/亩；结果期追肥3～4次，每次追施复合肥8～10千克/亩。整个生长期要控制化肥用量，每亩纯氮用量不超过25千克（折合尿素58千克）。禁止施用硝态氮肥，化肥要深施。

（六）主要病虫害防治

1. 主要虫害防治

瓜实蝇：属双翅目，实蝇科。

为害特征：成虫以产卵管刺入幼瓜表皮内产卵，幼虫孵化后即钻进瓜内取食。受害瓜先局部变黄，而后全瓜腐烂变臭，大量落瓜。即使不腐烂，刺伤处凝结流胶，畸形下陷，果皮硬实，瓜味苦涩，品质下降。

防治方法：在成虫盛发期，用2.5%溴氰菊酯乳油2 500～3 000倍液，或10%顺式氯氰菊酯乳油2 500倍液等喷雾，隔3～5天喷1次，连续喷2～3次。

瓜绢螟：属鳞翅目，螟蛾科，别名瓜野螟、瓜螟。

为害特征：幼虫在叶背啃食叶肉，呈灰白斑。3龄后吐丝将叶或嫩梢缀合，匿居其中取食，致使叶片穿孔或缺刻，严重时仅留叶脉。幼虫还常蛀入瓜内为害。

防治方法：在三龄幼虫之前，选用2.5%高效氟氯氰菊酯乳油3 000～5 000倍液，或5%氟啶脲乳油2 000～2 500倍液等喷雾防治。

蚜虫：主要为瓜蚜，属同翅目，蚜科，别名棉蚜。

为害特征：以成虫及若虫在叶背和嫩茎上吸食汁液。使嫩叶及生长点叶片卷缩，瓜苗萎蔫，甚至枯死。老叶受害，提前枯落，缩短结瓜期，造成减产。

药剂防治：选用10%吡虫啉可湿性粉剂1 500倍液，或3%啶虫脒乳油1 500倍液，或2.5%高效氟氯氰菊酯乳油2 500～3 000倍液，或1%苦参碱水剂500倍液等交替喷雾防治。

2. 主要病害防治

枯萎病：病原为尖孢镰刀菌苦瓜专化型，属半知菌类真菌。主要为害根茎部，致地上部全株枯萎。纵剖病株茎基部及根部可见维管束组织变褐，终致患部软化缢缩以至腐烂。

发病条件：该病一般由土壤或肥料带菌，通过灌溉水或雨水飞溅传播蔓延。病菌发育和侵染的最适温度为24～25℃，空气相对湿度90%以上，pH值4.5～6.0。

防治方法：在发病初期喷洒和浇灌35%噁霉灵可湿性粉剂800倍液，或40%硫磺·多菌灵悬浮剂500倍液，或0.3%多抗霉素水剂100倍液等。每株灌对好的药液300毫升左右，隔7～10天喷1次，视病情连续灌2～4次。

白粉病：病原为瓜类白粉菌，均属子囊菌门真菌。

症状：主要侵染叶片，也可危害茎部及叶柄，一般不危害果实。病初叶面或叶背及茎上产生白色近圆形小粉斑，以叶面居多，后向四周扩展成边缘不明显的白粉斑，严重时整叶布满白粉。发病中后期，白色粉状霉斑变为灰色，病叶枯黄。

发病条件：该菌喜温暖湿润环境，可借风传播。最适发病温度为20～25℃，相对湿度90%～95%。

药剂防治：发病初期可选用20%三唑酮乳油1 500倍液，或30%琥胶肥酸酮悬浮剂600倍液，或12.5%腈菌唑乳油2 000倍液，或2%嘧啶核苷类抗菌素水剂200倍液等喷雾。以上药剂交替使用，隔7～10天喷1次，连续防治2～3次。

炭疽病：病原为瓜类炭疽菌，属半知菌类真菌。

症状：茎、蔓染病，病斑呈椭圆形或近椭圆形边缘褐色的凹陷斑，有时龟裂；瓜条染病，病斑不规则，初病斑黄褐色至黑褐色，水渍状，圆形，后扩大为棕黄色凹陷斑，有时有同心轮纹，湿度大或阴雨连绵时，病部呈湿腐状；天气晴或干燥条件下，病部呈干腐状凹陷，颜色变浅淡，但边缘色仍较深，四周呈水渍状黄褐色晕环，严重时数个病斑连成不规则凹陷斑块。后期病瓜组织变黑，但不变糟且不易破裂，区别于蔓枯病。该病叶片上产生的小黑点，即病原菌的分生孢子盘，很小，肉眼不易看清。

发病条件：该菌附着在种子或病残株上，通过雨水或气流传播。孢子萌发适温22～27℃，病菌生长适温24℃，8℃以下或30℃以上即停止生长。

药剂防治：在发病前或发病初期，12%苯醚·噻霉酮水乳剂1 000倍、80%福·福锌可湿性粉剂800倍液、32.5%苯甲·嘧菌酯悬浮剂1 500倍或25%咪鲜胺锰盐750倍交替施用，每7～10天使用1次，连喷2～3次。

霜霉病：病原为古巴假霜霉菌，属真菌。

症状：主要为害叶片。初叶面现浅黄色小斑，后扩大，病斑受叶脉限制呈多角形或不规则形，颜色由黄色逐渐变为黄褐色至褐色，严重时病斑融合为斑块。湿度大时，在叶背面长出白色霉状物，有时叶面也可见白色菌丝，天气干燥时则很少见到霉层。

发病条件：病菌主要靠风传播，适宜发病温度10～30℃，最适温度15～22℃，空气相对湿度为83%以上。温度低于10℃或高于30℃发病受抑制。

药剂防治：发病初期用72.2%霜霉威盐酸盐水剂600倍液，或58%甲霜·锰锌可湿性粉剂500倍液，或40%三乙膦酸铝可湿性粉剂200倍液，或64%噁霜·锰锌可湿性粉剂500～1 000倍液等喷雾。以上药剂交替使用，隔7～10天喷1次，连续喷2～3次。

（七）适时采收

苦瓜宜及时采收嫩瓜，一般当幼瓜果皮瘤状突起变大，果顶发亮时开始采收。过嫩采收苦味浓，产量低；过迟采收，肉质变软，不耐贮运。一般苦瓜开花后14～16天即可采收。贵州反季节苦瓜播种至初收约50～60天，采收期40～50天。在盛果期每隔2～3天采收1次，采收苦瓜宜在晴天太阳出来前用剪刀从瓜的基部剪下，中午或下午采收的苦瓜易变黄，不耐贮运。采收要严格执行农药安全间隔期。最后1次追施化肥应在拉秧前30天进行。采后分级包装，防止2次污染。

八、丝瓜高效栽培技术

（一）品种选择

1. 泰国新一号丝瓜

泰国引进一代杂交种。早中熟，高产，优质，耐热耐湿性强，抗霜霉病。瓜长棒形，长30～35厘米，横径约6厘米，单瓜重500～800克，皮色浅绿，肉质结实，味香甜，口感好，不易老化。播种至初收约50天，亩产约3 500千克。

2. 泰国大肉丝瓜

泰国引进一代杂交种。早熟，高产，优质。瓜形美，皮色浅绿，瓜长28～35厘米，横径5～6厘米，单瓜重约450克，纤维少，品质细嫩，味甜。

3. 江蔬肉丝瓜

江苏省农业科学院蔬菜研究所育成，属早熟圆筒形丝瓜。早熟，连续结瓜能力强，可同时坐瓜4～6条，盛瓜期一般花后7～9天可采收，耐老化。瓜皮绿色，瓜长34厘米，瓜粗5厘米，瓜肉绿白色，清香带甜，肉质致密细嫩。耐储运，抗逆性强。

4. 鲁丽丝瓜

荷兰进口杂交品种。中长形丝瓜，植株长势强，主蔓结瓜为主，瓜码密，回头瓜多，瓜条生长速度快。抗病性强，耐低温，耐弱光。瓜条顺直，皮翠绿，瓜长45厘米左右，顶部有鲜花，品质极佳，生长期长，不衰老，很丰产，适合早春栽培。

5. 绿威丝瓜

寿光星源种业有限公司育成的杂交一代种。植株长势旺盛，早熟，耐热，抗寒。主蔓结瓜为主，丰产。瓜条长棒形，光滑顺直，瓜长45～50厘米，皮色鲜绿，肉嫩香甜。

6. 美国绿龙丝瓜

从美国引进的杂交一代新品种。早熟，丰产，抗病性强，耐热，耐寒，耐运输。以主蔓结瓜为主，瓜长40厘米，瓜皮鲜绿，光滑顺直。

7. 农杂二号肉丝瓜

湖南省株洲市农之子种业有限公司培育。极早熟，丰产，植株长势强，坐瓜节位低。瓜条圆筒形，瓜皮绿色，果面粗糙被蜡粉，尾部花较大，果肉柔软，微甜。

8. 赛佳丽丝瓜

泰国引进一代杂交种。早熟，高产，第一雌花着生在主蔓12～14节上，瓜长条形，光滑顺直，有光泽，瓜长45～55厘米，肉质嫩，香甜，带顶花，耐运输。

9. 黔丝瓜1号

贵州省园艺研究所选育一代杂交种。早熟，高产，较耐寒，耐热，耐湿。瓜长条形，瓜皮绿色，较耐贮运。

10. 黔丝瓜2号

贵州省园艺研究所选育一代杂交种。早熟，丰产，耐热。瓜短棒形，瓜皮绿色。瓜肉质柔嫩，香甜，耐贮运。

（二）播种育苗

冬春错季栽培育苗时间一般为2月上旬。丝瓜播前将种子用55～60℃的水处理15分钟，再用25℃的水浸泡4小时，漂洗去种皮表面黏液后，把种子用湿纱布包好放在温箱中催芽。选出催好芽的种子每钵（或每穴）播种1～2粒，一般亩用种500克左右。早春育苗应在塑棚中进行，出苗前保持温度28～33℃，出苗后适时通风降温，以免造成秧苗徒长，温度掌握在23～25℃为宜。育苗基质可以是泥炭土、田园土、配方基质（可为充分腐熟的农家肥与田园土、泥炭土、复合肥按1：1：1：0.005比例配成）。基质可装入穴盘、营养钵，也可制成营养块或苗床。播种时对穴盘是一穴一粒，对营养钵是一钵一粒，对营养块是一块一粒，苗床育苗为撒播，播后盖1厘米左右的细土。冬春错季栽培育苗早，气温低，需采取一定的保温措施。

（三）整地作畦

旋耕机松地，深度25厘米左右。夏季露地种植丝瓜整地要深沟高畦；畦连沟宽1.6米，畦面宽1.2米。双行种植，每窝1苗，窝距40厘米左右，密度为2 000苗/亩左右。定植时窝施农家肥0.5千克，复合肥少量。也可将充分腐熟的农家肥撒施土面后旋耕时混匀，农家肥用量为1 000～3 000千克/亩。

（四）适时定植

栽苗方法跟苦瓜相似，深窝地膜栽培。

1. 栽苗

将带基质的苗从育苗盘取出，用小铲在定植穴里挖一小坑，将苗放入，扶正后用细土将带基质的根部压稳压实，然后浇足定根水。

2. 覆膜

用地膜将栽好苗的厢面盖好，然后用土压边。

3. 破膜放苗

破膜放苗，即在栽苗的位置将地膜破开，把苗露出膜外，早春定植膜外气温较低，可以在盖膜后3～4天左右再放苗。栽苗时如果气温较高，应在盖膜后就放苗，以防烧苗。

4. 压土

放苗后用土压在苗的周围，早春栽培的应将地膜压严，以利保温保湿和压苗。

（五）田间管理

1. 搭架及修剪

插竹搭架：当蔓长30厘米时可插竹。常用的架式有人字架和平架。

引蔓上架：有雌花出现时再向上引蔓。

修剪：人字架以主蔓结瓜为主，侧蔓一律摘除，平架的修剪到架高，然后让其自然生长，让主侧蔓都结瓜。

2. 肥水管理

苗期淋粪水2～3次，花果期重施追肥，每亩施50千克复合肥，30千克氮肥，15千克钾肥。每采收2～3次，追肥1次，每次用复合肥15千克、尿素10千克、钾肥5千克。苗期水分不能太多，太多了不利于根系生长。抽蔓开花期需水较多，晴天沟内要保留适当的浅水层（使厢面湿润），雨天要及时排水。

（六）主要病虫害防治

1. 主要病害

苗期主要病害有：猝倒病、灰霉病。抽蔓后主要病害有：白粉病、病毒病、霜霉病、灰霉病、枯萎病、细菌性角斑病。其中白粉病是重要病害，要加强防治。

2. 主要虫害

苗期主要虫害有：蚜虫、地老虎、潜叶蝇等。抽蔓后主要病害有：潜叶蝇、地老虎、白粉虱、瓜实蝇、棉铃虫、螨虫。

3. 防治原则

按照“预防为主、综合防治”的植保方针，坚持以“农业防治、物理防治、生物防治为主，化学防治为辅”的无害化控制原则。

4. 农业防治

针对主要病虫害控制对象，选用高抗多抗的品种；实行严格的轮作制度，病虫害严重的地方与非瓜类作物轮作3年以上，有条件的地区实行水旱轮作；深沟高畦，覆盖地膜；培育壮苗，提高抗逆性；根据土壤肥力平衡施肥，增施充分腐熟的有机肥，合理施化肥；清洁田园。

5. 物理防治

覆盖银灰色地膜可驱避蚜虫；温汤浸种杀死病菌，套袋防治瓜实蝇。

6. 生物防治

天敌：积极保护和利用天敌，防治病虫害。

生物药剂：多采用植物源农药如藜芦碱、苦参碱、印楝素等和生物源农药如春雷霉素、苏云金杆菌、阿维菌素等防治病虫害。

（七）采收

开花后8～10天，在果实充分长大且比较脆嫩时要及时采收，采摘宜在早晨进行，用剪刀从果柄处剪下，包装整理好后上市销售。丝瓜一般隔天采收1次，盛期每天采1次。

九、四季豆高效栽培技术

（一）品种选择

泰国无筋豆：早中熟，从播种到始收58天左右。贵阳白棒豆：贵州省园艺研究所提纯复壮的贵阳地方优良品种。该品种结荚部位低，结荚早，从播种到始收55天左右。双青12号：从播种到始收60天左右。黔棒豆1号：贵州省园艺研究所自育品种。从出苗至开始收嫩荚春播50天左右，夏秋播45天左右，亩产3 000～3 500千克。盛硕架豆王：由鑫源种业专家育种最新品种。生长期60天左右。

（二）栽培季节

菜豆喜温，不耐低温霜冻，但怕高温多雨，最适宜种植是月平均气温10～25℃的季节，以20℃左右最适。忌重茬，宜与非豆科蔬菜实行2～3年轮作。适宜前茬为大白菜、甘蓝、黄瓜、西葫芦、马铃薯等。根据贵州立体小气候复杂多变的特点，露地栽培可分为4个季节：正季栽培、冬春栽培、夏秋栽培、秋冬栽培。

1. 正季栽培

“惊蛰”节气（3月5日左右）过后，气温回暖，雨水增多，选用抗寒、抗病性强、产量高、品质好的品种，地膜覆盖，进行直播或营养钵育苗移栽，在5月底至6月初可采收上市。

2. 低热地区冬春栽培

在贵州罗甸、望谟、册亨低热地区进行的冬春早熟栽培，要求品种抗寒性好。

1月平均温度9℃以上的地区，1月中旬深窝地膜直播，4月上旬开始上市。

1月平均温度7.8～8.9℃的地区，1月下旬深窝地膜直播，4月中旬开始上市。

1月平均温度6～7.7℃以上，2月初至2月上旬深窝地膜直播，4月底至5月初开始上市。

3. 夏秋栽培

贵州海拔900～1 200米的地区，以6月下旬至7月下旬为宜；海拔1 200～1 400米的地区，以6月下旬至7月中旬为宜；海拔1 400～1 800米的地区，以6月中旬至6月底为宜。选用耐热抗病、优质丰产的品种，如泰国无筋豆、盛硕架豆王、贵阳白棒豆等。每亩用种量约3千克。8月中旬至10月底采收。

秋四季豆播种过早，达不到9—10月四季豆淡季上市目的，播种过晚，生长后期温度降低，影响开花、结荚及产量，遇早霜来临早的年份还要受冻，甚至死亡。

贵州惠水、福泉、都匀、罗甸、大方县（市）等地海拔400～1 600米，1月平均温度2.5～10.1℃的10个乡（镇），秋四季豆9月上旬至11月初采收。秋种四季豆需选择耐热、较早熟品种，可选优良品种杰丰3号、贵阳白棒豆、双青12号。

海拔400～600米，1月平均温度8.9～10.1℃地区：秋四季豆8月初至8月中旬直播最适宜，9月下旬至10月下旬采收。

海拔600～850米，1月平均温度7.6～8.9℃地区：秋四季豆7月中下旬至7月下旬直播最适宜，9月中下旬至10月下旬采收。

海拔850～1 100米，1月平均温度5.6～7.6℃地区：秋四季豆7月中旬至7月中下旬直播最适宜，9月中旬至10月中旬采收。

海拔1100～1 400米，1月平均温度4.4～5.6℃地区：秋四季豆7月上旬至7月中旬直播最适宜，9月上旬至10月上旬采收。

4. 秋冬栽培

在罗甸、望谟、册亨等海拔400米以下，年平均温度19.6℃，1月平均温度10.1℃以上的地区；或海拔400～580米，年均温度18.3～19.6℃，1月平均温度8.8～10.1℃的地区。11月平均温不低于14.4℃，进行秋冬季稻田栽培菜豆。选择适销对路的高产、优质、较耐寒、较早熟的品种。可选用四川架豆王1号、2号，春秋架豆王，黔棒豆1号、红花架豆等。

稻田种植秋冬菜豆，如播种过早，与水稻茬口衔接太紧张；播种过晚，12月份后期温度较低，影响结荚，采收期较短，影响产量，同时也影响早果菜的种植。低热地区秋冬菜豆适宜的播种期为9月上旬至9月中下旬采用营养钵、穴盘播种，于11月上旬至12月中旬上市，单产1 100～1 400千克/亩，最高亩产量达1 800千克，最高亩产值3 800元。

（三）栽培管理措施

1. 整地、施基肥

应选择排水良好、肥沃疏松的轮作地。易积水需排涝地块常做深沟高厢，少雨地区，多采用平畦栽培。整地起垄的同时，施入腐熟的堆肥、厩肥作基肥。基肥中不宜过多用氮肥，防止烂种。高厢栽培，厢面宽75～80厘米，沟宽40～45厘米，沟深17～22厘米，每厢栽2行。结合整地每亩均匀施入2 000～2 500千克腐熟农家肥加三元复合肥（N-P-K　15-15-15）40千克作基肥。

2. 种子处理

选粒大、饱满、有光泽、无病虫、无机械损伤的新鲜种子。可用0.1%高锰酸钾或0.1%～1%的硫酸铜或0.01%～0.03%的钼酸铵浸种，促进根瘤菌的形成，提高前期产量。较长时间的浸种，易造成烂种，影响发芽，生产中多不浸种或短时间浸种。播种前晒种2～3天，不仅发芽整齐，还可防低温烂种。

3. 播种方法

露地栽培可直播和育苗移栽。直播省工，不损伤根系，植株抗逆性好，可获得较高产量。直播按行株距50厘米×33厘米进行点播，每穴播种3～4粒，播后盖土3～5厘米厚；穴盘、营养钵育苗需适时移栽，可提早成熟；秋冬菜豆生育期比春菜豆短，生长势稍弱，侧枝较少，可适当提高种植密度，行株距43厘米×33厘米为宜，每穴播种3～4粒，出苗后定苗2～3株，约6 000株/亩。

4. 田间管理

出芽期管理：播种后5～7天出土；育苗移栽，待种子弯背出土时，及时降温降湿，进行锻炼，以提高幼苗的抗寒性。注意防治地下害虫。

幼苗期管理：幼苗在3～4片真叶，约7厘米高时便开始进行花芽分化。推迟播种，气温升高，由播种到花芽分化的时间缩短。及时追施氮肥，可使花芽数量增加，且节位下降。但过多施氮肥（或磷钾肥不足），植株茎叶组织柔嫩，易染病害。田间追肥应视幼苗长势而定，注意防止浓度过大烧伤幼苗。追肥时，最好加入硫酸钾及过磷酸钙浸出液。田中无地膜覆盖的，在追肥后或雨后应进行中耕除草，保持土壤疏松。

开花结荚期管理：由开花到拉秧的一段时间为开花结荚期，是植株进行旺盛的营养生长和生殖生长的阶段。蔓生种在主蔓长20～30厘米时要及时搭架，方法有人字架、倒人字架、三脚架、四脚架等。生产中常采用人字架搭架，通风透气好。结荚以后需要加大追肥量，每隔10天追施1次氮、磷、钾齐全的肥料，追3～5次。第一次追肥氮肥宜少，以促进根瘤菌的固氮作用。也可用0.5%的磷酸二氢钾液和0.5%的尿素液混合作根外追肥。开花后喷施0.1%硼砂或0.03%钼酸铵，连续2～3次，可显著提高产量。

秋四季豆一般追肥3次。第1次在苗期，亩施尿素8千克；第2次在开花结荚期，亩施复合肥约17千克；在豆荚盛收期追肥1～2次，每次亩施尿素约10千克加复合肥15千克。在伏旱期或土壤干旱时，注意浇水抗旱。对生长过旺或通风不良的地块，可摘除老叶、黄叶或过多叶片，以利通风透光，增加结荚率，减少畸形荚。

后期管理：开花结荚后期，植株衰老，及时摘除老叶、老枝、病叶、并及时追肥，防治病虫害，使植株萌发新的侧枝，恢复生长，继续开花结果，以延长采收期，增加产量。

（四）主要病虫害防治

四季豆主要有炭疽病、锈病、根腐病、灰霉病等。主要虫害有蚜虫、豆荚螟、豆野螟等。

1. 主要病害

炭疽病症状：病叶叶脉初有红色条斑，后变成黑褐色多角形网状斑。叶柄和茎病初为锈褐色小斑，后期变成锈褐色凹陷龟裂细条形斑。染病豆荚有近圆形褐色至黑褐色斑，病斑周缘常具红褐色或紫色晕环，中间凹陷，湿度大时，溢出粉红色黏稠物。

发病条件：病菌附着在种子或病残体上，通过风雨或昆虫传播。适宜发病温度6～30℃，相对湿度100%，当相对湿度低于92%则很少发病。遇多雨、多露、多雾、冷凉、多湿等状况，或种植过密、土壤黏重、潮湿，此病发生严重。

药剂防治：发病初期，喷洒75%百菌清可湿性粉剂600倍液，或80%福·福锌可湿性粉剂800倍液，或70%代森锰锌可湿性粉剂400倍液，或25%溴菌腈可湿性粉剂500倍液，或70%甲基硫菌灵可湿性粉剂1 500倍液等进行防治。

锈病症状：该病一般在中后期发生，主要侵害叶片，严重时茎蔓、豆荚均受害。叶片和茎染病初期为褪绿小黄斑，后稍突起在叶背。豆荚染病后形成暗褐色突起疱斑，表皮破裂后，散出锈褐色粉状物。

发病条件：病菌通过叶片上的水滴侵入，借助风雨和灌溉水传播。四季豆进入开花结荚期，气温20℃左右，空气湿度85%以上，高湿、昼夜温差大及结露时间长，此病易发生。苗期不发病，秋播四季豆及连作地，此病发生严重。

药剂防治：发病初期，喷洒15%三唑酮可湿性1 000倍液，或75%百菌清可湿性粉剂600倍液，或25%丙环唑乳油2 000倍液，12.5%腈菌唑乳油200倍液，或70%硫磺·锰锌可湿性粉剂600倍液，或12.5%烯唑醇可湿性粉剂4 000倍液。每10天左右喷1次，连续防治2～3次。

根腐病症状：病菌主要侵染根部或茎基部。病部产生黑色斑点，稍凹陷。纵剖病根，维管束变褐色。多从侧根发病蔓延至主根，后向茎基部延伸。主根全部染病后，地上部茎叶萎蔫或枯死。潮湿时，常在病株基部产生粉红色霉状物。

发病条件：主要是土壤和肥料带菌，通过工具、雨水及灌溉水传播蔓延，先从伤口侵入致皮层腐烂。适宜发病温度29～32℃。土壤含水量大、土质黏重，易发病。

防治方法：施用充分腐熟的农家肥；挖好排水沟，高厢种植；加强中耕除草，保持土壤疏松，但不要伤根。发病初期，喷淋70%甲基硫菌灵可湿性粉剂800～1 000倍液，或53.8%氢氧化铜干悬浮剂1 000倍液，或75%百菌清可湿性粉剂600倍液，或75%敌磺钠可溶性粉剂1 500倍液等。每7～10天喷1次，连续防治2～3次，着重喷淋茎基部。

灰霉病症状：植株地上部均可受害。茎部病斑淡棕色或浅黄色，周缘深褐色，干燥时表皮破裂成纤维状，潮湿时病部生一层灰色霉状物。病叶有较大的轮纹斑，后期易破裂。病荚有淡褐色至褐色病斑，扩展后引致荚变软腐烂，表面生一层灰色霉状物。

发病条件：借气流传播蔓延，病菌喜温暖高湿环境，最适生长温度20～25℃，相对湿度为94%左右。

药剂防治：发现零星病叶即开始用40%菌核净可湿性粉剂1 200倍液，或50%乙霉·多菌灵可湿性粉剂1 000倍液喷雾。每7～10天喷1次，连续喷2～3次。

2. 主要虫害

豆野螟别名豆荚野螟、豇豆荚螟。为害豇豆、四季豆、蚕豆、豌豆等豆科作物。

为害特征：常卷叶为害或蛀入豆荚内取食幼嫩的种粒、荚内及蛀孔外堆积粪粒。

防治方法：①架设黑光灯，诱杀豆荚螟、豆野螟成虫，及时清除落花、落荚。②每亩用55%杀单・苏云菌可湿性粉剂30～40克加水40～50千克，或5.7%氟氯氰菊酯乳油1 000～2 000倍液，或2.5%高效氟氯氰菊酯乳油2 500倍液，或5%氟啶胺乳油1 500倍液等喷雾防治。从现蕾开始，隔10天喷1次，重点喷花及嫩荚。

豆荚螟，别名豆荚斑螟、大豆荚螟。

为害特征：以幼虫蛀食花、蕾、嫩荚，造成大量落花、落荚，影响产量和质量。

防治方法：①架设黑光灯，诱杀豆荚螟、豆野螟成虫，及时清除落花、落荚。②每亩用55%杀单・苏云菌可湿性粉剂30～40克加水40～50千克，或5.7%氟氯氰菊酯乳油1 000～2 000倍液，或2.5%高效氟氯氰菊酯乳油2 500倍液，或5%氟啶胺乳油1 500倍液等喷雾防治。从现蕾开始，隔10天喷1次，重点喷花及嫩荚。

蚜虫，主要为豆蚜。

为害特征：成虫和若虫刺吸嫩叶、嫩茎、花及豆卖的汁液，使叶片卷缩发黄，嫩荚变黄，严重时影响生长、造成减产。

防治方法：用杀虫灯、色板诱杀或采用银灰膜避蚜。频振式杀虫灯每3.33～4.00公顷安装一盏，接口处离地面1.2～1.5米，每隔2～3天清理1次接虫袋。黄板在田间采取棋盘式放置，每亩安置30～50块，下端离植株最高点15～20厘米。在蚜虫点片发生初期，用10%吡虫啉可湿性粉剂1 500倍液，或50%抗蚜威可湿性粉剂2 000倍液，或3%啶虫脒乳油1 500倍液，或0.2%苦参碱水剂500倍液等喷雾防治。

（五）采收

适时采收，作嫩荚食用者，果荚充分伸长，荚壁未变粗硬时，一般蔓生种花后10～15天，矮生种在花后7～10天采收。作加工用时，一般在花后5～7天采收。食用种子的，则在花后20～30天采收，让种子充分长成、老熟。初收期每隔2～3天采收1次，盛收期1～2天采收1次。矮生种可采收15～20天，蔓生种则可采收30～45天，甚至更长。

作为留种者应在种子充分成熟后采收，花后35天时种子的发芽率可达97%。采摘后经后熟能提高种子的发芽率。菜豆异花授粉率为0.2%～10%，为保证品种的纯度，不同品种间采种田应间隔100米以上。

十、豇豆高效栽培技术

（一）品种选择

选择抗病虫、丰产、优质、耐热、耐湿、植株长势旺、适植密植的品种。如之豇特早30、高产4号、天禧玉带、之豇28-2、帮达2号、桂星3号、头王特长黑霸、黔豇1号等。

（二）栽培季节与茬口

豇豆喜温耐热怕寒，春、夏、秋均可进行露地栽培，根据市场需要及贵州立体小气候复杂多变的特点，露地栽培可分为3个季节进行错季栽培：正季栽培、冬春栽培、夏秋栽培。

1. 正季栽培（春季栽培）

由于豇豆耐寒性不及菜豆强，故豇豆春季播种期比菜豆晚几天。春季早熟栽培于4月上中旬（清明后）直播或穴盘、营养钵育苗移栽，6月中下旬开始收，苗期20～25天。晚春茬于5月上旬直播，7月中旬始收；春季采用地膜覆盖栽培，可促进根系生长，提早开花，产量比露地栽培增加40%～50%。

2. 中、高海拔地区夏秋错季栽培

海拔1 000～1 600米地区，6月上旬至7月上旬播种，8—10月陆续上市。

3. 低热地区冬春错季栽培

在贵州罗甸、望谟、册亨低热地区进行的冬春早熟栽培，要求品种抗寒性好。

1月平均温度9℃以上，1月下旬深窝地膜直播，4月中旬开始上市。

1月平均温度7.8～8.9℃，2月上旬深窝地膜直播，4月下旬开始上市。

1月平均温度6～7.7℃，2月中旬播种，深窝地膜直播，5月上旬开始上市。

豇豆作纯栽培较多。蔓生品种可与大蒜、早甘蓝、地芸豆套种，或与早熟茄子隔畦间作，亦可借用春露地早熟黄瓜架点播秋豇豆。矮生豇豆因有一定的耐阴能力，可与玉米等作物间作。

（三）整地、施肥、做畦

结合整地施足基肥。施足有机肥和磷钾肥作基肥对豇豆非常重要，既可避免炎夏雨季追肥困难易发生脱肥的问题，又可促进茎叶生长、增加花序数目、延长盛果期。一般每亩施腐熟有机肥2 000～2 500千克，再加15千克过磷酸钙和15千克硫酸钾，或用三元复合肥15～20千克。豇豆不如菜豆耐肥，若前茬作物施肥较多，可酌情减少基肥施用量。肥料均匀地撒施在大田，通过旋耕机或起垄机将肥料混合后起垄，以窄厢高畦栽培为宜，一般厢面宽75～80厘米，沟宽30～40厘米，每厢栽2行，便于通风透光，及进行农事操作。

（四）适时播种，育苗定植

播种前剔除瘪粒、未成熟的浅色种子，以及霉烂、破伤或已发芽种子。豇豆直播茎叶多而结荚少，育苗移栽豆荚多，且可提早或延长采收期。早春正季栽培可采用穴盘、营养钵育苗，每穴/钵放种子3～4粒，覆盖2～3厘米营养土。根据季节选用温室、大棚为育苗设施。一般幼苗于第一对真叶展开时移栽，定植时选晴天进行。

豇豆抗寒性不如菜豆，春季直播播种期可比菜豆晚1～3周，一般当地温稳定在10～12℃以上时即可播种。播种深度约3厘米，每穴3～4粒，留苗2～3株，每亩用种量3～4千克。春季和初夏播种不宜太密，按行距40～50厘米、株距30～33厘米点播；秋季因生长期短，开花结荚早，可适当密植。

（五）田间管理

在生长前期（结荚前），豇豆比其他豆类更容易出现营养生长过盛的问题；在生长后期（结荚后），豇豆的营养生长和生殖生长矛盾更加剧烈，既要大量地、连续地开花结荚，又要继续发根长叶和爬蔓，二者的平衡关系很难把握，易出现“伏歇”或早衰现象。因此，调节营养生长和生殖生长的平衡关系是豇豆丰产的关键。

生产管理上，主要掌握“先控后促”的原则，通过水肥供应、整枝摘心、及时采收等措施，进行综合调节，防止徒长、早衰和落花落荚，减缓“伏歇”现象。

1. 浇水追肥

坐荚前以控水中耕保墒为主，进行适当蹲苗，促进发根和茎叶健康生长。具体操作是：定植水和缓苗水后加强中耕；现蕾时浇小水，水后中耕；初花期不浇水；第一花序坐荚后开始追肥浇水，促进果荚生长；结荚期要保证水肥供应，经常保证畦面湿润，每浇1～2次水后追1次肥，防止脱肥早衰。追肥量为每次每亩施尿素5.0～7.5千克或硫酸铵10～15千克。磷钾肥主要在施基肥时施入，结荚盛期可结合氮肥追施磷钾肥1～2次，追肥量为每次每亩施三元复合肥5.0～7.5千克，或磷酸二铵5千克加硫酸钾5千克。基肥和追肥增施磷钾肥，具有防止偏施氮肥造成徒长的作用。雨涝季节要注意排水。结荚期叶面喷洒0.3%磷酸二氢钾、0.1%硼砂和0.1%钼酸铵，或喷施叶面肥2～3次、增产作用显著。

2. 插架引蔓与植株调整

蔓生豇豆的主蔓抽生很快，当植株5～6片叶就要及时插架，人工引蔓上架。以人字架为多。豇豆生长期长，架要牢固。引蔓宜在晴天中午或下午进行。雨后或早晨，茎蔓脆嫩易断。

及时整枝抹芽摘心可节约养分，改善群体通风透光性。主蔓第一花序以下的侧芽要及早彻底抹去，以保证主蔓粗壮。主蔓第一花序以上各节位的侧枝2～3叶时摘心，促进侧枝形成第一花序。主蔓满架（2.5～3.5米）后及时摘心，促进下部侧枝开花结荚。主蔓摘心是为了促进侧蔓生长，侧蔓摘心是为了促进果荚生长。

（六）主要病虫害防治

1. 锈病

症状：病菌主要为害叶片，严重时也为害茎和豆荚。病初，叶背产生淡黄色小斑点，稍隆起，扩大后成暗褐色突起病斑，表皮破裂后，散出红褐色粉末。严重时，整张叶片布满锈褐色病斑、引起叶片枯黄脱落。茎和豆荚染病，产生暗褐色突起，表皮破裂，散发锈褐色粉末。发病后期，茎和豆荚均可形成隆起的黑色疱斑，表皮破裂后散出黑色粉末。

发病条件：病菌附着在病残体上，借气流传播。适宜发病温度为21～32℃，最适发病温度为23～27℃，相对湿度95%以上。高温、高湿有利于锈病发生，地面不平、田间积水、白天蒸发、夜间积露、植株过密、荫蔽不通风等均能使病害加重。

药剂防治：发病初期，喷洒15%的三唑酮可湿性1 000倍液，或75%百菌清可湿性粉剂600倍液，或25%丙环唑乳油2 000倍液，12.5%腈菌唑乳油200倍液，或70%硫磺·锰锌可湿性粉剂600倍液，或12.5%烯唑醇可湿性粉剂4 000倍液。每10天左右喷1次，连续防治2～3次。

2. 白粉病

症状：主要为害叶片，也可侵害茎蔓和荚。叶片染病，在叶背和叶面产生白粉状霉层，粉层厚密，边缘不明显，严重时可布满整张叶片，使叶片迅速枯黄，引起大量落叶。茎蔓和荚染病，生出白色粉状霉层，严重时可布满茎蔓和荚，使茎蔓干枯、荚干缩。

发病条件：病菌以菌丝体和分生孢子随病株残余组织遗留在田间越冬，分生孢子可通过气流或雨水传播。适宜发病温度15～35℃，最适发病温度20～30℃，相对湿度40%～95%。连作地、排水不良、通风透光差、肥力不足的田块，此病发生严重。

防治方法：发病初期，喷洒30%氟菌唑可湿性粉剂2 000倍液，或15%三唑酮可湿性粉剂1 500倍液，或75%百菌清可湿性粉剂600倍液，或47%春雷·王铜可湿性粉剂800倍液等。隔7～10天喷1次，连续喷2～3次。重病田可视病情发展，必要时可增加喷药次数。

3. 煤霉病

症状：病菌主要为害叶片，也可危害茎蔓及荚。发病初期，叶两面生赤色或紫褐色小点，扩大后呈淡褐色或褐色近圆形至多角形病斑，边缘不明显。湿度大时，病斑背面密生一层灰黑色煤烟状霉。病情严重背引致叶片早期脱落，仅残留顶端数片嫩叶。

发病条件：病菌附在病残体上，借气流传播。发病适宜温度10～35℃，最适温度30℃。高温多雨、田间积水、湿度大时，发病严重。

防治方法：发病初期，喷洒50%甲基硫菌灵可湿性粉剂800倍液，或50%乙霉威可湿性粉剂600倍液，或50%腐霉利可湿性粉浮剂1 500倍液，或氢氧化铜2 000倍液，或40%硫磺·多菌灵悬浮剂500倍液等。隔7～10天喷1次，连续喷2～3次。

4. 病毒病主要为黄瓜花叶病毒、豇豆蚜传花叶病毒和蚕豆萎蔫病毒

症状：染病后，叶片出现深、浅绿相间的花叶，有时可见叶绿素聚集，形成深绿色脉带和萎缩、卷叶等症状。病株一般叶面皱缩，叶片变小、畸形、矮化。

发病条件：病毒喜高温干旱环境。发病适宜温度15～38℃，最适温度20～35℃，相对湿度80%以下。种子带毒率可达15%～20%，病毒主要通过蚜虫传播。田间管理农事操作使病株汁液摩擦也可传毒。在高温干旱下，蚜虫发生严重、肥水管理不当，植株长势弱时发病严重。

防治方法：①选用抗病品种，注意早防蚜虫；加强田间管理，增强植株抗性。②发病初期，用20%盐酸吗啉胍可湿性粉剂600倍，或1.5%烷醇·硫酸铜可湿性粉剂1 000倍液。隔7～10天喷1次，连续防治2～3次。

5. 炭疽病

症状：叶片发病，始于叶背，叶脉初呈红褐色条斑，后变黑褐色或黑色，并扩展为多角形网状斑；叶柄和茎染病，产生梭形或长条形病斑，呈褐锈色；豆荚染病，初现褐色小点，扩大后呈褐色至黑色圆形或椭圆形斑，周缘稍隆起，四周常具红褐色或紫色晕环，中间凹陷，湿度大时，溢出粉红色黏稠物；种子染病，出现黄褐色的大小不等凹陷斑。

发病条件：带菌种子播种后幼苗染病，在子叶或幼茎上产出分生孢子，借雨水、昆虫传播。在多雨、多露、冷凉多湿的情况下或种植过密、土壤黏重、潮湿的地块发病重。

防治方法：选用抗病品种；实行2年以上轮作。播种前进行种子处理，用2.5%咯菌腈种衣剂10毫升对水1毫升拌5千克种子。开花后发病初期，选用10%苯醚甲环唑水分散粉剂1 000～1 500倍液，或75%百菌清可湿性粉剂600倍液，或70%甲基硫菌灵可湿性粉剂500倍液，或80%福·福锌可湿性粉剂800倍液喷雾，隔7～10天喷1次，连续防治2～3次。

（七）及时采收

豇豆在开花后12～15天为嫩荚采收适期，一般在下午或傍晚进行。采收要及时，结荚初期和后期一般2～3天采收1次，盛果期应每天采收。采收过晚或漏采，不仅坠秧消耗养分，而且荚肉变松发泡，颜色变白，商品品质和食用品质大幅度降低。豇豆为总状花序，每花序有花2～5对，常成对结荚。采收时要保护花序，不要损伤花序上其他花蕾，更不能连同花序柄一起摘下。

十一、鲜食玉米高效栽培技术

（一）品种选择

选择品质好、风味佳、抗病虫、产量高、适宜贵州栽培的糯玉米品种，如筑糯2号、遵糯1号、中糯1号、黔糯76。

（二）种子处理

在播种前先选种、晒种。选择发育健全、籽粒饱满、大小均匀，剔除虫蛀粒、霉粒、坏粒，并晒种2～3天，杀灭种子表皮的病菌，增强种胚生活力，提高种子发芽率，以利苗全苗齐。播种前，对选好的种子用种子包衣剂以及锌肥拌种。因为种子包衣剂含有玉米所需的各种微量元素及生长剂，可促进根系的发育及植株的生长，锌肥又可促进早生快发，改善品质，提高产量。或者在购种时，直接选购包衣种。

（三）适时播种育苗

1. 早熟栽培，温床育苗

1月平均温度9℃以上，1月底营养坨、营养土块播种育苗，2月中旬定植，5月上旬上市。

1月平均温度7.8～8.9℃以上，2月中旬营养坨、营养土块播种育苗，3月初定植，5月下旬采收。

1月平均温度6～7.7℃以上，2月下旬营养坨、营养土块播种育苗，3月中旬定植，5月下旬上市。

2. 夏秋反季节栽培

一般5月中旬至6月中旬分期播种为宜，这样形成从8月下旬到10月初的连续供应期。海拔低温度高的地方可适当晚播，海拔高温度低的地方可适当早播。

一般直播每亩用种量约2千克，每穴播种2粒，定苗1株。用营养坨、营养土块、营养钵育苗，定向移栽，可节约种子，提高成活率，增加产量。营养土的配方是40%腐熟有机肥，5%新鲜草木灰，其余为细土。育苗移栽每亩用种1.3千克左右。

（四）整地施肥，合理密植

糯玉米与普通玉米相比，一般幼苗较细弱，因此要深耕，且整地要精细，做到一犁一耙，土壤细碎。结合整地每亩穴施腐熟有机肥1 300～1 500千克，复合肥25～30千克，与土壤拌匀后播种或定植。旱地栽培可不开厢；稻田栽培，厢宽一般106厘米，沟宽37厘米，厢高16～22厘米，每厢3行。行距73厘米，株距23厘米，每穴1苗，每亩栽植3 300～3 500株。采用育苗移栽，实行宽窄行单株定向种植，即宽行行距1米，窄行0.6米，直接采用拉绳打点定距播种或定植，株距25厘米，每亩栽植3 500株左右。

（五）隔离种植

由于糯玉米染色体上有阻止直链淀粉合成的隐性基因，所以当糯玉米与非糯玉米杂交时，当代所结的籽粒就变成了普通玉米。所以糯玉米要与非糯玉米隔离种植，防止串粉，以保证其糯性。可采取时间隔离，播期相差20天；或空间隔离，相距200米以上；或屏障隔离。

（六）田间管理

1. 灌溉排水

育苗移栽的定植时要淋足定根水，干旱时要浇水。稻田种植的雨季要注意排水，要做到厢面平而不积水，可减轻病害发生。

2. 追肥

一是早施提苗肥，移栽后5天每亩施腐熟清粪水或沼液加尿素4～5千克淋施或埋施，以促进根系的生长。二是巧施壮秆肥，玉米5～7片叶时，每亩施硫酸钾复合肥15千克加尿素5千克，肥料点施于离玉米茎秆8～10厘米的厢面上并覆土，苗势较弱的则在大喇叭口期（11片叶左右）增施复合肥8～10千克。三是重施壮粒肥，玉米抽穗后3～4天，每亩施复合肥20～25千克，可显著增加玉米单苞重。

3. 中耕除草

玉米中耕除草与培土结合进行，第1次追肥时，进行第1次中耕除草。第2次中耕除草结合施肥、培土进行。

（七）主要虫害防治

1. 小地老虎

为害特点：以幼虫从地面咬断玉米幼苗的茎部，使整株死亡，造成缺苗断垄。主茎硬化后还可爬到上部为害生长点。

防治方法：幼虫可用毒饵诱杀，成虫可用黑光灯或糖醋液诱杀。毒饵：每亩可用4～5千克麦麸炒香，与90%敌百虫可溶粉剂30倍液200毫升拌匀，于傍晚顺玉米行撒于地面诱杀。糖醋液用糖、醋、白酒、水及90%敌百虫可溶粉剂，按6：3：1：9：1调匀，在成虫发生期使用。同时还可人工捕杀，于清晨在玉米断苗的周围或沿着残留在洞口的被害株，将土扒开捕捉幼虫。

另外，可根据小地老虎幼虫在1～3龄期抗药性差和暴露在地面上的特点，选用48%毒死蜱乳油500倍液，或10%氰戊·马拉松乳油1 500倍液，或10%溴氰·马拉松乳油2 000倍液等喷雾防治。

2. 玉米螟

鳞翅目，螟蛾科。

为害特点：初孵幼虫取食心叶，嫩叶，稍大即蛀杆蛀果。

药剂防治：大喇叭口期，玉米螟孵化初期至3龄期内，用5.7%氟氯氰菊酯乳油2 500倍液，或2.5%溴氰菊酯3 000倍液，或20%氰戊菊酯乳油2 000倍液等喷雾防治。

3. 大斑病

病原为大斑凸脐蠕孢，属半知菌类真菌。

症状：发病初期，叶上出现水浸状青灰色斑点，以后逐渐沿叶脉向两端扩展，形成中央黄褐色，边缘褐色的梭形或纺锤形大斑，湿度大时，病斑产生大量灰黑色霉层，致病部纵裂或枯黄萎蔫。

发病条件：病菌以菌丝体或分生孢子在病残体内越冬，借风雨和气流传播。适宜发病温度范围15～30℃，最适发病的温度为18～25℃，相对湿度90%以上。多雨高湿、地势低洼、排水不良等状况，田块发病重。

防治方法：清除田间病残体，集中烧毁；加强田间管理，增施有机肥，促使玉米健壮生长，增强抗病力；注意排灌，降低田间湿度；药剂防治：在发病初期用50%多菌灵可湿性粉剂600倍液，或80%代森锰锌可湿性粉剂500倍液，或50%甲基硫菌灵可湿性粉剂500倍液，或30%敌瘟磷乳油500～800倍液等喷雾。隔10天左右喷1次，连续防治1～2次。

4. 小斑病

病原为玉蜀黍平脐蠕孢，属半知菌类真菌。

症状：主要为害叶片，整个生长期均可发生。一般先从下部叶片开始，逐渐向上蔓延。病斑初呈水浸状，后变为黄褐色或红褐色，边缘色泽较深。病斑小，但数量多，呈椭圆形、纺锤形或长圆形。有时病斑可见同心轮纹。

发病条件：与大斑病相似，发病适温略高于大斑病，最适发病温度为20～28℃。

防治方法：同上面大斑病的防治方法。

（八）适期采收

适时采收是保证鲜食糯玉米品质的关键。菜用糯玉米最佳的采收期为乳熟期和蜡熟期。采收过早，产量低；收获过晚，籽粒缩小，菜用品质降低。采收适期一般为授粉后的22～27天，将鲜玉米穗苞叶采下，及时出售。

十二、大白菜高效栽培技术

（一）品种选择

春夏大白菜要选择冬性强、耐先期抽薹、生长期较短、抗软腐病、高产、优质的品种，夏秋大白菜要选择耐热、耐湿、抗病虫的品种。适宜春夏季栽培的品种有黔白5号、黔白9号、韩国强势、鲁春白1号、健春、春夏王、福禧春黄白、日本春黄白、九华春白菜等。夏秋大白菜适宜选择高抗王2号、高抗王

AC-2、高抗王AC-3、兴滇1号、兴滇2号、兴滇14号、福禧2号、福禧3号、福禧5号、黔白1号等。

（二）适时播种

春白菜的栽培应严格控制播种期，切不可过早播种，否则低温条件下易通过春化作用，造成先期抽薹。总的原则是保证春白菜栽培生长的日平均温度稳定在13℃以上（连续多日平均气温稳定在13℃以上，即可播种）。尤其是保证苗期温度高于13℃是避免抽薹、获得高产的关键。

海拔500米以下，春播1月下旬至2月初播种，大棚育苗，秋播10月下旬至11月底；海拔500～800米，春播1月底至2月中旬播种，秋播10月中下旬至11月中旬播种；海拔800～1 100米，春播2月上旬至2月下旬播种，秋播10月中旬至11月初播种；海拔1 100～1 500米，春播2月中旬至2月底播种，秋播10月上旬至10月下旬播种；海拔1 500～1 900米，春播3月初至3月中旬播种，秋播9月下旬至10月初播种，小拱棚播种育苗；海拔1 900～2 300米，春播3月上旬至3月中旬小拱棚或大棚育苗，秋播9月中旬至9月下旬播种，小拱育苗。

夏秋错季大白菜必须在适宜的播种期内播种。

海拔1 300～1 500米的地区，4月中旬至8月上旬播种；海拔1 500～1 800米的地区，4月下旬至8月初播种；海拔1 800～2 200米的地区，4月底至7月下旬初播种。

（三）育苗及整地作厢，合理密植

一般栽植一亩本田的用种量50克左右，播前浇足底水，苗床播种量5～6克/平方米，播种后立即浇水盖土。为防止幼苗生长过于拥挤，影响幼苗通风采光，出现瘦弱苗和徒长苗，在幼苗长出一片真叶时，就要进行间苗，间苗时要拔去瘦弱苗，病伤苗，留下生长良好的健壮苗，5～6片真叶时即可定植。

白菜要选择疏松、肥沃、保水、透气的土壤，并要求前茬农作物未种过甘蓝、白菜、白萝卜、青菜和花菜等十字花科植物，防止在同一地块连续种植同科作物引发病虫害。定植前每亩均匀施入腐熟农家肥2 500～3 500千克和复合肥40～50千克，然后开厢作畦。一般白菜亩栽3 500～5 000株，春白菜因品种早熟、个体相对较小，可以密植，株距23～24厘米，行距23～24厘米，每亩种植6 000～7 000株为宜。

（四）肥水管理

大白菜生长期，在施足底肥的基础上，结合浇水合理追肥。直播定苗或移栽成活后，施一次腐熟清粪水提苗。莲座期大白菜生长迅速，应每担腐熟清粪水中加入100克尿素，使营养生长良好，进入结球期后，视植株长势可追肥1～2次粪水加复合肥或尿素，适当增施磷钾肥。在整个生长期施用纯氮不能超过18千克/亩（折合尿素39千克），采收前20天内禁止叶面喷施氮肥。

大白菜的浇水量要掌握勤浇浅浇，以保持地表温度，保持土壤湿润，采收前1周停止浇水，施肥浇水在傍晚进行为宜，夏季雨水较多时，注意排水，另外还需防止暴雨淹苗埋心，暴雨过后及时中耕松土。

（五）主要病虫害防治

1. 主要虫害防治

蚜虫：属同翅目，蚜科。在叶背或叶心上刺吸汁液为害，使幼叶畸形卷缩，影响植株生长，造成减产，同时传播病毒病。

防治方法：用黄色板涂机油或黏着剂诱杀。化学防治宜及早进行，可用20%甲氰菊酯乳油2 000倍液，或50%抗蚜威可湿性粉剂1500倍液，或10%吡虫啉可湿性粉剂2 000倍液，或2.5%高效氟氯氰菊酯乳油2 500～3 000倍液，或20%氰戊菊酯乳油2 000倍液等交叉喷雾防治。

菜青虫：属鳞翅目，粉蝶科。以幼虫为害叶片，2龄前啃食叶肉，3龄后咬食整个叶片，影响植株生长，造成减产。

防治方法：生物防治可使用菜青虫颗粒体病毒和生物农药苏云金杆菌，并尽量保护天敌。化学防治要抓住幼虫2龄期前喷洒1.8%阿维菌素乳油2 000倍液，或5%氟啶脲乳油1 500倍液，或20%氯氰菊酯乳油2 000倍液，或2.5%高效氟氯氰菊酯乳油2 000倍液，交替使用。

黄条跳甲：鞘翅目，叶甲科。别名土跳蚤、菜蚤子。主要以成虫为害幼苗期叶片。出土的幼苗子叶被吃，整株死亡，造成缺苗断垄。幼虫蛀食根皮，咬断须根，使叶片萎蔫枯死。

防治方法：在成虫始盛期选用2.5%高效氟氯氰菊酯乳油2 000倍液，或20%氰戊菊酯2 000～4 000倍液，或10%的高效氯氰菊酯乳油2 000倍液等喷雾防治。

菜螟：属鳞翅目，螟蛾科。俗称吃心虫、钻心虫等。以幼虫钻蛀幼苗心叶及叶片，导致幼苗停止生长或委蔫死亡，造成缺苗断垄。

防治方法：在成虫盛发期和幼虫孵化期交替喷洒1.8%阿维菌素乳油4 000倍液或5.7%氟氯氰菊酯1 000～2 000倍液。

2. 主要病害防治

霜霉病：属真菌性病害。

症状：主要为害叶片，一般从植株下部向上扩展，叶面出现不规则褪绿黄斑，后渐扩大为多角形黄褐色病斑。湿度大时，叶背面长出白霉，严重的病斑连片致叶片干枯。

发病条件：病原菌可附着在种子、病残体或土壤中，借雨水或气流传播。发病最适温度为14～20℃，相对湿度90%以上。

防治方法：发病初期选用25%甲霜灵800倍液，或64%噁霜·锰锌800倍液，或40%三乙膦酸铝可湿性粉剂400倍液等交替使用喷雾，隔7～10天喷1次，连续防治2～3次。

病毒病：病原主要有芜菁花叶病毒（TuMV），黄瓜花叶病毒（CMV）和白萝卜耳突花叶病毒（REMV）。

症状：首先心叶出现叶脉失绿，继而叶片叶绿素不均，深绿和浅绿相间，发生畸形皱缩。严重时整个植株畸形矮化。

发病条件：三种病毒均可通过摩擦或叶液传毒。REMV可由黄条跳甲传毒，CMV和TuMV由蚜虫传毒。田间管理粗放，高温干旱，蚜虫、跳甲发生量大，或植株抗病力差发病重。

防治方法：实行轮作、进行种子和土壤消毒、彻底防治蚜虫或跳甲等措施是防治白萝卜病毒病的有效措施。药剂防治可用0.5%氨基寡糖素水剂800倍液，或1.5%烷醇·硫酸铜可湿性粉剂1 000倍液，或20%盐酸吗啉胍可湿性粉剂600倍液等喷雾。

软腐病：属细菌性病害。

症状：主要为害根茎、叶柄和叶片。根茎内部组织坏死，软腐腐烂，在病部有褐色黏液溢出。叶柄和叶片初始产生水浸状斑，扩大后病斑边缘明显。田间湿度大时，病情发展迅速。

发病条件：病菌主要在土壤中生存，经伤口侵入发病。该菌发病温度范围2～41℃，最适温度25～30℃。在pH值5.3～9.2均可生长，pH值7.2最适。

防治方法：在发病初期开始喷淋2%春雷霉素水剂400～500倍液，或47%春雷·王铜可湿性粉剂600～800倍液，或77%氢氧化铜可湿性粉剂1 000倍液，或72.2%霜霉威盐酸盐水溶性液剂1 000倍液，或30%琥胶肥酸铜可湿性粉剂600倍液等。隔7～10天喷1次，连续防治2～3次。

（六）适时采收

大白菜叶球长成后要及时采收。采收不及时，容易发生软腐病，也会因成熟过度而裂球，影响食用价值和经济价值。采收前不得使用粪肥作追肥，严格执行农药安全间隔期。采收后削去根部，适度祛除没有食用价值的边外叶。远途运输产品应于傍晚或清晨收获，待降温后装车运输，或置于冷库先经预冷处理再装车运输。

十三、莴笋无公害栽培技术

（一）选择适宜品种

传统栽培的莴笋主要上市时间是春秋二季，即3—5月、11—12月，夏秋很少有莴笋供应。夏秋莴笋的生长期正值高温季节，高温长日照，易引起莴笋先期抽薹，导致莴笋瘦长，品质差，产量低，是制约夏秋莴笋发展的主要因素之一。因此，首先要选择耐热性强，对日照反应不敏感，不易抽薹的品种进行反季节栽培，如春都3号、蓉新3号、四季青莴笋、夏莴笋、特耐热二白皮、特耐热大白尖叶、泰国绿莴笋1号等。

（二）适时播种育苗

贵州反季节莴笋的适宜播种期：海拔1 000～1 300米为2月底至5月底；1 300～1 800米为4月上旬至6月底；海拔1 800～2 200米为4月上旬至6月中旬。5下旬至10月下旬上市。播种过迟，苗期温度升高，日照增长，易先期抽薹。栽培莴笋一般先育苗，后移栽。苗床选择肥沃、通风好、地势高的地块。细碎、腐熟的厩肥4～5千克/平方米、碳酸氢铵50克/平方米、磷酸二氢钾40～50克/平方米，与土壤充分混匀后，耙平，轻微镇压，浇足水等待播种。

选择优质种子在播种前浸种4小时，沥水后用纱布包好放在15～20℃的条件下或置于冰箱冷藏室中催芽3～4天，有80%的种子露白后即可播种。播种时适当稀播，以免幼苗拥挤导致徒长。一般定植每亩本田需用种量50～70克。幼苗生长拥挤时，可适当匀苗1～2次，培育矮壮苗，控制抽薹，是反季节莴笋生长中的重要技术措施。还可以在出苗后2周和移栽前用15%多效唑可湿性粉剂1 000倍液或350毫克/升浓度的矮壮素各喷雾1次，防止徒长，控制抽薹。出苗后25～30天即可移栽。

（三）整地和定植

由于莴笋根系浅，应选用排水良好、肥沃、保水保肥能力强的土壤种植。每亩施腐熟厩肥2 500～3 000千克，复合肥50千克。肥料不足，植株生长不良，易先期抽薹。反季节莴笋生长期温度较高，雨水多，宜采用深沟高厢。施足底肥后作厢，沟深15厘米左右，厢宽1.2～1.6米。每厢定植4～5行，株行距为33厘米×33厘米，每亩定植5 000株。移栽时选择阴天或傍晚进行，带土移栽，不伤根，移栽后及时浇足定根水，以利成活，如移栽后遇大晴天，可用遮阳网遮阴，成活后及时揭除。

（四）田间管理

栽培反季节莴笋，一般追肥4次。定植成活后，用腐熟清淡粪水或沼液施1次提苗肥，以利根系和叶片的生长；莲座期每亩追施复合肥20～25千克或尿素8～10千克；当苗高30厘米左右时，每亩追施尿素10千克；当肉质茎开始膨大时，每亩再追35千克碳酸氢铵或尿素15千克，并结合叶面喷施0.3%的磷酸二氢钾。严禁使用硝态氮肥，整个生长期施纯氮不能超过18千克/亩（折合尿素39千克）。为了控制抽薹，在定植成活后20天和35天各喷1次浓度为350毫克/升矮壮素（12.5千克水中加40%矮壮素11毫升），促进植株叶片生长，增加营养面积，使嫩茎粗壮，提高产量。莴笋栽植后因浇水降雨造成土壤板结，应及时中耕蹲苗，增大土壤通透性，促进根系发育，一般在施肥浇水前中耕除草，封行以后不再中耕。

（五）主要病虫害防治

1. 主要虫害防治

莴笋虫害以蚜虫为主，为萝卜蚜。可用黄板诱杀，也可在始发期用50%抗蚜威可湿性粉剂1 000～1 500倍液，或2.5%高效氟氯氰菊酯乳油3 000倍液等，间隔

7天交替喷雾防治。

2. 主要病害防治

霜霉病：病原为莴苣盘霜霉，属卵菌。

症状：主要为害叶片，由植株下部老叶逐渐向上蔓延。最初叶上产生褪绿色斑，扩大后呈多角形淡黄色病斑。湿度大时，叶背病斑长出白色霜状霉层，后期病斑枯死变为黄褐色并连接成片，致全叶枯死。

发病条件：病菌随病残体在土壤中越冬，翌年产出孢子囊，借风雨或昆虫传播。病菌喜低温高湿，最适发病温度15～17℃，相对湿度90%以上。栽植过密，土壤潮湿或排水不良易发病。

防治方法：反季节莴笋正值多雨季节，应及时排水；干旱时忌大水长时间漫灌；实行合理轮作；及时摘除病叶、脚叶，改善通风条件，降低空气湿度和土壤水分等措施均能减轻霜霉病为害。发生前用波尔多液预防；发生后用75%百菌清可湿性粉剂600倍液，或64%噁霜·锰锌可湿性粉剂500倍液，或25%甲霜灵可湿性粉剂800倍液等交替喷雾防治。

灰霉病：病原为灰葡萄孢，属半知菌类真菌。

症状：该病为害叶片和茎。叶片病斑初呈水浸状，扩大后呈不规则形灰褐色斑，湿度大时病部产生一层灰霉。茎部染病先在基部产生水浸状小斑，扩大后茎基腐烂并生出灰褐或灰绿色霉层。高温干燥，病株逐渐干枯死亡；潮湿条件，病株从基部向上溃烂。

发病条件：病原菌以菌核或分生孢子随病残体在土壤中越冬，翌年菌核萌发产出菌丝体，其上着生分生孢子，借气流传播蔓延。病菌喜温暖高湿环境，最适温为20～25℃，相对湿度为94%左右。

药剂防治：发病初期喷洒50%异菌·福美双可湿性粉剂600～800倍液，或50%腐霉利可湿性粉剂1 500倍液，或40%菌核净可湿性粉剂1 200倍液，或65%甲硫·乙霉威可湿性粉剂1 000倍液。交替使用，视病情7～10天喷1次，连续防治3～4次。

菌核病：病原菌为核盘菌，属子囊菌门真菌。

症状：该病主要为害茎基部，染病部位呈褐色水渍状腐烂，湿度大时表面密生棉絮状白色菌丝体，后形成菌核。菌核初为白色，后逐渐变成鼠粪状黑色颗粒状物。病株叶片凋萎致全株枯死。

发病条件：病原菌以菌核随病残体遗留在土壤中越冬，以成熟的孢子借气流传播蔓延。最适发病温度为15～20℃，相对湿度为85%。密度过大，通风透光差，或排水不良的低洼地块，或偏施氮肥，连作地发病重。

防治方法：选用抗病品种；实行轮作；合理密植；合理施肥；注意排水；改善通风透光条件。发病初期喷洒50%异菌脲可湿性粉剂1 000倍液，或20%甲基立枯磷乳油1 000倍液，或50%腐霉利可湿性粉剂1 500倍液，或50%异菌脲可湿性粉剂1 000倍液，或70%甲基硫菌灵可湿性粉剂700倍液，隔7～10天喷1次，连续防治3～4次。

（六）适时采收

莴笋的采收标准是，植株顶端与最高叶片的叶尖相平（心叶与外叶平）时为最适采收期。过早影响产量，过迟易抽薹开花而空心，影响品质。收获前20天禁止使用化学氮肥。严格执行农药安全间隔期。采收后除去下部2/3的叶片，削平笋头，在清洗、分级包装、运输中防止2次污染。

十四、甘蓝高效栽培技术

（一）品种选择

甘蓝高产栽培应根据不同海拔区域、不同的栽培时间，有针对性地选择不易抽薹、耐热、抗旱、抗病的品种。

（二）适时播种育苗

1. 适时播种

甘蓝是一种适应范围较广的蔬菜，在贵州选用适当的品种，实行排开播种，分期定植，可达到春、夏、秋、冬全年均衡供应的目的。

春甘蓝：在贵州一般10月中旬至11月播种育苗，12月定植，翌年3—6月收获，供应春淡季市场。

夏甘蓝：4月上旬至5月育苗，7月中下旬开始收获，供应夏季叶菜淡季市场。

秋甘蓝：一般是6月上旬至7月上旬播种，9月上旬至11月分批采收，供应秋淡季市场。

冬甘蓝：7月中旬至8月中旬播种，8月中旬至9月中下旬定植，12月后开始采收至翌年春节前后。

2. 注意环节

一般春甘蓝播种越早，越冬的植株生长发育越快，早期的抽薹率则越高。为防止形成大苗越冬，必须严格控制播种期，在贵州的中部温和地区，一般应掌握在10月20日左右播种；暖热（低热）地区于11月中旬播种；温凉地区10月上旬播种，一般翌年 3 — 6 月收获。为了尽可能提早供应市场，对于冬性特强而早熟的上海牛心等尖头型品种可适当提早10天左右播种。贵州采用露地育苗，不宜9月播种。

夏秋季甘蓝，育苗期间温度高，雨水多，苗床要选择土壤肥沃，排水良好的地块。同时苗期注意适当遮阴育苗。由于幼苗期气温较高，幼苗生长迅速，5 ~ 7片叶时及时定植，从播种到定植需40天左右。

（三）整地作厢及合理密植

甘蓝要求选择肥沃疏松的土壤，与茄果类、豆类、玉米等作物实行3年以上的轮作。土壤要深耕整平，定植前每亩施腐熟的农家肥2 500 ~ 3 500千克，复合肥50千克作基肥。

为了避免积水，减少病害，应采用深沟高厢，沟宽30厘米，厢高20厘米，一般厢宽1.1 ~ 1.8米，栽3 ~ 5行。早熟品种行距40厘米，株距36厘米，每亩栽3 700株左右；中熟品种行距43厘米，株距40厘米，每亩栽3 300株左右。

（四）田间管理

定植后及时浇定根水，2 ~ 3天后再浇1次水，以后根据天气情况，保持厢面湿润，以保证幼苗成活。甘蓝夏秋栽培正值雨季，要注意排水，防止积水加重病害流行。如遇伏旱应及时灌水，叶球生长完成后，停止浇水，以防叶球开裂。

实行配方施肥，减少氮肥的残留与污染，要多施有机肥，禁用城市垃圾肥料。甘蓝生长期追肥4次，苗期1次，莲座期1次，卷心后再追施2次，可用腐熟的清粪水或沼液每50千克加入100 ~ 200克尿素施用。追施氮肥，应早施，以减少硝酸盐在蔬菜中的残留和积累，减少无机氮肥的用量和次数，禁用硝态氮肥，适当补以钾肥和锌肥。整个生长期每亩施用纯氮不超过18千克（折合尿素39千克）。在卷心初期用0.2%的磷酸二氢钾进行根外追肥，对促进包心提高产量和品质很有效。缓苗后及时中耕除草，使蔬菜的根部通气良好，提高土壤保墒能力，并能减少病虫源，减少病虫害的传播，使蔬菜生长良好。

（五）主要病虫害防治

1. 主要虫害防治

蚜虫：主要为甘蓝蚜，属同翅目，蚜科。俗称菜蚜。

为害特点：喜欢在叶面光滑、蜡质较多的甘蓝叶片上刺吸汁液，造成叶片卷缩变形，植株生长不良，影响包心，并因大量排泄蜜露、蜕皮而污染叶面，降低蔬菜商品价值。此外，还可传播病毒病。

药剂防治：可选用50%抗蚜威1 500倍液，或10%吡虫啉可湿性粉剂2 000倍液，或2.5%高效氟氯氰菊酯乳油2 500～3 000倍液，或20%氰戊菊酯乳油2 000倍液等交叉喷雾防治。

小菜蛾：属鳞翅目，菜蛾科。

为害特点：初龄幼虫仅能取食叶肉，留下表皮，形成透明的斑。3～4龄幼虫可将菜叶食成孔洞和缺刻，严重时全叶被吃成网状。

药剂防治：在卵孵化盛期至1、2龄幼虫高峰期用1.8%阿维菌素乳油4 000倍液，或5.7%氟氯氰菊酯乳油1 000～2 000倍液，或2.5%多杀菌素悬浮剂1 000倍液，或25%灭幼脲悬浮剂1 000倍液等交替喷雾防治。

菜青虫：属鳞翅目，粉蝶科。以幼虫为害叶片，2龄前啃食叶肉，3龄后咬食整个叶片，影响植株生长，造成减产。

药剂防治：生物防治可使用菜青虫颗粒体病毒和生物农药苏云金杆菌，并尽量保护天敌。化学防治要抓住幼虫2龄期前喷洒1.8%阿维菌素乳油2 000倍液，或5%氟啶脲乳油1 500倍液，或20%氯氰菊酯乳油2 000倍液，或2.5%高效氟氯氰菊酯乳油2 000倍液，交替使用。

斜纹夜蛾：属鳞翅目，菜蛾科。

为害特点：幼虫食害叶片，严重时可吃光叶片，同时还可蛀入叶球，排泄粪便，造成污染和腐烂，使蔬菜失去商品价值。

药剂防治：幼虫发生初期选用2.5%高效氟氯氰菊酯菊酯乳油2 500倍液，或5.7%氟氯氰菊酯乳油1 000～2 000倍液，或2.5%联苯菊酯乳油2 000倍液，或10%高效氯氰菊酯乳油1 500倍液等交替喷雾防治。幼虫有昼伏夜出的特性，在防治上应实行傍晚喷药，隔7～10天喷1次，连续防治2～3次。

2. 主要病害防治

霜霉病：病原菌为寄生霜霉，属真菌。

症状：叶片病斑初为淡绿色，逐渐变为黄褐色至紫褐色，中央略凹陷。病斑扩展后受叶脉限制呈多角形或不规则形。潮湿时叶背或叶面生稀疏白色霉状物，干燥时叶片干枯。最后病斑连结成片，终致叶片干枯。

发病条件：该病病菌可附着在种子、病残体或土壤中，借雨水或气流传播。发病最适温度为14～20℃，相对湿度90%以上。

药剂防治：发病初期选用25%甲霜灵可湿性粉剂800倍液，或64%噁霜·锰锌可湿性粉剂800倍液，或40%疫霜灵可湿性粉剂400倍液等交替使用喷雾，隔7～10天喷1次，连续防治2～3次。

黑腐病：病原菌为油菜黄单胞杆菌油菜致病变种，属细菌。

症状：染病叶片从叶缘呈“V”字形黄褐色病斑，后叶脉变黑，叶缘出现黑色腐烂，边缘常具黄色晕圈。后向茎部和根部发展，造成维管束变黑或腐烂，但不臭。严重时，造成外叶局部或全部腐烂，甚至全叶枯死。干燥条件下球茎变黑，呈干腐状。

发病条件：病菌在种子内或随病残体遗留在土壤中越冬，从叶缘水孔或伤口侵入，导致发病。发病最适温度为25～30℃，最适pH值6.4。

药剂防治：按种子1千克加50%福美双可湿性粉剂4克的比例拌种。发病初期拔除病株销毁，并用20%噻菌酮悬浮剂500倍液或1%中生菌素水剂1 000倍液防治。

软腐病：病原为胡萝卜软腐欧文氏菌胡萝卜软腐致病型，属细菌。

症状：一般从结球期开始，在外叶或叶球基部出现水浸状斑，外层包叶中午萎蔫，早晚恢复。随着病情发展不再恢复，并开始腐烂，露出叶球。有的植株基部腐烂成泥状或塌倒溃烂呈灰褐色软腐。严重时全株腐烂并散发出恶臭味，区别于黑腐病。

发病条件：病菌主要在土壤中生存，经伤口侵入发病。该菌发育温度范围2～41℃，最适温度25～30℃。在pH值5.3～9.2均可生长，pH值7.2最适。

药剂防治：在发病初期开始喷淋2%春雷霉素水剂400～500倍液，或47%春雷·王铜可湿性粉剂600～800倍液，或77%氢氧化铜可湿性粉剂1 000倍液，或72.2%霜霉威盐酸盐水溶性液剂1 000倍液，或30%琥胶肥酸铜可湿性粉剂600倍液等。隔7～10天喷1次，连续防治2～3次。

（六）及时收获

反季节甘蓝采收不及时，易造成叶球开裂，引起腐烂，影响商品性和产量。因此，宜在叶球有一定大小和适当的紧实度时，根据市场行情，随时采收上市，以防造成损失。接近收获前不得使用粪肥作追肥，要严格执行农药安全间隔期。采收前1个月内禁止叶面喷施氮肥，使硝酸盐含量达到无公害生产标准。采收后去除老叶黄叶和多余的茎叶，然后进行分级包装。

十五、花菜高效栽培技术

（一）选用适宜品种

花菜分为青花菜和白花菜，青花菜又称为西兰花。反季节栽培的花菜宜选择耐热、抗病性强、冬性较强、生育期80～120天、产量高的杂交一代中熟及中早熟品种。

（二）播种育苗

花菜苗期生长力弱，对育苗技术的要求较为严格。苗床必须选择地势较高，水源条件好，肥沃疏松，有机质含量高的田块。播种前土壤进行翻耕后，施入优质腐熟的农家肥，平整作厢，于4月底至7月下旬播种，于8月上旬至11月初采收。种植每亩本田花菜用种30～50克。由于西兰花杂交种种子比较昂贵，一般应采用营养钵（营养块、营养球）精量播种育苗，栽植每亩本田约用种10～15克。播种后淋水，并应用遮阳网等遮阴设施，晴天上午9时盖，下午5时揭，阴天不盖。出苗后视床土干湿，用洒水壶浇水，覆盖0.5厘米培养土护芽，苗子长出真叶后，用0.2%磷酸二氢钾喷雾1次。

（三）整地，施肥与定植

前茬作物收后，清除杂草，翻耕整地，使土质疏松，田块平整，肥力均匀。每亩施腐熟的优质农家肥2 500～3 000千克，复合肥50千克，硼砂1.5千克。青花菜在1.2米（含沟宽）的厢面上栽2行，株行距50厘米×60厘米，每亩栽2 000株左右；白花菜在1.1米（含沟宽）的厢面上栽2行，株行距46厘米×50厘米，每亩种2 200株左右。一般夏播花菜苗龄25～35天，5～6片叶时，选择阴天或雨前雨后移栽。若长时间不下雨可抓紧在晴天的傍晚淋透水后栽植，栽好后浇定根水，以后注意淋水直至成活。

（四）田间管理

定植后7～10天，用腐熟人粪尿（或沼液）加少许尿素提苗。莲座期每亩施尿素15千克，过磷酸钙7千克，硫酸钾3千克。开始现蕾时在植株周围对水穴施尿素10～13千克/亩。用磷酸二氢钾50克、硼砂50克和硫酸镁200克对水15千克，于现蕾前及花球直径5～6厘米时各喷1次，可促进蕾球膨大。其中青花菜主蕾收后，可以结合灌水每亩施尿素10千克加硫酸钾3千克，促进侧蕾发育。在花菜生育期内，每亩施用纯氮量不要超过18千克（折合尿素39千克）。

高温干旱应及时灌水，保持土壤湿润，灌溉应结合施肥进行。连续阴雨时要及时排水，勿使植株受渍。中耕一般在雨后或灌水后结合除草、施肥、培土进行。第1次追肥后中耕除草1次，并进行培土，生长后期停止中耕。

（五）主要病虫害防治

1. 主要虫害防治

为害花菜的害虫有蚜虫、菜青虫、小菜蛾等，其为害特点和防治方法基本与甘蓝相同，可分别参见甘蓝蚜虫、大白菜菜青虫和甘蓝小菜蛾。

2. 主要病害防治

霜霉病：病原为寄生霜霉，属真菌。

症状：叶片病斑初为淡绿色，逐渐变为黄褐色至紫褐色，中央略凹陷。病斑扩展后受叶脉限制呈多角形或不规则形。潮湿时叶背或叶面生稀疏白色霉状物，干燥时叶片干枯。最后病斑连结成片，终致叶片干枯。

发病条件：该病原菌可附着在种子、病残体或土壤中，借雨水或气流传播。发病最适温度为14～20℃，相对湿度90%以上。

药剂防治：发病初期选用25%甲霜灵可湿性粉剂800倍液，或64%噁霜·锰锌可湿性粉剂800倍液，或40%三乙膦酸铝可湿性粉剂400倍液等交替使用喷雾，隔7～10天喷1次，连续防治2～3次。

黑腐病：病原为油菜黄单胞杆菌油菜致病变种，属细菌。

症状：染病叶片从叶缘呈“V”字形黄褐色病斑，后叶脉变黑，叶缘出现黑色腐烂，边缘常具黄色晕圈。后向茎部和根部发展，造成维管束变黑或腐烂，但不臭。严重时，造成外叶局部或全部腐烂，甚至全叶枯死。干燥条件下球茎变黑，呈干腐状。该病除了为害花菜叶片和茎外，还为害花球，使小花蕾变灰黑色，呈干腐状。其他均与甘蓝黑腐病相同。

发病条件：病菌在种子内或随病残体遗留在土壤中越冬，从叶缘水孔或伤口侵入，导致发病。发病最适温度为25～30℃，最适pH值6.4。

药剂防治：按种子1千克加50%福美双可湿性粉剂4克的比例拌种，发病初期拔除病株销毁，并用20%噻菌酮悬浮剂500倍液或1%中生菌素水剂1 000倍液防治。

猝倒病：为真菌性病害。幼苗出土后茎基部呈水浸状病斑，很快变成黄褐色，表皮易脱落，病部缢缩呈线状，导致幼苗死亡。湿度大时，幼苗成片猝倒，病苗表面长出白色絮状菌丝。

发病条件：病菌以孢子在土壤中越冬，以菌丝体在病残组织或腐殖质上生活。借助流水、肥料或农具等传播，发病适温20～24℃。苗期管理不当、低温高湿、弱光均易发病。

防治方法：播种前用800倍75%百菌清可湿性粉剂进行土壤消毒；苗期适时通风，控制水分，调整温湿度；发现病苗及时拔除，撒施少量草木灰去湿。药剂防治可用75%百菌清可湿性粉剂800倍液，或70%代森锰锌可湿性粉剂300倍液，或70%噁霉灵可湿性粉剂4 000倍液，隔7天喷1～2次即可。

病毒病：主要为芜菁花叶病毒，是目前为害花菜的主要病害之一。幼苗受害叶片有近圆形褪绿斑点，心叶出现轻微花叶；后期花叶明显，叶片皱缩，重者叶面畸形叶脉坏死，植株矮化，花球松散。

发病条件：病毒在十字花科蔬菜寄主体内越冬，通过蚜虫和汁液传播。高温干旱、毒源或蚜虫多、地势低不通风、土壤缺肥干燥、管理粗放等均易发病。

防治方法：选用抗病毒品种；种子在58℃条件下干热处理48小时消毒；彻底防治蚜虫，避免植株创伤；合理排灌，调控温湿度。发病初期用1.5%烷醇·硫酸铜可湿性粉剂1 000倍液，或20%盐酸吗啉胍可湿性粉剂500倍液喷雾，每隔7天连喷3～4次。

（六）采收

花菜的适收期为花球已发育至品种固有的大小，青花菜小花蕾（白花菜球状小花枝顶端）尚未松开之前，表面平滑，花球紧实。要每天采收，不宜中断。花菜的适收期很短，尤其遇到气温上升至25℃以上时，花球老化迅速，所以必须及时采收。采收时间宜选择在1天中气温较低时，不要冒雨采收。采收前停止施用氮素化肥，严格执行农药安全间隔期。

十六、芹菜高效栽培技术

（一）品种选择

反季节芹菜栽培应选择适销对路的高产、优质、耐热、耐湿、抗病虫的品种，如美国文图拉、美国高犹他、意大利夏芹、四季西芹、贵州白秆芹等。

（二）适时播种，培育壮苗

芹菜一般采用育苗移栽，贵州不同海拔地区播期略有不同。海拔1 300～1 900米的地区，宜在3—5月播种；海拔1 900～2 200米的地区宜在4—5月播种。7月开始陆续上市至10月结束。播种过早易发生先期抽薹现象，播种过晚与正季上市的芹菜产生冲突。

1. 浸种催芽

芹菜种子小，种皮厚，顶土力弱，种子表皮有革质，坚硬，还有油腺发生，透水性差，出苗困难。为促进种子发芽，提早出苗，达到出苗整齐一致，在播种前须浸种催芽。先用50℃热水浸泡并不断搅拌10分钟，然后再用清水浸15～20小时，用手搓掉外表革质，然后淘洗2～3遍，沥水后用湿布包好，放在室内阴凉处，每天翻动1次，并经常淘洗或洒水以保持种子湿润，7～10天（放于冰箱内3～4天）后，待种子有1/3露白即可播种，苗床可播2～3克/平方米，栽植每亩本田用种量约200克。

2. 播种及苗床管理

选择地势较高，土壤肥沃，通风，排水较好，2～3年未种过伞形花科的地块作苗床。播种前7天，苗床施腐熟有机肥25～30千克/平方米，复合肥100克/平方米加50%多菌灵可湿性粉剂50克/平方米或施腐熟清粪水30千克/平方米加50%

多菌灵可湿性粉剂50克/平方米，耙细整平，作成宽1米，长不等的平厢。在播种前2～3天，用辛硫磷喷湿苗床厢面，盖塑料薄膜闷24小时，防止蝼蛄等地下害虫为害。播种前浇透水，并把催芽的种子风干与沙混匀，均匀撒播，播种后覆盖细土，以能盖严种子为度。然后再盖一薄层麦秆或稻草保湿。出苗率达70%以上时，傍晚揭去麦秆、稻草，搭遮阴棚或用遮阳网遮阴，并注意浇水，以降温保湿，利于出苗。苗出齐后，浇施一次腐熟清粪水，以后每10～15天追施薄肥1次。幼苗期遮阳网要早上盖，傍晚揭，以防止太阳暴晒。2～3片真叶间苗，株距1厘米。当苗床湿度大，秧苗拥挤，光照弱时易发生猝倒病，可用百菌清、甲基硫菌灵、代森锌等进行防治。当幼苗有5～6片真叶，高10厘米左右时即可定植，育苗期一般45～50天。

（三）整地作厢，移栽定植

选择保水保肥、不易板结、肥力较高的土壤栽培芹菜，生长健壮，产量高，品质好。忌重黏土，土壤pH值以5.5～6.7为宜，若pH值低于5.5，则应施入适量的石灰加以调整。土地要深耕，结合翻耕，每亩施入2 500～3 500千克腐熟有机肥，50千克复合肥，1.5千克硼砂，禁用城市垃圾肥。基肥与土壤混合均匀后耙平即可开厢作畦。因反季节芹菜生长期高温多雨，厢沟深20厘米左右，沟宽30厘米，以利于排水，减少病害发生。厢宽一般1.5～2米，行株距（15～18）厘米×（10～12）厘米，本芹每穴栽单株或双株，西芹每穴栽单株。每亩在10 000穴以上。

移栽前苗床淋足水，以利拔苗带土。拔苗时双手捏住幼苗基部，以防拔断或损伤叶柄及叶片，有利于幼苗缓苗，提高成活率。移栽时按大小苗分级，淘汰弱苗、病苗，同一厢要栽大小相一致的幼苗，便于管理。一般选阴天或晴天傍晚定植，定植苗要求将其幼苗的主根切断，促使侧根生长。定植时要浅栽，要求植株心叶露出地面，覆土稳住植株即可，边栽边淋定根水，避免大水冲土露根，降低成活率。

（四）田间管理

1. 追肥

定植成活后施一次清腐熟人粪尿或沼液，以后每隔10～15天追肥1次。中后期大水大肥，使植株内部养分增多，促进茎叶旺长，叶柄充实，以防空心，以利优质高产。追肥以腐熟清粪水或沼液加少许化肥为宜，每次每亩施尿素3～4千克，钾肥5千克。严禁使用硝态氮肥，芹菜是容易积累硝酸盐的蔬菜，无公害栽培应严格掌握氮肥用量，在整个生育期内，每亩施纯氮不超过8千克（折合尿素17千克）。追肥时注意不要从心叶上浇下去。此外，在植株生长的中前期进行2～3次根外追肥，以补充土壤养分的欠缺，分别喷施0.4%～0.6%的氯化钙液，0.3%～0.5%的硼砂液，以防止发生黑心病和叶柄开裂等生理病害。根外追肥最好选择在阴天或晴天早上露水未干或傍晚气温稍低时进行，这样有利于叶面对肥料的吸收。

2. 水分管理

芹菜是喜水作物，夏秋气温高，水分蒸腾量大，始终要保持厢面处于湿润状态，才能生长良好。如无雨，要注意浇水，但雨季又要注意排水，防止田间湿度过大，导致斑枯病、腐烂病发生。

3. 中耕除草

定植成活后，可中耕松土，并及时清理芹菜黄叶和杂草。生长中期仍要随时注意及时清理厢沟杂草。

（五）主要病虫害防治

1. 主要虫害防治

芹菜的主要虫害为蚜虫，多生于植株心叶及叶背的皱缩处。可用黄色塑料板涂机油或凡士林诱杀；也可挂银灰色塑料膜驱蚜。在初发期喷洒10%吡虫啉可湿性粉剂1 500倍液或50%抗蚜威可湿性粉剂2 000倍液等，要重点喷洒心叶及叶背。

2. 主要病害防治

斑枯病（又称叶枯病）：病原菌为芹菜壳针孢，属半知菌亚门真菌。

症状：主要为害小叶和叶柄，发病初期病斑呈浅褐色油渍状小斑，后扩展为褐紫色斑，或发展成边缘有黄色晕环的灰色斑，病斑边缘有黑色小粒点产生。叶柄病斑为长圆形褐色斑，稍凹陷，边缘明显，并密生黑色小粒点。

发病条件：病原菌可附在种子或病残体上，借风或雨水传播。该病原菌在低温条件下发病，适宜温度20～27℃，高于27℃生长不易发病。

药剂防治：发病初期用70%代森锰锌可湿性粉剂600倍液，或75%百菌清可湿性粉剂600倍液，或47%春雷·王铜可湿性粉剂700倍液，或53.8%氢氧化铜干悬浮剂1 000倍液喷雾防治，隔7～10天喷1次，连喷2～3次。

叶斑病（又称早疫病）：病原菌为芹菜尾孢，属半知菌类真菌。

症状：该病叶片发病初期呈黄绿色水渍状斑，后发展为圆形或不规则形的灰褐色病斑，病斑略凸起，周缘黄色，扩大后互连成片，造成叶片枯死。染病叶柄初生水浸状小斑，扩大后呈灰褐色稍凹陷。发病严重的全株倒伏。湿度大时，各病部长出稀疏灰白色霉层。

发病条件：病原菌附着在种子或病残体上，通过风雨及农事操作传播，从气孔或表皮直接侵入。适宜发病温度为15～32℃，最适温度为25～30℃，相对湿度为85%～90%。高温多雨或高温干旱，但夜间结露重，持续时间长易发病。尤其缺水缺肥、灌水过多或植株生长不良发病重。

药剂防治：发病初期用64%噁霜·锰锌可湿性粉剂500倍液，或25%甲霜灵可湿性粉剂800倍液喷雾；或40%三乙膦酸铝可湿性粉剂200倍液，或53.8%氢氧化铜干悬浮剂1 000倍液喷雾防治。隔7～10天喷1次，连喷2～3次。

软腐病：病原菌为胡萝卜软腐欧文氏菌胡萝卜软腐致病型，属细菌。

症状：该病主要发生于叶柄基部，先出现水浸状、淡褐色纺锤形或不规则形的凹陷斑。湿度大时，内部组织软腐糜烂，呈湿腐状，变黑发臭，仅残留表皮。

发病条件：病原菌通过雨水、灌溉水、带菌肥料、昆虫等传播，从植株伤口侵入。病原菌生长最适温度25～30℃，在pH值5.3～9.2均可生长，pH值7.2最适。地表积水、土壤缺氧、不利根系发育或伤口木栓化、连作地或低洼地发病重。

防治方法：实行2年以上轮作；通过浸种（拌种）进行种子消毒；加强田间管理，提高植株抗病力；使用腐熟的有机肥；在发病初期拔除病株销毁，并用2%春雷霉素水剂400～500倍液，或47%春雷·王铜可湿性粉剂600倍液，或58.3%氢氧化铜2 000干悬浮剂1 000倍液，或70%敌磺钠可湿性粉剂1 000倍液等喷雾防治。

病毒病：由黄瓜花叶病毒（CMV）和芹菜花叶病毒（CeMV）侵染引起。2种病原引起的花叶症状相似。发病初期叶片皱缩，呈现浓、淡绿色斑驳或黄色斑块，叶片褪绿，表现为明显的黄斑花叶。严重时，全株叶片皱缩、黄化或矮缩。

发病条件：病毒喜高温干旱环境，适宜发病温度为15～38℃，最适发病温度为20～35℃，相对湿度为80%以下。CMV和CeMV在田间主要通过蚜虫和人工操作接触传毒。栽培管理跟不上、干旱、蚜虫数量多发病重。

防治方法：选用抗病品种；进行种子消毒；认真防治蚜虫；减少人为接触传播；培育壮苗；搞好田间管理。在发病初期可用20%盐酸吗啉胍可湿性粉剂600倍液，或1.5%烷醇·硫酸铜可湿性粉剂等喷雾防治。

（六）适时采收

夏秋季节的芹菜易纤维化和空心，一般定植后50～60天在成株有8～10片成龄叶时就应及时采收。采收要严格执行农药安全间隔期。将芹菜连根拔起，剔除老叶、黄叶、烂叶，留根2厘米左右。用未受污染的水洗净泥土，防止包装储运销售过程中造成2次污染。

十七、青菜高效栽培技术

（一）品种选择

根据加工企业或者消费者的需求，在贵州地区一般选择独山大叶青菜（青秆）、黔青1号、贵阳晚迟青、黔青2号、黔5号种植。

（二）培养壮苗

1. 苗床选择及整地

青菜可采用穴盘或大田苗床2种育苗方式。穴盘育苗一般选择50孔的穴盘，使用穴盘育苗基质，装盘前按40千克基质拌8克50%多菌灵可湿性粉剂进行消毒；大田苗床育苗，为了防止发生病虫害，一般选择2～3年内未种过白菜、甘蓝、西兰花等十字花科作物，向阳、肥沃，排灌方便，保水性良好，无污染的中性或弱酸性性砂壤地块作为苗床。苗床120～150厘米包沟起厢，厢面宽80～110厘米，沟宽30～40厘米，深20～30厘米，面积按苗床与大田比1：40～50准备。起厢时施腐熟人粪尿500～600千克/亩和20～50千克/亩三元复混肥作基肥，与床土混匀、整细、整平，用敌百虫或氯氟氰菊酯+代森锰锌喷雾1次厢面备用。

2. 种子处理

为了保证出苗率和长出健壮的苗，育苗前的种子处理比较重要。种子处理可采用以下2种方法之一。

温汤浸种。将青菜种子放在50～55℃温水中浸种15～20分钟，搅拌至水温降至30℃，继续浸种4～6小时。

药剂浸种。将种子放在浓度10%磷酸三钠溶液中浸种20～30分钟，捞出冲洗干净。

3. 适时播种

青菜一般以秋播为主，贵州省大部分区域8—10月播种为宜，又以白露（9月上旬）前后播种为最好，其他季节播种易出现先期抽薹。每亩用种量30～50克，因青菜种子细小，播种时可用2～3倍细砂或干细土拌匀后分3次撒播，播后浇透水，使种子与泥土紧密接触，然后用薄膜、草帘或遮阳网覆盖，保持土壤水分，利于出苗整齐。

4. 苗期管理

青菜育苗期间温度较高，注意遮阴覆盖，播种后3～4天，出苗达70%以上时，揭去覆盖物。幼苗生长期间根据天气情况进行水分管理，保证土壤有充足水分，浇水时间以早晚为宜。苗期追施对水沼液或清粪水2～3次。当幼苗长出1～2片真叶时适当间苗，保持苗间距离3～5厘米，结合间苗拔除杂草1～2次。

（三）适时定植

1. 整地作厢

在前茬收获后，提前1～2周将种植田土犁翻、土壤晒白、整细，高畦带沟180～200厘米作厢，厢面宽150～160厘米，沟宽30～40厘米，深15～25厘米，每厢植4行。每亩施腐熟的有机肥（猪、牛粪等）1 500～2 000千克、三元复合肥40～50千克、过磷酸钙20～30千克作基肥。

2. 精心定植

苗龄20～35天后，选择阴天上午或晴天下午3时以后起苗定植。苗床地要隔夜或当天上午浇透水，以便拔苗。拔苗时剔除较小的苗，选择整齐一致、无病无虫的壮苗定植。一般行距45～55厘米，株距40～45厘米，肥力好的地块适当稀植，肥力差的地块适当密植，每亩种植2 500～3 000株为宜。植后用低毒高效菊酯类农药对水浇灌定根，防治地下害虫，并确保成活。

（四）科学管理

1. 适时追肥

青菜移栽成活后，5片真叶时，每亩用5千克尿素对1 000千克沼液或1 000千克清粪水进行第1次追肥，以便保墒提苗；7～8片真叶时，每亩用8千克尿素对1 000千克沼液或1 000千克清粪水进行第2次追肥，促苗健壮越冬；开春后视植株长势情况再追肥1～2次，追肥量在第2次的基础上适当增加浓度，并施入适量钾肥，收获前20天停止追肥。

2. 中耕除草

未封行之前，结合肥水管理进行中耕除草、疏松土壤。操作时注意不伤叶柄，不要埋没菜心，沟土要清理干净，以利于排灌。

3. 水分管理

要经常浇水，随时保持土壤湿润即可，如果遇到雨水多大年份，注意开沟排水。

（五）主要病虫害防治

1. 农业防治

选抗病、无病虫害种子；异地育苗，培育壮苗；适时播种定植，避开病虫发生高峰期；科学管理肥水、高畦深沟栽培、增施有机肥与磷钾肥，提高植株抗病性；合理轮作、及时清除田间病叶与病株，减少田间病源。

2. 物理防治

利用各种农作物害虫的趋光性达到灭虫目的，安装黑光灯、频振式杀虫灯、黄板、彩色膜覆盖等。

3. 化学防治

青菜整个生育期病虫害主要有病毒病、霜霉病、蚜虫、菜青虫、黄条跳甲及部分地下害虫。苗期定植前，主要防治黄条跳甲、蚜虫、白锈病等；移栽缓苗成活后一周，主要防治黄条跳甲、蚜虫、霜霉病等；生长旺盛时期，主要防治菜青虫、白锈病和病毒病等。

蚜虫：使用黄板诱杀，采用5%苦豆子生物碱可溶液剂4～5克/亩或用5%吡虫啉乳油2 000～3 000倍液喷雾防治。

菜青虫：选用1.8%阿维菌素乳油4 000倍液，或5%氟啶脲乳油1 500倍液，或20%氯氰菊酯乳油2 000倍液喷雾防治。

黄条跳甲：选用2.5%高效氟氯氰菊酯乳油2 000倍液等喷雾防治。

地下害虫：主要有蛴螬、蝼蛄、金针虫、地老虎、根蛆等，结合整地，亩用0.5千克辛硫磷乳油对水3～5千克，拌入50千克细（砂）土中，制成毒土翻入地块或在深翻地块后，喷施白僵菌；或是晴天傍晚喷施阿维菌素等杀虫剂进行灭杀。

病毒病：选用0.5%氨基寡糖素水剂800倍液，或1.5%烷醇·硫酸铜可湿性粉剂1 000倍液，或20%盐酸吗啉胍可湿性粉剂600倍液喷雾防治。

霜霉病：50%烯酰可湿性粉剂2 000～3 000倍液，或25%甲霜·霜霉威可湿性粉剂1 500～2 000倍液喷雾防治。

白锈病：50%烯酰吗啉可湿性粉剂30～40克/亩，或64%噁霜·锰锌可湿性粉剂500倍液喷雾防治。

（六）及时采收

根据鲜食或加工要求适时采收，鲜食小青菜在播后30～60天即可采收，鲜食大青菜宜在充分成熟后采收，一般秋播早熟品种在12月前后采收，秋播晚熟品种一般在2—3月采收。加工用的青菜按用途标准采收，如贵州盐酸菜的原料大叶青，以叶柄为加工原料，一般叶柄充分肥大，主茎长度15～20厘米时采收。

（七）简易加工

1. 加工泡菜

选取质地较粗糙的青菜品种，放入沸水中上下翻动1分钟，立即捞出，不能烫得过火，以半生半熟为宜；将捞出待青菜放入清水中冲洗数次，捞出把水沥干或者捏干；用50克左右面粉或者玉米面与3～5千克清水搅拌均匀，烧开备用；先将青菜放入坛中，之后倒入烧开的稀面水，再加入250克左右种酸（从泡菜成品中取出的酸汤），密封坛口，第2日即可食用。

2. 加工盐酸菜

将青菜整株收割，阳光下暴晒1天，使其菜蔫而不干；将晾半干的青菜清水洗干净，按100千克青菜、15千克食盐和2千克烧酒腌制；腌制半月后取出清洗分选；将腌制好的青菜切成3厘米左右的长方形小块按不同级别制作盐酸菜。

3. 加工水盐菜

就地田间晾晒1～2天；清选后用水清洗，再晾晒1天；按100千克青菜，11千克食盐，1层菜，1层盐，将其平铺窖池，装满后用塑料膜封口；密封盐渍90～120天后即可食。

十八、大蒜栽培技术

（一）类型及品种

大蒜的分类：按皮色可分为紫皮和白皮，按蒜瓣大小可分为大瓣蒜和小瓣蒜。大蒜品种很多，以紫色为主。大蒜多按产地命名，贵州较著名的有毕节白皮蒜、麻江红蒜等，云南省有昭通大蒜、曲靖越州大蒜、永平古富白大蒜、保山蒲漂梨壳蒜、腾冲白皮蒜等，四川有津塘蒜、彭州软叶蒜等。

（二）栽培技术

1. 整地作畦

大蒜需肥量较高，一般选择土层深厚、疏松、肥沃、排灌方便、保水力强的黏壤土。大蒜忌连作。在当前作收后，应深翻晒垡，细致整地，开沟作畦。一般厢宽2～3米，沟宽30厘米，深25～30厘米。

2. 按蒜技术

厢面整好后用锄头开成条沟，沟宽20厘米，深10厘米，然后在沟顶侧按6厘米的距离按蒜，蒜背朝里，蒜头须按稳直立，按蒜后条施大蒜复合肥，再撒1层腐熟的农家肥，排好1沟，接着再开1沟，并把开出来的土覆在前1沟上，照此类推，此种方法农民叫“铲蒜”。俗话说“深葱浅蒜”，排栽深度以覆土厚5厘米为宜。

3. 播种季节

应根据各地的气候环境条件适时播种，过早，气温高对幼苗生长不利，病害重；过迟，由于生长期短，叶面积生长量不足，抽薹晚，蒜头小。

4. 蒜种选择

作为以采收蒜薹为目的的早熟栽培，选择具有品种特性、大小均匀的大蒜作种。播种时选短粗而直的蒜瓣，除去弯曲和过小的蒜瓣，分级分墒播种，使其出苗整齐、成熟一致。

5. 蒜种处理

为了防止种子带菌可用300倍的福尔马林（甲醛）或多菌灵浸种3小时，浸种后要用清水洗干净，以免药害。也可以用40～45℃的温水浸泡90分钟。在有条件的地方可把种瓣放在0～4℃的低温下处理1个月，能提早出苗和成熟。

6. 种植密度

亩用种量60千克，播种方式为条播，行距0.20米，株距0.06米，每亩种植55 000株。并根据品种特性和土壤肥力适当调整种植的疏密度。

7. 田间管理

除草松土：大蒜出苗后如果土壤板结、杂草丛生，应结合除草进行中耕，当苗高10～13厘米，有2～3片叶时进行第1次中耕，苗高26～33厘米有5～6片叶时进行第2次浅中耕。

灌水：大蒜播种后如果土壤潮润一般不需灌水即可出苗，土壤干燥时应灌1次齐苗水。在幼苗期一般应少灌水、多中耕，适当控制水分，防止徒长和“退母”过早。在抽薹和鳞茎肥大期要增加灌水，避免受旱，保持土壤湿润。灌水应以沟灌为主，水不淹过墒面，土潮即撤，避免大水漫灌，蒜头采收前5～7天应停止灌水，否则容易产生散瓣蒜。

施肥：大蒜生长期长，需肥量大，但根系浅，吸肥能力弱，所以应施足底肥，分期追肥，不断满足大蒜生长发育的需要。中等肥力的田块，每亩施农家肥2 500～3 000千克、中高浓度的三元复合肥40千克，在翻犁时施入耕作层。为了使幼苗生长健壮，在苗出齐以后追施1次清粪水（按人粪尿和水1∶10的比例），每亩800～1 000千克，或追施尿素5～8千克。当苗有3～4片叶，大蒜退母以后，新生根开始吸收土壤养分，进行独立生活时，如果养分不足，容易出现烧尖（即叶尖干枯），这时应施1次以氮肥为主的“催苗肥”，每亩用尿素10～15千克，结合灌水撒施于墒面或对水泼浇。在冬前根据苗棵长势以同等数量再追1次，以促进叶片生长，为后期生长打下物质基础。开春以后，蒜大部分进入抽薹，这时应重施1次“催薹肥”或“催头肥”，每亩用尿素25～30千克。大蒜植株生长旺盛则蒜薹肥嫩，蒜头粗壮肉厚，产量高。

8. 成熟采收

收蒜薹：在2—3月，大蒜陆续抽薹。当蒜苔花序的苞叶伸出叶鞘13～16厘米时即可采收。若不及时采收，蒜薹继续消耗养分，影响蒜头生长，而且蒜薹组织老化，降低产品质量和食用价值。一般以提早蒜薹上市期为目的的，可在蒜薹高出最后一片叶的叶鞘7厘米左右，上部尚未弯曲时采收，采收时应选晴天下午或阴天，待露水干后进行。具体方法采用穿刺抽提法，即用一根一头削成弧形且锋利的竹片，长约15厘米，当蒜薹抽出叶鞘6～10厘米时，左手提住蒜薹，右手拿竹片顺着蒜薹由上而下划开三片叶，并用右手持竹片，向离地面5～7厘米的假茎部分垂直穿刺，左手把蒜薹慢慢抽出。此法的优点是功效高，不辣手，蒜薹质量好。在操作过程中，要注意蒜薹产量，更要注意质量，还要尽量保护功能叶不受损伤，达到蒜薹、蒜头双丰收。

收蒜头：蒜薹采后20～30天，叶片枯黄即可采收。采收过早蒜头嫩、水分多、质量差、不耐贮藏。采收过迟，根及外皮腐烂，不易拔起，容易散落土中。采收时选晴天连植株拔起在田间晾晒3～4天，然后抖落泥土，及时将根剪掉，再捆编成束吊挂在通风处晾晒，应注意晒秆不晒头，以免烈日灼伤蒜头。晾晒时要翻动，使晾晒均匀，干燥后留在茎盘上的根呈米黄色，蒜头紧实，不易开裂。

十九、折耳根栽培技术

（一）品种选择

选择折耳根无性繁殖体—地下根茎为繁殖材料，在留种地选择健壮、无有害生物为害的地下根茎作为种茎采挖。选用抗病性强的折耳根品种。

（二）地块选择与整地开厢

选择生态环境良好，远离污染源，地势平坦，水源充足，排灌方便，耕层深厚，土壤结构适宜，理化形状良好，肥力较高，土质为壤土或沙壤土的地块。

整地开厢栽种折耳根前，及时清洁田园，及时清除植株病残体及杂草，并集中除害处理。将土壤翻、耙、整平，并整出宽1.3～1.6米、厢距为33厘米左右的厢。再在厢面上开横宽13～15厘米、深10～15厘米的播种沟，播种沟之间距离20厘米。

折耳根主要以根茎为商品，其生长期较长，底肥的数量和质量好坏，直接影响折耳根产量。因此，整平地块后，要在播种沟内施足有机底肥和磷钾肥每亩施腐熟的有机质肥料（圈肥、堆肥）2 500～4 000千克、过磷酸钙50～70千克、氯化钾60～80千克，将磷钾肥和有机肥料拌合后均匀施入播种沟内，与土壤混合整平后便可以播种。

（三）种茎选择及播种

每年春季2—3月或秋季9—10月均可以栽植。实行轮作制度，轮作期2～3年，不宜与茄科等容易感染白绢病的作物轮作。折耳根因种子发芽率低，一般多采用分根繁殖。目前有2种播种方式：长茎播种和短茎播种。长茎播种用种量大，生产上常采用短茎播种。短茎播种：选择新鲜、粗壮、无病虫害、成熟的老茎作种茎，将选好的种茎从节间剪断，每段4～6厘米，每段保留2～3个节，播种前将其放入50%多菌灵可湿性粉剂800倍液中消毒，然后平放于播种沟内，株距5～8厘米，覆细土6～7厘米厚，如土壤干燥可浇定根水，厢面盖上一层地膜或稻草，保持土壤湿润，提高土温，促进种苗萌发，每亩用种量70～100千克。水培也可以按上述株距扦插入土壤内，保持3～4厘米的浅水层。长茎播种，直接选用粗壮整条折耳根均匀撒在播种沟内；其优点是种茎发芽多，折耳根生长周期短，但用种量大，亩用种170千克。播种时如遇到干旱，为保证出苗整齐，在撒好种茎后，直接将种茎浇透水，再盖上细土，盖好土后再浇水1次，使泥土和种茎紧密相连，利于发芽生根。

（四）田间管理

1. 除草

折耳根出苗后，为了避免杂草消耗养分和遮阴，必须勤除草，以及清理折耳根病株及弱株。除草一般采用人工除草和化学防治相结合的措施进行，折耳根长大封行后，杂草的生长就会受到抑制，影响较小。在株行间松土，但不宜过深，浅耕即可，要做到浅中耕、早除草。拔除杂草时，还要注意理好厢沟和铲除地边杂草，保持土地整洁，减少病虫害的发生。

2. 追肥

追肥根据底肥施肥量及植株长势而定，必须适当追肥3～4次。追肥以农家肥为主，化学肥料为辅。在施用有机肥的同时，最好配合使用一定数量的速效氮肥和钾肥，磷肥则应控制使用。前期生长缓慢，在幼苗萌发至封行前，亩追施尿素8～10千克作苗肥。在茎叶生长盛期需肥量较大，可亩追施复合肥10～15千克。每采收1次，可少量追肥1次。为提高人工栽培折耳根的香味和产量，在其生长中后期进行叶面追肥，喷施0.2%～0.3%的磷酸二氢钾溶液2～3次。

3. 水分管理

折耳根定植后，须经常浇水，保持土壤湿润。出苗后根据土壤墒情，灵活掌握喷灌、沟灌、浸灌和浇灌等技术措施。折耳根喜湿润不耐干旱，因此干旱时要注意浇水，保持土壤湿润，确保其正常生长发育；折耳根喜欢潮湿但又怕长时间水浸，雨季来临前要注意理沟，保持排水畅通，忌墒面积水，以防土壤积水引起烂根和发生病害，做到合理排灌。

4. 摘心除蕾

及时摘除生长期出现的花蕾，是保证折耳根产量和质量的关键措施。摘除花蕾可以避免因开花结实消耗大量养分而减少地下茎的生长和养分积累。对地上茎叶生长过旺的植株，还应在苗高约25厘米时摘心，抑制长高，促发侧枝，并进行培土护根，促进地下茎生长，保证茎粗壮白嫩。

（五）折耳根常见病虫害及防治

折耳根本身带有鱼腥味，抗病虫害能力较强，较少发病。但目前老种植区已出现白绢病、叶斑病、茎腐病、小地老虎、斜纹夜蛾等病虫害。

1. 白绢病

主要为害植株茎基和地下茎。染病初期呈水渍状或黄褐色坏死，中后期迅速腐烂，病部表面产生大量绢丝状白色菌丝层并着生红褐色至茶褐色油菜籽状菌核。田间此病发病中心向四周辐射扩展状明显，严重田块呈现集团状枯死。

发生特点：病原菌主要以菌核或菌丝体在土壤内越冬。条件适宜菌核萌发产生菌丝从根部侵入发病，发病后在病部产生大量菌丝沿地表或病组织向四周扩展蔓延。酸性土壤高温高湿有利于发病，暴雨、暴晴有利于白绢病的流行，连作地发病很重。每年一般5—8月发病，6—7月是发病的高峰期。

化学药剂防治：播前用50%多菌灵可湿性粉剂800倍液对种茎进行浸种消毒；发病初期，发现病株带土挖除并销毁，病区施生石灰消毒，周围植株用40%菌核净可湿性粉剂800倍液、5%井冈霉素水剂1 500倍液灌根。10 ~ 15天灌根1次，最多3次。

2. 叶斑病（或称为轮斑病）

主要为害叶片。叶面染病初期出现不规则或圆形病斑，边缘紫红色，中间灰白色，上生浅灰色霉。后期严重时，病斑中心有时穿孔，几个病斑融合在一起造成叶片局部或全部枯死。

发生特点：病菌以分生孢子在病株残体越冬。翌年，产生的分生孢子随风雨传播蔓延，一般7—8月发病，8—10月发病较重。病部又产生分生孢子进行再次侵染。发病一直延续到收获。高温高湿或栽植过密、通风透光差发病重。

3. 茎腐病

种茎土壤带菌是造成折耳根发生茎腐病的重要原因之一；连年种植，重茬地发病严重；有机肥不足、偏施无机化肥、土壤板结等也会造成发病。主要为害植株茎和地下根茎。染病茎部病斑长椭圆形或梭形，略呈水渍状，褐色至暗褐色，边缘颜色较深，有明显的轮纹，上生小黑点，后期茎部腐烂枯死。

发生特点：病菌以菌丝体或菌核随病残土在土壤中越冬。翌春产生分生孢子，借助雨水传播，进行初侵染和再侵染，高温多雨易发病，排水不良，湿气滞留时间长发病重。

化学药剂防治：发病时，用65%代森锌可湿性粉剂400 ~ 600倍液对土面连喷2 ~ 3次，以防病害的蔓延；或用70%甲基硫菌灵可湿性粉剂加50%多菌灵可湿性粉剂500 ~ 800倍液灌根，均可收到良好防治效果。

4. 小地老虎

播前及时去除田间杂草，消灭部分虫卵和杂草寄主；当为害株率达10%时或虫口密度较高时，用90%敌百虫可溶液剂0.25千克对水3千克，2.5千克切碎的新鲜青草或糠皮，傍晚均匀撒于田间，诱杀成虫。

5. 斜纹夜蛾

当幼虫为害率达25%时，可用4.5%高效氯氰菊酯乳油2 000倍液或10%吡虫啉可湿性粉剂2 500倍液等进行喷雾，10天喷1次，连用2～3次。可利用糖：醋：白酒：水＝6：3：1：10加适量敌百虫配制成毒液于田间诱杀成虫。

（六）采收

折耳根采收时间没有严格限制，可分批采收，食用鲜叶和地上部的，折耳根生长25天后就可采收。叶部含有20%挥发油成分，含鱼腥草素（癸酰乙醛）和锰元素较多，凉拌、煮汤营养丰富。但研究表明，过早或过量采食鲜嫩叶会影响地下部分生产和产量，初采留桩不宜过低，以促发更多侧枝；采收地下部时，先将地上部割去，分级捆扎鲜销或晒干可作为药材销售；割去茎叶后，收获地下根茎，用稻草或其他遮蔽物盖上，减少失水，将地下根茎清洗过后，分级捆扎，上市销售。

二十、韭黄栽培技术

（一）品种选择

应选用抗病性好、分株能力适中、植株粗壮的品种。适合我国栽培的韭黄品种可选择富韭黄2号、黄韭1号、791雪韭王、雪韭四号等品种。

（二）苗床准备

每亩大田用苗需准备70～90平方米苗床。苗床应选择背风向阳、地势较高、土壤肥沃、排水良好、2～3年未种过葱蒜类蔬菜田块作为苗床。施入腐熟有机肥100～200千克、过磷酸钙3～5千克、尿素1.5千克、草木灰5～7千克，将土壤和基肥混合均匀。畦面宽1.2米，沟宽30厘米，整平苗床。

（三）种子处理

种子必须选用当年新鲜种子（贮藏时间在半年内），每亩大田用种量为1～1.5千克。用40℃温水浸种12小时，除去秕籽和杂质，洗净种子上的黏液后，用湿布包好。在16～20℃的条件下催芽，每天用清水冲洗1～2次，60%种子露白即可播种。春播时也可不处理直播。

（四）播种

春播时间在3—4月；秋播时间在9—10月。播种前将苗床杀菌杀虫，将催芽的种子（或干种子）混2～3倍沙子均匀地撒在苗床上，覆盖1.6～2厘米厚的过筛细土，播种后及时覆盖地膜或者稻草。春播适宜覆盖地膜，压实，以利于保温保湿。秋播适宜用遮阳网遮盖，防暴晒或雨水冲刷。

（五）苗期管理

70%幼苗顶土时，应在晴天傍晚及时揭开地膜或遮阳网等覆盖物，逐步炼苗。按照“先促后控”原则，及时浇水。齐苗到3～4叶期时，保持土壤湿润，一般5～7天左右浇1次水；苗高15厘米后，应适当控水，2周浇1次水，防治韭黄徒长。按照“勤施薄施”原则，及时追肥。结合浇水，从齐苗至3～4叶期间，用10%腐熟农家肥或40%复合肥每亩按5～10千克追肥，共2～3次；苗高15厘米以后，结合浇水，每20天左右适量使用速效氮肥追肥2～3次。

（六）选地整地

选择排水及灌溉条件方便，2～3年未种过葱蒜类蔬菜的田块，前茬种植粮油作物最好。基肥以农家肥为主，每亩施腐熟农家肥2～3吨、过磷酸钙100千克、碳铵50千克。将肥土充分混合均匀平整后开沟作垄，垄宽50厘米，沟宽20厘米，深20～25厘米。

（七）移栽

当韭苗高15～20厘米时移栽。春季3—5月、秋季9—10月为最佳。移栽前2周停止苗床浇水，开始“蹲苗”，否则一茬新根全部长出，又鲜又嫩，移栽过程中难以保全，栽后长期不能另发新根，缓苗期加长。定值沟浇足底水，剔除弱苗，剪去过长须根和部分先端叶片，减少水分蒸发，以利于缓苗。双行错位移栽，每丛2苗，株行距6厘米。移栽后，及时浇足定根水。

（八）田间管理

缓苗期间注意水分补充，保持土壤湿润。韭苗成活后，结合补水，可适当勤施薄施10%农家肥2～3次；当韭菜进入旺盛生长和分蘖时，每20天左右每亩施

40%复合肥5～10千克，共2～3次。当韭白高10厘米时，可进行第1次培土，培土前施1次重肥，每亩可施氮磷钾含量比为15：15：15的硫酸钾复合肥40千克。

韭菜扣棚软化前要多次进行培土，每生长10厘米左右就培土1次，每次培土时，可根据韭菜长势，适当追施速效氮肥，每次每亩可撒尿素5千克于种植沟内。有条件的最好加施腐熟有机肥，可提高韭黄品质和抗病性。高温、干旱时及时补充水分，在夏秋多雨季节，及时排水，防止根状茎腐烂。人工及时除去田间杂草，避免病虫害发生。

（九）软化韭黄

搭棚软化：青韭菜在生长季节要培土2～3次，当韭白长到20厘米后，即可搭棚进行遮光软化栽培。贵州山区可用稻草和黑塑料薄膜作为遮光材料，且一年四季均可进行。搭棚扎架用竹竿搭成人字架，架高40～50厘米，竹架之间距离3米为宜，以利于通风、架上用一根竹竿作为横杆，绑牢，拉稳。扣棚时，使韭白露出土6厘米左右，割去青韭菜叶子。

割青软化：待假茎长到18～20厘米时，在五叉股2厘米以上割除韭叶，即所谓割青，割青后随即套上遮光筒，遮光筒是选用主要成分是聚乙烯的塑料材料制成的，筒体为圆锥体，能遮光且透气，一般筒高40厘米，筒下口直径为11厘米，上口直径为7～8厘米，使其不透阳光，进行软化。

（十）主要病虫害防治

韭黄病害以枯萎病、灰霉病、疫病、软腐病为主，虫害以韭蛆、潜叶蝇为主。防治病虫害坚持以农业防治为主，化学防治为辅的原则，及时清理田间杂草，减少病虫害寄生场所。同时，在关键时期还要做好水肥管理，避免田间湿度过大。

枯萎病。70%噁霉灵可湿性粉剂，或用50%速克灵可湿性粉剂1 000倍液，或70%多菌灵可湿性粉剂与50%甲基硫菌灵可湿性粉剂500倍液喷施或灌根，每6天1次，连施2～3次。

灰霉病。主要为害韭黄叶片，从叶尖开始发病，逐渐向下发展，引起上半部甚至整叶干枯。最初叶片正面或背面散生白色至浅褐色小点，扩大后为椭圆形至梭形，大小为2～7毫米。湿度大时病斑上长出稀疏的灰褐色霉层，后期病斑连接成片，致上半叶或全叶焦枯。韭黄收获后往往从刀口处向下腐烂，形成“V”

字形斑。距地面较近的老叶，因湿度大生长弱，易发病软腐。防治方法：清除枯萎落叶和杂草，每收割1次要清除1次，清除枯萎叶片集中销毁，通风降低湿度。发病时可用异菌脲和多菌灵防治。

疫病。可为害根茎叶。叶片染病后，初呈暗绿色水浸状，病部失水后明显缢缩，引起叶下垂腐烂，湿度大时，病部产生稀疏白霉；假茎受害呈水浸状浅褐色腐烂，叶鞘易脱落，湿度大时，其上也长出白色稀疏霉层，即病原菌的孢子囊梗和孢子囊。湿度大时发病严重，在整地时要做好排水沟。化学防治：噁霜・锰锌和霜脲・锰锌每隔7～8天喷1次，喷2～3次。

虫害。主要以韭蛆和潜叶蝇为主。潜叶蝇和韭蛆这2种虫害会使韭黄的幼茎引起腐烂，受害后长势弱，抗病性差。潜叶蝇的幼虫可用灭蝇胺和氟啶脲防治防治，韭蛆幼虫用辛硫磷或蛆虫干扰素灌根防治。

（十一）韭黄适时采收

春季、秋季需10～15天，夏季需10天左右，冬季需25～30天遮光后便软化黄化成功，即可适时收割。韭黄收割后，可在阴凉处清洗加工，去掉与土壤接触的1～2片叶鞘，用水清洗，整理捆扎成把。

二十一、山药栽培技术

（一）基地选择

选择土壤肥沃疏松透气，具有防涝、浇灌条件的地块。土壤pH值6～7地块，土层深度130厘米以上且无隐藏大石块，土壤中不能混杂有直径3厘米以上的石块，地下水位在1米以下。必须实行轮作，有条件的一般至少3年轮作1次。

（二）开沟起垄

山药生长喜湿，又忌涝，根据南方多雨气候以及块茎向下生长的特点，山药需起垄栽植。沿便于开沟起垄机操作方向拉绳撒施滑石粉，使用单钻或双钻起垄机沿着滑石粉痕迹开沟起垄，亦可直接开沟起垄。疏松深度120～130厘米，垄距90～100厘米。

（三）播种

1. 种薯选择

选择无病、无冻伤种薯，一般每亩用种400～450千克。于播种前1～2天，将种薯按不同等级、分部位切块分装，保证单个薯块重量100～200克，并对断面用代森锰锌用50倍溶液进行涂抹消毒处理。

2. 播种时间

播种时间一般在3月至4月上旬进行。

3. 播种密度

每亩种植密度4 000～4 500株，于浅沟内单行按2个薯块顶端株距15～18厘米密度进行播种。

4. 播种方法

薯块摆放应保持方向一致，即原根茎的上下端首尾方向一致。薯块摆放完成后，自然晒种5～7天，待薯块断面愈合、薯皮变绿后覆土6～10厘米。

（四）基肥施肥

播种前为将未沉降紧实的垄面进行踩实形成垄上沟；沿下沉垄上沟采取沟施方式每亩施用商品有机肥300千克、45%（N-P-K 15-15-15）硫酸钾型高效复合肥75～100千克，并拌施辛硫磷3千克，尽量不选择含氯复合肥；随后用小型起垄机将肥料与土壤混匀成垄，并于垄面上开15～20厘米的浅沟。

（五）田间管理

1. 搭架理蔓

播种结束后至出苗10厘米前搭架供山药藤蔓攀爬，选用架材为直径2～3厘米、长度250～280厘米的竹竿，将架材倾斜插入垄中，相邻2垄架材互为支撑，3～4根竹竿1组搭成人字架，用包装绳捆绑，捆绑点离地140～160厘米，每亩用竹竿2 200棵左右。幼苗出土后，如有未上支架的要及时引导上架，防止满地爬或茎蔓缠绕成团。

2. 中耕除草

山药出苗后，生长很快，中耕除草要早。在山药生长过程中，杂草的生长也很旺盛，为避免杂草争夺养分，应及时清除，尽量减少山药根系损伤，对靠近植株旁边的杂草要用手拔，对行间、沟边的草，可于晴天进行耕锄。双子叶杂草人工拔出，单子叶杂草可喷施专杀单子叶杂草的除草剂去除。

3. 追肥

于藤蔓攀爬至架材顶部时，离山药植株10厘米附近沿垄面撒施随后覆土，每亩追施45%（N-P-K　15-15-15）硫酸钾型三元复合肥50千克。不宜用氯化钾或其他含氯化肥对山药进行追肥。

4. 排涝

山药叶片正反2面均有很厚的蜡质层，蒸腾作用不强，所以比较耐旱。6—8月雨季要注意防涝排水，避免田间积水，引起或加重病害发生。

（六）主要病虫害防控

深翻新茬虫害相对较少，主要注重病害防控，主要病害有炭疽病、褐斑病、茎腐病、线虫病、枯萎病。

1. 炭疽病

为害症状：主要为害山药叶片和茎秆。叶片受害初期产生褐色下陷的不规则小斑，逐渐扩大成黑褐色、边缘清晰的圆形或不规则形病斑，病斑直径约0.5毫米；后期病斑中部呈灰白色，有不规则轮纹，病斑周围健叶发黄。茎部受害初期产生褐色小点，之后逐渐扩大成圆形或棱形黑褐色病斑，病部略下陷或干缩，病部以上茎叶生长不良或干枯。天气潮湿时，病部可产生粉红色黏状物，后期部分病斑穿孔。病菌以分生孢子盘和分生孢子在病叶上越冬，6—8月发病严重，常造成山药植株枯黄、落叶。

防治方法：①播种前用50%多菌灵可湿性粉剂1 000～1 200倍液浸种。②增加架高有利于改善通风条件，降低田间湿度；注意开好四周排水沟，雨后迅速排水。③发病前可喷波尔多液预防保护。发病初期，可用70%代森锰锌可湿性粉剂500～600倍液、75%百菌清可湿性粉剂500～600倍液或50%甲基硫菌灵可湿性粉剂700～800倍液喷雾，每7～10天喷1次，喷2～3次。

2. 褐斑病

为害症状：主害叶片，叶面病斑近圆形或椭圆形至不规则形，大小不等，边缘褐色，中部灰褐色至灰白色，斑面上有针尖状小黑粒，严重时叶片黄枯。7—8月高温多风雨利于发病，氮肥施用过多加重病情，支架偏低，通风透光不好发病重。

防治方法：①实行轮作，加强肥水管理；改善通风透光条件，降低田间湿度。②发病前或75%百菌清可湿性粉剂700～800倍液；发病严重时或条件适宜该病的流行时可用10%苯醚甲环唑水分散粒剂1 000倍液和32.5%苯甲・嘧菌酯悬浮剂收1 500倍液进行防治。以上药剂间隔5～7天或10～12天喷1次，连续防治2～3次。发病初期用25%嘧菌酯悬浮剂1 500倍液喷雾，持效期达12～15天。

3. 茎腐病

为害症状：发病初期，藤蔓基部形成褐色不规则形斑点，后斑点扩大形成深褐色长形病斑，病斑中部凹陷，严重时藤蔓基部干缩，藤蔓枯死，病斑表面常有不明显的淡褐色蛛丝状霉。块茎常在顶芽附近发病，形成褐色不规则形病斑，根系受害，造成根的死亡。从山药出苗到山药落黄前均可发病，田间积水时或重茬地发病重，干旱年份、新茬地发生轻。

防治方法：药剂防治发病初期用70%敌磺钠可溶粉剂200～300倍液灌根2～3次，或选用75%百菌清可湿性粉剂500～600倍液，50%多菌灵可湿性粉剂400～500倍液，50%福美双可湿性粉剂500～600倍液，58%甲霜・锰锌可湿性粉剂600～700倍液，或70%代森锰锌可湿性粉剂500～600倍液防治，间隔7～10天喷1次，交替喷雾2～3次。

4. 枯萎病

为害症状：最初在藤蔓基部出现菱形湿腐状的褐色病斑，后病斑扩展，茎基部整个表皮腐烂，致地上部叶片逐渐黄化、脱落，藤蔓迅速枯死。块茎染病，在皮孔四周产生圆形至不规则形暗褐色病斑，皮孔上的细根和块茎的内部也边褐色，干腐，严重的整个块茎变细变褐。贮藏期间该病可继续扩展为害。高温多雨、地势低洼、排水不良、施氮肥过多、土壤偏酸等均有利于发病。

防治方法：采取轮作换茬，防止田间积水，在雨后及时松土，播种前药剂浸种，用50%多菌灵可湿性粉剂500倍液浸种30分钟，晾干后播种。发病前或发病初期用2.5%咯菌腈悬浮种衣剂1 500倍液进行灌根，共灌2～3次，每次间隔10～15天。

5. 根结线虫病

为害症状：前期地上部藤蔓无明显症状，后期藤蔓长势弱，叶片变小，严重时叶片变黄脱落。受害块茎表面暗色，无光泽，多数畸形，在线虫侵入点周围肿胀，凸起，形成2～7毫米的根结。严重时多个根结连接起来，表皮组织腐烂，内部组织变黄，并可能由其他微生物再侵染而导致块茎腐烂。根系受害，产生如米粒大小的根结。

防治方法：主要分布在5～20厘米的土层中，与土壤湿度、温度及土质有密切的关系，砂土、壤土发病重，黏土发病轻。一般要提前预防，用噻唑磷于播种前均匀施于30厘米深的山沟内。

（七）采挖

1. 采挖时间

在秋季地上藤蔓枯死后即可进行采挖，一般在10月至翌年3月。

2. 采挖方法

拆除藤架，清理杂草、枯枝残叶集中堆放在地边，待山药采挖后集中处理。沿山药垄的一端开始采挖，先小心将芦头清理露出地面，用钢锹沿着芦头附近向下清理山药周围松土，清理深度至50～60厘米时，小心摇动缓慢拔出山药并去除附着泥土。

二十二、生姜栽培技术

（一）姜地选择与整地

1. 选地

选择排水良好、土层深厚、有机质丰富的中性或微酸性（pH值5～7较为适宜）缓坡地壤土，前茬作物为番茄、茄子、辣椒、马铃薯等茄科植物的地块以及偏碱性土壤和黏重的涝洼地不宜作为姜田，姜田轮作周期2年以上或水旱轮作。

2. 整地

将地翻耕30厘米左右，掏好中沟、边沟和四周的排水沟，防止生姜地积水。

（二）姜种选择与处理

1. 选姜种

每亩地需要小黄姜种200～300千克，二黄姜种300～400千克。选择姜块肥大饱满、皮色光亮、不干裂、不腐烂、未受冻、质地硬、无病虫为害和无机械损伤的小黄姜或二黄姜作种姜，剔除瘦弱干瘪、质软变褐的劣质姜种。将选好的姜种堆于室内并盖上稻草或秸秆，注意保温保湿，防止姜种干瘪变质。

2. 掰姜种

将姜种掰成50～100克重的姜块，每块姜种上保留1～2个壮芽。由于老姜并不烂掉，可回收，建议采用适当大些的姜块。

3. 浸种

播种前用78%姜瘟灵300倍液或50%多菌灵800倍液浸种30分钟，取出晾干备播。

（三）播种

1. 播种期

当气温16℃以上选择晴天或阴天播种，一般在3月20日至4月20日播种（清明节前后播种较好）。采用地膜平铺覆盖栽培可以提早20～30天播种。

2. 播种密度

肥力较好地块，每亩栽3 700～4 400株，行距60厘米，株距25～30厘米。肥力较差地块，每亩栽4 400～5 500株，行距60厘米，株距20～25厘米。

3. 施足底肥

每亩施腐熟农家肥（牛粪、猪粪、羊粪）1 000～1 500千克或有机肥400～500千克，45%含量（N：P_2O_5：K_2O=15：15：15）硫酸钾型复合肥50～75千克。肥力较好地块取低限，肥力较差地块取高限。

4. 播种方法

按预定行距开好沟，沟深20～25厘米，在沟内按一定间距将姜块水平摆放在沟内，幼芽方向一致。底肥（农家肥和复合肥）放在姜块中间，注意不要将姜块与肥料接触，避免烧苗，施好底肥后撒施辛硫磷颗粒防治地下害虫，用开下一沟的土覆盖到前一沟上，覆土厚度5厘米。

（四）田间管理

1. 幼苗期

幼苗期（第一片姜叶展开到具有2个侧枝），生姜苗高30厘米具有1～2个小分枝时，选择阴天进行第1次追肥，每亩追施尿素20～30千克，结合浅中耕除草，增加土壤表面的通透性。采用地膜平铺覆盖种植模式，要对顶土时的幼芽进行破膜处理，防高温灼伤幼芽，并在追肥前（一般在6月上中旬）撤掉地膜。

2. 三杈期

三杈期后（一般在7月中下旬）进行第2次追肥，每亩追施45%含量硫酸钾型复合肥75～100千克，施肥后须培土起垄。

3. 姜块茎膨大期

9月上旬根据田间生姜苗的长势进行第3次追肥，每亩追施45%含量硫酸钾型复合肥25～50千克或者农用硫酸钾25～50千克，施肥后须培土起垄。

4. 化学除草

在生姜播种后出苗前，选用33%二甲戊灵乳油防除禾本科和阔叶杂草；或用25%异丙甲草胺乳油防除牛筋草、马唐、狗尾草等禾本科杂草以及苋菜、马齿苋等阔叶杂草和碎米莎草、油莎草；或用44%戊·氧·乙草胺乳油120～150毫升，加水30千克喷雾。

生姜幼苗期，在禾本科及阔叶杂草3～5叶期选用10%精喹禾灵乳油50～70毫升，加水30千克喷雾。

5. 开沟排水

在生姜生长期（6—8月）遇到连续阴雨天气要及时开沟排水，有利于姜苗和地下姜块茎的正常生长，预防茎基腐病及姜瘟病的发生与蔓延。

（五）主要病虫害防治

小黄姜主要病害有姜瘟病、茎基腐病、软腐病、斑点病、炭疽病等，主要虫害有姜螟、小地老虎、姜蛆等，按照“预防为主，综合防治”的原则，不准使用国家明令禁止的高毒、高残留农药。

1. 姜瘟病（姜腐烂病）

为害最严重的一种细菌性病害，病原菌主要来自土壤、种姜和肥水等，高温多雨病害发生重。初发病时叶片变黄、萎蔫、反卷，病叶由基部向上发展，最后整株变黄枯死。发病后期茎基部和姜块腐烂，发生恶臭，溢出灰白色汁液，仅留下完整的表皮。主要防治方法一是避免姜地连作。二是选择无病姜种，并浸种消毒。三是施用农家肥中不能有生姜、辣椒、茄子、番茄、烟叶等病残体。四是挖好排水沟，防止姜田积水。五是在发病初期可用50%氯溴异氰尿酸水溶性粉剂1 000～1 500倍液，或3%中生菌素可湿性粉剂600～800倍液喷雾，或木霉菌，或46%氢氧化铜水分散粒剂1 000～1 500倍液灌根，每株灌50～100毫升，间隔5～7天灌1次，连灌2次。如果不能控制病害，应立即拔除病株，并带出田间，在病株处撒施生石灰，防止病情蔓延。

2. 茎基腐病（枯萎病）

茎基腐病是一种真菌性病害，高温高湿有利于茎基腐病的发生，黄泥壤土、黏性重的土壤发病重。发病初期茎基部出现大小不等的水渍状斑，逐渐扩大，叶片发黄，发病后期病斑环绕茎基部，导致茎基部组织腐烂。地上部主茎由上而下干枯死亡，叶片发黑脱落，呈枯萎状，湿度大时扒开土壤，在病部和土壤中可见白色棉絮状物，严重时开始死株。要选择排水良好的地块，深挖排水沟，及时排除田间积水；结合中耕松土，增加土壤的通透性。发病初期可用40%氟硅唑乳油8 000倍液，或75%百菌清可湿性粉剂1 000倍液，或50%多菌灵可湿性粉剂500倍液灌根，每株灌50～100毫升，间隔7～10天灌1次，连灌2次。如果病害继续加重，应立即拔除病株，防止同田侵染传播。

3. 软腐病（根腐病）

又称结群腐霉软腐病，由腐霉属真菌所致，先引起植株下部叶片尖端及叶缘褪绿变黄，后蔓延至整个叶片，并逐渐向上部叶片扩展，致整株黄化倒伏，根茎腐烂，散发出臭味。发病初期地表土部茎叶处现黄褐色病斑，继之软腐，致地上部茎叶黄化萎凋后枯死，地下部块茎染病呈软腐状。生产上由青枯细菌和结群腐霉菌复合侵染的，叶片向叶背卷曲，叶尖，叶缘黄化，茎秆基部主益缩，呈水渍状倒伏，维管束褐变，致近土面的根茎腐烂，散出臭味。防治方法是选择无病姜种，并浸种消毒，实行轮作和改进栽培技术；发病初期可用50%甲霜灵可湿性粉剂800～1 000倍液，或64%噁霜·锰锌可湿性粉剂500倍液灌根，每株灌50～100毫升，间隔7～10天灌1次，连灌2次。如果病害继续加重，应立即拔除病株，防止同田侵染传播。

4. 斑点病（白星病）

主要为害叶片，病斑黄白色，梭形或长圆形，斑中部变薄，易破裂或穿孔，若许多病斑相连，可使叶片部分或全叶枯干。严重时病斑密布，全叶似星星点点。病部可见黑色小粒点，即分生孢子器。主要以菌丝体和分生孢子器随病残体遗落土中越冬，以分生孢子作为初侵染和再侵染源，借雨水溅射传播蔓延。发病初期可用70%甲基硫菌灵可湿性粉剂1 000倍液，或75%百菌清可湿性粉剂1 000倍液喷雾；根据防治效果可间隔7～10天喷施1次。

5. 炭疽病

主要为害叶片，初在叶尖或叶缘出现水渍状小斑，后向下向内扩展成椭圆形至不规则形褐斑，常见数个病斑连成大的斑块，最终叶片变褐干枯。潮湿时病斑表面散生小黑点，即病菌分生孢子盘。病菌随病残体在土壤中越冬，通过雨水和昆虫活动传播蔓延。发病初期可用70%甲基硫菌灵可湿性粉剂1 000倍液加75%百菌清可湿性粉剂1 000倍液，根据防治效果可间隔7～10天喷施1次。

6. 癞皮病（根结线虫病）

癞皮病是用肉眼看不到的线虫病害，多发生在地下茎块上，从根尖向上腐烂，然后再感染母姜和子姜。根部受害，产生大小不等的瘤状根结，块茎受害部表面产生瘤状或疱疹状物并出现裂口。一是姜种进行浸种处理。二是施用腐熟有机肥。三是播种时每亩撒施阿维菌素。四是生姜生长过程中发现线虫为害可用1.8%阿维菌素乳油2 000倍液灌根。

7. 姜螟（钻心虫）

为害时以幼虫咬食嫩茎，之后钻蛀茎秆，致使水分及养分运输受阻，使得蛀孔以上茎叶枯黄、凋萎，严重时可致全株死亡。幼虫转株为害，最后以老熟幼虫在寄主茎秆内越冬。集中为害期为旺盛生长期。及早扑灭姜螟成虫，捉除幼虫，或在幼虫期施药毒杀。可用4.5%氯氰菊酯乳油2 000～3 000倍液，或4.5%溴氰菊酯乳油2 000～3 000倍液，或50%辛硫磷乳油1 000倍液叶面喷施。

8. 小地老虎（土蚕）

幼虫白天在土表中潜伏，夜间出来咬食姜苗，可在每天早晨顺姜苗被害处翻土捕捉幼虫。成虫夜间活动、交尾产卵，卵多产在5厘米以下的小杂草上，且成虫对黑光灯、糖、醋、酒等有较强的趋性，可用诱虫灯、糖醋液等诱杀成虫，并清除姜田边杂草，以防成虫产卵。幼虫期可用4.5%氯氰菊酯乳油1 000～1 500倍液叶面喷杀，或50%辛硫磷乳油500～600倍液灌根，兼治姜蛆、蝼蛄等地下害虫。

9. 姜蛆

为害地下姜块，其成虫是一种蝇类，可用生物源药剂1.8%阿维菌素乳油2 000～3 000倍液喷雾或灌根防治。

（六）采收

1. 采收时间

一般在立冬后初霜前采收。用于加工的嫩姜，在旺盛生长期收获；用于留种的种姜，可延迟15～30天收获，对生姜进行严格挑选，选择质量较好的无病姜块留作姜种。

2. 采收方法

将姜株拔出或刨出，轻轻抖掉泥土，然后从地上茎基部以上2厘米处削去茎秆，摘除根须后，即可入窖或出售。

（七）贮藏

1. 贮藏环境条件

生姜喜温暖多湿，低于10℃受冷害，高于15℃易发芽，贮藏适宜温度为13±2℃。生姜贮藏初期，气体成分变化剧烈，封窖后CO_2维持在2%左右。贮藏过程中，窖内湿度变化较小，基本维持在96%左右。

2. 贮藏方法

多用坑埋法贮藏生姜，坑的深度以不出水为原则，一般1～1.5米深，直径1.5～2米，上宽下窄，圆形或方形均可，一个坑能够贮藏2 500千克生姜。将生姜堆放在坑内，均匀地放入2～4根通气筒到顶部以利通风。覆土厚度60厘米，并在坑顶搭薄膜，四周设排水沟，防止雨水流入坑内。

二十三、大葱高效栽培技术

（一）品种选择

中华巨葱：该品种是章丘大梧桐与章丘气煞风的杂交后代中选育而来。日本铁杆大葱：俗称日本钢葱，该品种从日本进口优良大葱品种中精选提纯培育而成。章丘大葱：为农家品种，主要品种为大梧桐。长悦：日本大葱品种，适合越冬栽培。

（二）茬口安排

12月至翌年2月，地膜加小拱棚播种，平畦撒播，3—5月移栽，6—8月大葱上市。

3月中下旬至4月上旬，小拱棚内播种，平畦撒播，6月中下旬移栽，9—12月收获上市。

7—8月播种育苗，9—11月上旬移栽，密植（株距3厘米），露地越冬，翌年3—4月大葱上市。

（三）管理技术

1. 种子处理

播种前用50～55℃的温开水浸泡15分钟，或用1 000倍高锰酸钾溶液浸种20分钟，在浸种的过程中要勤搅拌，达到消毒、杀菌的目的。捞出后用清水洗干净，放在20℃的温度下催芽，待苗床准备好后即可播种。经催芽处理的种子可提高出苗率。

2. 苗床选择和整理

大葱忌连作，宜选用未种过葱蒜类蔬菜或3年以上轮作的土地作苗床，要求土壤疏松、有机质丰富、地势平坦、排灌方便。

播前精细整地，每亩施腐熟农家肥3 000～5 000千克，过磷酸钙25千克、50千克西洋复肥作底肥。并于播种前用75%百菌清可湿性粉剂600倍液或70%噁霉灵可湿性粉剂2 000倍液等进行苗床消毒。

3. 播种

播种前，畦内灌足底水，水渗后将种子均匀撒播。亩用种量100～150克。播后覆土1.5～2厘米，出苗前一般不浇水。

4. 苗床管理

冬春季苗床管理：越冬前秧苗应有2～3片叶，根据气温和土壤湿度在封冻前浇一次越冬水，再覆盖一层腐熟的农家肥，保墒保温，确保秧苗安全越冬。春季气温升高，秧苗进入快速生长时期，一是进行1～2次间苗，苗距3厘米左右。二是结合浇水分2～3次追施速效氮肥或复合肥，每次10～15千克/亩，促秧苗快速生长，或小青葱上市或培育健壮秧苗以备移栽。

夏季苗床管理：夏季育苗处于高温多雨季节，管理的关键是做好三防，一防病虫害。二防草害，防止草吃苗。播种后出苗前，及时拔除田间杂草，彻底消灭厢沟杂草，防止草吃苗。三防水害，苗床要做到旱能浇、涝能排，切不可苗床积水。

5. 移栽

待幼苗长至40～50厘米高时，就可移栽。过晚移栽，不利移栽后缓苗，从而影响产量和质量。

移栽前要施足底肥，每亩施腐熟的优质农家肥6 000千克、磷肥30千克、三元西洋复合肥50千克，底肥总量的1/3普遍撒施，2/3集中沟施，沟深为25厘米左右。移栽时要将秧苗分级，大、小苗不能混栽。做青葱上市可适当密栽，行距60～70厘米，株距3～4厘米；做大葱上市，则行距80厘米，株距5厘米。定植时应确保葱苗的十字叶方向一致，人工扶直葱苗，从两边培土，使葱苗从移栽时就直立地生长在沟中。移栽后要立即灌水，确保成活。移栽后也要及时中耕松土，平垄，破除板结促进根系生长，结合浇水追施速效氮磷钾复合肥，亩追施30千克。

6. 培土、灌水

移栽后的整个管理过程中，进行3～4次培土，一般每半个月1次。第1次培土是在生长盛期之前，培土约为沟深的一半；第2次培土是在生长盛期开始以后，培土与地面相平；第3次培土成浅垄；第4次培土成高垄。每次培土以不埋没葱心（即叶片与叶鞘连接的地方）为度。

适时灌水。采取前期少灌、中期适量、高温期间不灌、后期勤灌的原则。立秋后是大葱生长旺盛时期，此时应加强水肥的管理，促进生长。

（四）主要病虫害防治

1. 虫害

主要有潜叶蝇、斜纹夜蛾等，要早防早治。可用药剂防治结合物理防治和性诱剂防治。如潜叶蝇点片为害阶段用药，并结合黄板诱杀；药物防治时不同时期潜叶蝇需区别防治。在幼虫2龄前（虫道很小时），每亩喷洒75%灭蝇胺可湿性粉剂40毫升，25%杀虫双水剂200毫升；在成虫羽化高峰的8～12小时内施用5%氟啶脲乳油，或5%氟虫脲乳油25毫升效果较好。斜纹夜蛾在幼虫1～2龄时傍晚用药，可用茚虫威，或性诱剂诱杀效果均较好。

2. 病害

霜霉病：夏季暴雨后突然放晴易发生，可在发病初期喷施64%噁霜·锰锌可湿性粉剂，或25%甲霜灵可湿性粉剂，或72%霜脲·锰锌可湿性粉剂等药防治，每隔10天1次，连续防治2～3次。大葱叶面有蜡粉，不易着药，为增加药液的黏着性，喷药时应加入适量中性洗衣粉。采收前7～15天停止用药。

紫斑病：此病害是大葱主要的病害，主要为害叶和花梗。不仅为害大葱，还为害洋葱、韭菜、蒜等作物。潮湿的季节发病较重，适宜的发病温度为25～27℃，过于密植、连茬连作、多雨、田间湿度过大、灌排能力较差、疏于管理时都会造成此病害的高发。合理密植、可与非葱类作物实行2年以上科学轮作，控制好田间湿度，提高灌排能力及田间通透性，加强农田管理，发现病株立即拔出。发病后可用75%百菌清可湿性粉剂600倍液，70%代森锰锌可湿性粉剂500倍液、64%噁霜·锰锌可湿性粉剂500倍液等药液喷雾防治，8天左右喷1次，连喷3～4天，效果较好。

二十四、佛手瓜高效栽培技术

（一）品种选择

抗病、优质、高产、商品性好、适合市场需求的品种，通常选用抗逆性强、产量高的绿皮品种，如惠水县从云南引进的绿皮佛手瓜和惠水本地佛手瓜。

（二）栽培季节

在贵州中部地区和西部部分地区初次栽培，可于1月上旬至2月下旬播种育苗，3月下旬至4月中旬移栽，6月上旬至12月中下旬收获（打霜为止）。以后可用老根繁殖。由于佛手瓜株、行距宽，植株封垄晚，前期可与生长期较短的蔬菜间作、套作。

（三）管理技术

1. 播种育苗

（1）育苗设施。选用育苗大棚或小拱棚等育苗设施，在较大的营养杯（直径20～30厘米、高20厘米）中装入营养土备用。

（2）营养土配制。菜园土与充分腐熟的有机肥按1：1充分混合，然后用多菌灵进行营养土消毒备用。

（3）种瓜选择和处理。农户可以自己留种，初次栽培一般用整瓜育苗，种瓜需选择个头肥壮、结瓜旺盛、瓜形好、授粉后30天左右的老熟瓜，单瓜重量500克左右、表皮光滑润薄、蜡质多、微黄色、茸毛不明显、芽眼微微凸起、无伤疤破损、无病虫为害和机械损伤、充分成熟的瓜做种瓜。将种瓜包在塑料袋里，置于15～20℃的场所内催芽，当种瓜长顶端见芽后，即可播种育苗。将种瓜于11月下旬放在5～7℃的室内或简易大棚保存，直接堆放或用箩筐装沙储藏，即用箩筐装一层沙，放一层瓜，不留空隙，箩筐顶端覆盖10～15厘米的沙即可。若数量大可在室内储藏，在整个储藏期要特别注意几点：①自始至终不能浇水，即使表皮起皱也不能浇。②必须用于沙储藏覆盖，不能用农家肥和田园土储藏覆盖。③若无干沙可用干煤灰储藏覆盖。

（4）育苗方法。每个营养钵栽瓜1个，种瓜芽朝上，直立或斜栽于钵中，覆盖5厘米厚的营养土。播后浇透水，注意保温防寒。成苗前叶片不出现萎蔫一般不浇水，避免秧苗徒长和腐烂。佛手瓜种植后可连续生长5～6年，需补种或扩大种植则进行整瓜播种育苗。贮藏后翌年清明前后自然出苗，而后选择苗好的种瓜直接播种。培育大壮苗，提高幼苗的抗性，需及早适时进行室内催芽。催芽时间于翌年1月下旬将种瓜取出，用塑料袋逐个包好，移到暖室或热炕上催芽，温度15～20℃。催芽温度不宜太高，温度过高出芽快，但芽细不健壮。适当降低催芽温度，芽粗短健壮。半月左右种瓜顶端开裂，生出幼根，当种瓜发出幼芽时进行育苗。数量小用大营养袋或花盆放在暖室培育，数量大用简易保护地培育。营养土用通气性能好的砂质土与菜园土对半混合配制，种瓜发芽端朝上，柄朝下，覆土4～6厘米、土壤湿度为手握成团，落地即散为准。不要有积水。育苗期瓜蔓幼芽留2～3枝为宜，多而弱的芽要及时摘掉。对生长过旺的瓜蔓留4～5叶摘心，控制徒长，促其发侧芽。育苗期间要保持20～25℃，并还要注意保持较好的通风光照条件。

佛手瓜整瓜种，需种瓜量较多，成本偏高。为减少种瓜用量，扩大繁殖系数，山东省农业科学院蔬菜花卉研究所采用茎切段扦插育苗获得成功。具体方法是：将种瓜提前育苗，培育出用于切段扦插的健壮秧蔓。在有温室的地方，可于11—12月育苗，延长育苗期可使幼苗多发枝、发壮枝。于翌年3月上、中旬将幼苗秧蔓剪断，每一切段含2～3个节。将切段茎部置于500毫克/升的萘乙酸溶液中浸泡5～10分钟，取出插于育苗营养土或蛭石、珍珠岩、过筛炉渣等轻质基质内，保温保湿促其生根。据试验，采用此法扦插成活率达80%以上。

2. 整地施基肥

栽前进行翻耕犁土，按株行距2米×4米深挖定植穴，每穴中施入腐熟有机肥10～20千克和0.2～0.3千克复合肥作基肥，并与穴土充分混合均匀，上层再覆盖10～15厘米厚的表土，并略加镇压，使穴内土面略低于地面，便于灌溉和培土。

3. 适时定植

佛手瓜断霜后即可定植，大棚栽培可于3月上、中旬定植，露地栽植以于4月中旬为宜。定植时，穴要大而深，约1米见方，1米深。将挖出的土再填入穴内1/3，每穴施腐熟优质圈肥200～250千克，并与穴土充分混合均匀，上再铺盖20厘米的土壤，用脚踩实。定植时将育苗花盆或塑料袋取下，带土入穴，土地与地平面齐，然后埋土。定植后浇水，促其缓苗。定植密度，若采用种瓜育苗，大苗定植，每亩可栽20～30棵。小苗可适当密植，行距3～4米，株距2米，每亩80～

120株。

4. 田间管理

（1）水分管理。前期适当控水，以促进根系深扎。进入高温季节后，生长迅速，需水量大，要勤浇水，同时可在根际覆盖5～10厘米厚的稻草或麦秸。进入开花结果期，需水量大，应增加浇水次数。雨大时，要及时排水，定植穴内不能积水。

（2）追肥管理。苗期可适当追施少量的尿素或人畜粪水，结瓜期后每隔25～30天追施1次，整个生长期追肥4～5次，每次每亩追施复合肥5～6千克，可环状沟施或对水浇水。同时，在开花结果期，可每10～15天用0.3%的磷酸二氢钾+尿素溶液进行根外追肥。

一是定植后1个月内主要做好幼苗的覆盖增温，促进生长发育。此期间不追肥，只浇小水。

二是根系迅速发育期，要多中耕松土，促进根系发育，为秋后植株的旺盛生长打好基础。越夏期勤浇水，保持土壤湿润，增加空气湿度，使佛手瓜安全越夏。

三是进入秋季，植株地上部分生长明显加快进入旺盛生长期，要肥水猛攻，以使植株地上部分迅速生长发育，多发侧枝，为多开花多结果打好物质基础。

四是盛花盛果期，日蒸腾量大，需要充分的水肥，水分以保持土壤湿润为宜，可采用叶面喷施氮、磷肥2～3次，或施腐熟的人畜肥。

（3）及时搭架引蔓。佛手瓜的繁殖力和攀缘力都较强，生长迅速，叶蔓茂密，相互遮阴，任其生长最易发生枯萎和落花落果现象。瓜苗成活后及时搭架，搭建高2米左右（柱高2.2米，埋地0.2米）的棚架以便于采摘和管理。瓜蔓长出后，及时引蔓上架，每株留健壮主蔓1～2个，其余侧蔓全部打掉。因此当瓜蔓长到40厘米左右时就要因地制宜就地取材，利用竹竿绳索等物让佛手瓜的卷须勾卷引其叶蔓攀架、上树、爬墙。佛手瓜侧枝分生能力强，每一个叶腋处可萌发一个侧芽。定植后至植株旺盛生长阶段，地上茎伸长较慢，茎基部的侧枝分生较快，易成丛生状，影响茎蔓延长和上架。故前期要及时抹除茎基部的侧芽，每株只保留2～3个子蔓。上架后，不再打侧枝，任其生长，但应注意调整茎蔓伸展方向，使其分布均匀，通风透光。

（4）摘心疏枝。佛手瓜子蔓、孙蔓结瓜较早，主蔓30厘米左右时，及时摘心，促进子蔓的发生和生长，并及早选留2～3根健壮子蔓，必要时也可摘去子蔓心，促进孙蔓的发生。引蔓须均匀分布于架面，如果侧枝数量过多造成郁闭，应适当疏枝，可提早结瓜，增加产量。

5. 采收及采后处理

商品瓜在开花后20天左右，单瓜质量250克左右时，即可采收。采收时用剪刀从瓜柄处剪下果实，避免伤及瓜蔓。采后注意剔除伤残瓜、畸形瓜后，根据瓜果的大小、形状、色泽适当进行分级包装上市。

6. 老蔓管理

霜冻到来之前，要及时采收完瓜果，在离地面10厘米左右的地方割去主蔓，清洁瓜田，并用塑料薄膜或稻草覆盖瓜蔸，然后在稻草上盖一层干土，保证佛手瓜地下部分安全越冬。

7. 佛手瓜—大球盖菇蔬菜间作轮作套作栽培技术

为了佛手瓜产业的可持续发展，采用菜—菜—菜—瓜—菇—蜂的模式。佛手瓜每年6月中旬上架，上架之前每年10月、2月、4月（小白菜）各种植一季蔬菜（白菜），佛手瓜季节在6月中旬至12月打霜，在瓜下种植大球盖菇，利用菌草作为菌材，菌草腐烂后提供和补充有机质，佛手瓜期间饲养蜜蜂，促进授粉，达到生态可持续的目的，该模式目前是最高效、最立体、最生态、最可持续的产业体系。

（四）主要病虫害防治

1. 病害

佛手瓜每周采摘2次，病虫害相对较少；瓜农为了让瓜架下充分透光，都会及时摘除病叶、黄叶；佛手瓜枯枝适口性好，每年冬天打霜以后瓜农都要把老蔓回收，秸秆还田。据近年观察，也有一些病害；佛手瓜病害主要有霜霉病、白粉病、炭疽病、黑星病、蔓枯病、叶斑病等。

（1）霜霉病。由鞭毛菌亚门的古巴假霜霉菌侵染引起的真菌病害，主要危害叶片。保护地栽培时易发生此病。发病初期，叶面叶脉间出现黄色褪绿斑，后在叶片背面出现受叶脉限制的多角形黄色褪绿斑发病严重时叶片向上卷曲，湿度大时病叶背面生有霉层，即病原菌的孢子囊和孢子梗，而环境干燥时则很少见到霉层。

该病菌可在温室或大棚内的活体植株上存活，从温室或大棚向露地植株传播侵染。在温暖地区，田间周年都有瓜类寄主存在，病菌可以孢子囊借风雨辗转传播为害，无明显越冬期。病原菌萌发温度为4～32℃，以15～19℃最为适宜。温度低、湿度大易诱发该病的发生。

防治方法：保护地栽培时湿度最好保持在90%～95%，尤其要缩短叶面结露的时间。发病初期可喷洒64%噁霜·锰锌可湿性粉剂500倍液，72%霜脲·锰锌可湿性粉剂800倍液等。病情严重时，可用80%烯酰吗啉可湿性粉剂1 000倍液或53.8%氢氧化铜水分散粒剂700～800倍液，每7～10天防治1次，连续防治2～3次，收获前1周停止用药。

（2）白粉病。由子囊菌亚门葫芦科瓜白粉菌和单囊壳菌侵染引起的真菌病害，高温高湿是该病发生的重要条件，尤其当高温干旱与高湿条件交替出现时，又有大量白粉菌及感病的寄主，该病流行。该病发生时，主要为害叶片，叶柄和茎蔓也能染病，但果实受害少。初发病时叶面先产生白色小粉斑，后逐渐向四周扩展融合形成边缘不明显的连片白粉，严重时整个叶面覆1层白色粉霉状物，一段时间后，致使叶缘上卷，叶片逐渐干枯死亡。叶柄和茎蔓染病时，症状基本与叶片相似。

防治方法：采用人工大量繁殖白粉寄生菌，即白粉菌黑点病菌进行生物防治。于佛手瓜白粉病发病初期喷洒到植株上面，可有效地抑制白粉病的扩展。发病初期喷洒4%嘧啶核苷类抗菌素水剂1 000倍液，隔7～10天1次，连喷2～3次，不仅可防治白粉病，还可兼治炭疽病、灰霉病，黑星病等。也可在发病初期喷洒20%三唑酮乳油2 000液，12.5%烷唑醇可湿性粉剂2 500倍液等，每7～10天防治一次。还可选用40%氟硅唑乳油8 000～10 000倍液，防治1次后，再改用常用杀菌剂。保护地栽培时也可用5%百菌清粉尘剂，每亩用药量为1千克。采收前1周停止用药。

（3）炭疽病。由半知菌亚门葫芦科刺盘孢菌侵染引起的真菌病害。病菌发育最适温度为24℃，湿度越大该病越易流行，佛手瓜在整个生育期内均能染病。叶片染病，出现圆形至不规则形中央灰白色斑，后病斑变为黄褐色至棕褐色；茎、蔓染病，病斑呈椭圆形边缘褐色的凹陷斑；果实染病，病斑圆形至不规则形，初呈淡褐色凹陷斑，湿度大时可分泌出红褐色点状黏质物，皮下果肉呈干腐状，虽可深入内部，但影响不大。

防治方法：加强大棚内的温湿度管理，及时通风排湿，降低棚内湿度；为减少人为传播蔓延，田内各种农事活动都应在露水落干后进行；保护地栽培，可用烟雾法，用45%百菌清烟剂，苗用量250克，每7～10天熏1次，连续或交替使用，也可于傍晚用5%百菌清粉尘剂喷撒，亩用量1千克。发病初期可喷洒下列药剂：50%甲基硫菌灵可湿性粉剂700倍液加75%百菌清可湿性粉剂700倍液，或50%苯菌灵可湿性粉剂1 500倍液、2%嘧啶核苷类抗菌素水剂，80%代森锰锌可湿性粉剂500倍液，隔7～10天1次，连续防治2～3次。采收前1周停止用药。

（4）黑星病。由半知菌亚门瓜枝孢菌侵染引起的真菌病害，湿度大和连续阴凉是该病发生的重要条件，一般只侵染叶片，叶片染病时病斑圆形或近圆形，大小1～2毫米，褐色，四周组织常为黄色，病叶卷缩不平整，病部生长缓慢，后穿孔，病叶一般不枯死。

防治方法：加强栽培管理，尤其是定植后至结瓜期控制浇水十分重要。发病初期可喷洒70%代森锰锌可湿性粉剂800倍液，或50%多菌灵可湿性粉剂600液，或75%百菌清可湿性粉剂600倍液，或50%苯菌灵可湿性粉剂1 500倍液等，每7～10天喷洒1次，连续防治3～4次。另外，要加强检疫，严防此病传播蔓延。

（5）蔓枯病。由半知菌亚门的西瓜壳二孢菌引起的真菌病害，有性态为子囊菌亚门的泻根亚隔孢壳菌。主要以分生孢子器或子囊壳随病残体在土壤中越冬，来年靠水流进行传播蔓延，从伤口、自然孔口侵入，病部产生分生孢子进行再侵染。该菌在20～25℃的温度条件下发生流行，且湿度高时发病重，保护地栽培中，若植株过密，通风透光差，生长势弱时发病重。蔓枯病主要为害佛手瓜的蔓、果和叶片，茎蔓染病造成的危害较大，蔓上初生褐色长圆形至不规则形病斑，病斑上生有黑色小点，即病原菌子实体。病情严重时，能引起茎蔓枯死，使病部以上蔓果生长发育受到很大影响，严重时可引起茎蔓死亡，果实萎缩。叶片染病，呈水渍状黄化坏死，严重时整叶枯死。果实染病，产生黑色凹陷斑，龟裂或致果实腐败。

防治方法：与非瓜类作物实行2～3年轮作。保护地栽培时要注意植株的调整，使其通风透光性好。发病初期可喷洒下列药剂：50%甲基硫菌灵可湿性粉剂800倍液，77%氢氧化铜可湿性粉剂500倍液，75%百菌清可湿性粉剂600倍液等，每7～10天一次，连续防治2～3次，采收前1周停止用药。若茎蔓发病，可用50%甲基硫菌灵可湿性粉剂加水拌成糊状，用棉絮或毛笔等涂于病部，每3～5天涂1次，连涂2～3次，效果较好。

（6）叶斑病。是由半知菌亚门的黄瓜壳二孢菌侵染引起的真菌病害。主要危害佛手瓜的叶片。发病初期，叶片上产生不规则形或近圆形病斑。病斑较小，直径3～6毫米，浅褐色至褐色。病斑边缘明显，上生黑色小粒点，即病菌的分生孢子器。病菌以分生孢子器在病残体上或土表越冬，条件适宜时放射出分生孢子，借气流传播引起初侵染。发病后，病部产生的分生孢子，借风雨传播进行再侵染。

防治方法：收获后要及时清洁田园，把病残体集中烧毁，以减少菌源。发病初期可喷洒下列药剂，50%多菌灵可湿性粉剂500～600倍液，或36%甲基硫菌灵悬浮剂500倍液，或50%苯菌灵可湿性粉剂1 200～1 500倍液等，每7～10天喷洒1次，连续防治2～3次。采收前3～5天停止用药。

（7）叶斑病。一般只危害佛手瓜的叶片，其他部位未见有发病。是由半知菌亚门的正圆叶点霉菌侵染引起的真菌病害。病原菌以菌丝体或分生孢子器随病残体在土壤中越冬，条件适宜时分生孢子萌发，由气孔或从伤口侵入，进行初侵染和再侵染，引起植株发病。在高温高湿条件下，此病易发生流行。发病初期，叶片上产生水渍状小斑点，后逐渐扩展成不规则形或近圆形的病斑。病斑灰白色，中央散生肉眼不易看清的褐色小粒点。发病重的病斑融合成大片，造成叶片早枯脱落。

防治方法：实行轮作制度，避免重茬，覆盖地膜可减少初侵染源；提倡采用配方施肥技术，增施充分腐熟的有机肥和磷、钾肥料；加强栽培管理，适时适量控制浇水，及时整枝打杈及清除老叶，以增加其通透性。发病初期可喷洒下列药剂：75%百菌清可湿性粉剂600～800倍液，或70%代森锰锌可湿性粉剂500倍液，或50%苯菌灵可湿性粉剂1 200～1 500倍液，或64%噁霜·锰锌可湿性粉剂500～600倍液等，每7～10天喷洒1次，连续防治2～3次。采收前5～7天停止用药。

2. 虫害

佛手瓜地上部分病虫害较少，田间主要有蚜虫、白粉虱、红蜘蛛或其他螨类；地下部分主要是蛴螬、蝼蛄等地下害虫咬伤根系，影响生长。可根据具体情况，针对性的采取相应的防治方法。

（1）白粉虱。属同翅目粉虱科，俗称小白蛾子，成虫和若虫吸食植物汁液，被害叶片褪绿、变黄、萎蔫，甚至全株枯死。且因其繁殖力强，繁殖速度快，种群数量庞大，群聚为害，并分泌大量蜜液，严重污染叶片和果实，往往引起煤污病的大发生，使蔬菜失去商品价值。

防治方法：25%噻嗪酮乳油1 000倍液，对粉虱特效；2.5%联苯菊酯乳油3 000倍液可杀成虫、若虫、假蛹；2.5%高效氟氯氰菊酯乳油5 000倍液；20%甲氰菊酯乳油2 000倍液，连续施用，均有良好效果。生物防治可用人工繁殖释放丽蚜小蜂，当粉虱成虫在0.5头一株以下时，每2周放蜂1次，共3次释放成蜂15头/株。物理防治：利用白粉虱对黄色有强烈的趋性，可在板条上涂黄色油漆，再涂上一层粘油（可使用10号机油加少许黄油调匀），每亩设置32块，置于行间，高度与植株高度相同。当粉虱粘满板面时，要及时重涂粘油，一般可10天左右重涂l次。涂油时要注意不要把油滴在作物上造成烧伤。

（2）红蜘蛛。属蛛形纲蜱螨目叶螨科，成、若、幼螨在叶背吸食汁液，使叶片出现褪绿斑点，逐渐变成灰白斑和红斑，严重时叶片枯焦脱落，田块如火烧状。高温低湿时红蜘蛛发生严重。

防治方法：可采用20%甲氧菊酯乳油2 000倍液、20%双甲脒乳油2 000倍液等进行喷洒，采收前10天禁止用药。还可用生物防治，按红蜘蛛与捕食螨3：1的比例，每10天放1次捕食螨，共2～3次，可控制其为害。铲除田边杂草，清除残株败叶，可消除部分虫源和早春寄主；合理灌溉和施肥，促进植株健壮，可提高其抵抗能力。

（3）佛手瓜肥害。在出苗后或结瓜期叶片边缘或叶尖往往出现褪绿斑点，叶片变薄，呈现水渍状，病斑四周边缘发黄，后褪绿斑不断扩展，最后导致半叶或全叶干枯上卷。发生肥害的原因是佛手瓜幼苗对人粪尿特别敏感，若施用不当或过量施用，就会产生肥害，严重时能导致幼苗枯萎而死。

防治方法：及时设立支架，经常扶蔓上架。当主蔓长到10节左右时摘心，促生子蔓、孙蔓，一般留2～3根健壮的枝蔓，其余可剪掉。选已发芽的种瓜种植。播后不能浇水。幼苗期不要施用人粪尿，应在栽培前或第2年起的春季萌芽前，在瓜塘四周挖掘栽植坑或环状沟。栽植前应挖1米见方大穴，穴内施用充分腐熟的农家肥2～3担，拌入磷肥1千克，草木灰5千克或施用酵素菌沤制的堆肥或充分腐熟有机肥，作为基肥。种瓜定植时瓜蒂向下，瓜脐上长出的芽向上，以后可行常规的中耕、除草、灌水和追肥。

第四节　食用菌高效种植技术

一、大球盖菇栽培技术

（一）栽培场地选择

应尽量选择易于排水灌溉，土壤有机质丰富、团粒结构好的地块。水稻收获后晒田1～2周，对土地进行翻土平整，浇1次透水，用高效低毒低残留农药对环境进行杀菌防虫处理，水稻田病虫害较少，可以省略此步骤。

（二）栽培基质及处理

采用当年玉米秸秆、水稻秸秆、蔗渣等农业废弃物为培养料，适当粉碎至长度5厘米左右，接种前1%生石灰水或清水浸泡1～3天，沥水12～24小时，让其含水量达最适湿度70%～75%，待用。或采用喷淋法，每天向培养料喷水3～5次，连续喷3～5天，直到培养料完全湿透（生料栽培法）；或者建堆发酵：将上述发好水的材料在地面上堆成宽1.5～2米，高1米左右，长度不限的料堆，堆置5～6天，中间翻2～3次堆。散堆后，将料摊开，调水降温，调节含水量为65%，料温至28℃以下，即可上床播种。

（三）制作菌床和播种

（1）在平整好的土地上按40厘米走道、90～100厘米畦面划线。

（2）将培养料平铺畦上（略窄于畦面），放湿菌材3～5千克/平方米，均匀播入菌种；然后再铺1层培养料，放湿菌材6～10千克/平方米，均匀播入菌种；最后再盖1层培养料，放湿菌材3～5千克/平方米，形成1个3层料，2层菌种的菌床。取走道上的土壤均匀覆盖到菌床上，厚度1～3厘米。完成后走道约低于菌床底部10厘米（本技术采用直接覆土法，有利于抑制杂菌生长，简化栽培管理）。

（3）将完整的水稻秸秆均匀地覆盖到菌床上，以刚刚看不到土为宜，不要太厚。完成后向畦面上喷施1次高效低毒低残留杀虫剂。

注意事项：菌种自袋中取出后用手掰成直径约2厘米大小的小块，不建议揉搓成小粒，一般按1袋/平方米播种，气温较高时应相应增大菌种量，通过竞争抑制杂菌生长。操作过程应讲究卫生，采用佩戴手套，高锰酸钾水浸泡器具等措施，注意避免杂菌污染。

（四）栽培管理

（1）播种后20天内一般不用浇水，可根据天气情况向覆盖物上喷施少量水。

（2）建堆播种后应注意观察堆温，要求堆温在20～30℃，最好控制在25℃左右，这样菌丝生长快且健壮。如果堆温过高，应采用掀掉覆盖物、畦面中部打孔，加强遮阴等方式降温。

（3）定时观察培养料情况，水分不足时可向畦面喷雾。

（4）待菌丝长出覆土即可进入出菇管理，工作的重点是保湿及加强通风透气，每天早晚向畦床喷雾。根据少喷、勤喷的原则使空气相对湿度保持在80%～95%，晴天多喷、阴雨天少喷或不喷，不能大水喷浇，以免造成幼菇死亡，喷水中不能随意加入药剂、肥料或成分不明的物质。

（5）出菇期菇体虽需求光照较多，但子实体生长期间需要50%～80%遮阴，如光照过强，菇体生长后期颜色发白，并对菌床菌丝有一定的杀伤力，大田种植时应注意遮光。

（五）采收及转潮管理

1. 采收标准

当子实体菌盖呈钟形，菌幕尚未破裂时，及时采收。根据成熟程度、市场需求及时采收。子实体从现蕾到成熟高温期仅5～8天，低温期适当延长。

2. 采收方法

采收时用手指抓住菇脚轻轻扭转一下，松动后再用另一只手压住基物向上拔起，切勿带动周围小菇。采收后在菌床上留下的洞穴要用土填满。除去带土菇脚即可上市鲜销，分级包装。盛装器具应清洁卫生，避免二次污染。产品质量应符合国家有关规定。可直接冷库大冷4小时以上，鲜品销售；或制成盐渍品、干品进行销售。

3. 转潮管理

一潮菇采收结束后，清理床面，补平覆土，停水养菌3～5天，喷重水喷透增湿、催蕾。发现原料中心偏干时，要采用2垄间多灌水，让2垄间水浸入料垄中心或采取料垄扎孔洞的方法，让水尽早浸入垄料中部，使偏干的中心料在适量水分作用下加速菌丝的繁生，形成大量菌丝束，满足下茬菇对营养的需求。但也不能过量大水长时间浸泡或一律重水喷灌，避免大水淹死菌丝体，使基质腐烂退菌。再按前述出菇期方法管理。

（六）主要病虫害防治

大球盖菇种植周期短，如在前期做好灭菌杀虫工作，后期管理中病虫害较少，另外如能利用“一网（防虫网）两板（黄板、蓝板）一灯（杀虫灯）”措施，则可有效控制病虫害，整个栽培过程无须使用农药。

二、羊肚菌栽培技术

（一）品种选择

目前，已实现规模化种植的羊肚菌种类主要为六妹羊肚菌和梯棱羊肚菌，且生产性能显著优于其他可栽培品种。通过在贵州各羊肚菌主产区持续3年的适栽品种筛选及生产稳定性试验，发现六妹系列羊肚菌品种表现出产量高、稳定性好、商品性优、生产周期短等特点，适合在本省大部分地区推广应用。如川羊肚菌6号，由四川省农业科学院土壤肥料研究所选育并通过品种审定。

（二）栽培场地选择

种地应选择地势平坦、无污染；土质疏松、肥沃；水源充足且通风良好的土地，以黑色沙壤土为佳。水稻土属于壤土，具备较好的保水保温性能，有利于羊肚菌菌丝萌发生长，且水稻种植后剩余丰富的根腐殖质和秸秆还田可作为羊肚菌栽培基质，而羊肚菌种植后土壤中残留的大量菌丝和菇脚亦可作为水稻有机肥。因此，相对沙土等土壤，水稻土更适合栽培羊肚菌。当羊肚菌与作物轮作时，应注意土壤的性质变化。如与水稻轮作，水稻田土壤板结则不利于羊肚菌子实体的生长，在水稻收割后需要翻耕土壤、去除杂草等。

（三）整地作畦

大田栽培羊肚菌需提前进行整地，首先清除地面上杂物、杂草等，并在土壤表面撒一层生石灰粉（75～100千克/亩），用于杀菌、灭虫处理，利用旋耕机深耕20厘米以上；然后将地表旋耕耙平后，用生石灰粉划线作畦，畦面宽80～120厘米，高10～15厘米，畦间留宽30～40厘米作人行通道，平整畦面；最后再撒一层生石灰粉（50～75千克/亩）调节土壤酸碱度，将两侧土壤耙细耧平，浇透水，测量10厘米深处的地温，以15～22℃为宜。羊肚菌通常采用高畦栽培，在干燥、排水良好的地块也可作低畦栽培。

（四）遮阳棚搭建

在大田种植羊肚菌应根据地形风向走势，搭建简易遮阳中棚（平棚）或矮棚（拱棚），且都可随建随拆，是羊肚菌与作物轮作的临时设施。中棚要求地势平坦，骨干立架材料多用竹竿，竹竿离地高度1.7～2米，竹竿间距3～5米，竹竿高度尽量一致，横纵在一条直线上。竹竿顶端钻孔，用托膜线把横纵的竹竿连接成一个整体，最外侧的竹竿用地桩固定住，之后根据地理位置铺设6针加密遮阳网，覆盖遮光率达90%～95%为宜，可根据贵州不同地区海拔与光照进行灵活调整。

矮棚搭建材料可选用竹片、细竹竿等。将一根长3米的竹片弯成顶部、两侧各长1米的拱门形状，每隔1.5米插一个作为矮棚的骨架。骨架插入土层要牢固，并用托膜线把门形骨架连接起来。之后铺设平整、充分拉展遮阳网，并用尼龙绳绑定在骨架上。矮棚不同于中棚，可根据地形地势搭建在不规则、不平整的地块，缺点是田间管理和喷水设施的安装等不及中棚方便。

（五）栽培技术

1. 播种

当气温稳定在20℃左右时，开始播种。贵州大部分地区可选择10月中旬至11月下旬进行，推荐每亩地投入羊肚菌菌种100～150千克。羊肚菌播种方式分为条播和撒播。播种前，先将盛放菌种的容器和双手消毒，割去袋口薄膜倒出菌种，用手将菌块轻轻掰碎，混匀备用。

条播：将畦面开沟，沟宽15～20厘米，深5～10厘米，根据畦面宽度沟间距约10～15厘米。菌种均匀播在沟内。在播种同时，松碎沟内的土壤，将开沟挖出的土壤（细土）覆于沟内，覆土厚度2～3厘米，能盖住菌种即可，覆土后浇透水。

撒播：将菌种均匀播种在畦面上，取人行道的土壤（细土）覆盖，厚度2～3厘米，覆土后浇透水。

2. 发菌期管理

播种完毕后第4天浇重水或浸水1次，使0～20厘米的表层土完全湿透，之后根据土壤含水情况进行喷水，以保持土壤湿润为宜。环境温度控制在15～25℃，土壤含水量在30%～50%，直至土壤表面有白色菌丝体或粉状孢子形成。

3. 营养袋放置

营养袋技术是近年来实现羊肚菌规模化栽培及高产稳产的关键。播种后10～20天，羊肚菌菌丝长满畦面，形成大量“菌霜”。此时，菌种自身的营养消耗殆尽，需要在畦面上放置营养袋补充营养。

数量按照每亩地1 600～2 000袋均匀排布在畦面上，摆放方式为利用排钉在营养袋单侧均匀打上小孔（10个左右），将有孔面紧贴土壤呈梅花形放置，确保营养袋与表层土壤充分接触，使羊肚菌菌丝能通过小孔生长进入营养袋并吸收营养。营养袋放置后，保持畦面土壤湿润，另喷施0.1%的磷酸二氢钾溶液。羊肚菌菌丝生长速度较快，抗性强，营养袋极少出现污染的情况。经过20～30天后，菌丝可长满营养袋，待菌丝满袋20天左右，移除畦面营养袋，以增加羊肚菌出菇面积。

4. 出菇管理

撤去营养袋后，须再浇1次透水，可以分2天补足。随着气温回暖，地表土壤温度升至8℃以上时，需加强水分管理，促进羊肚菌菌丝由营养生长阶段转入生殖生长阶段。通常1周左右，畦面出现原基，在环境条件适宜的情况下，原基逐渐发育成子实体。出菇期间环境温度要控制在10～18℃，空气相对湿度85%～95%，土壤含水量达到65%～80%；光照以三分阳七分阴为宜，并保持通风良好、空气新鲜；随时清除废弃物、杂物等，维护栽培场地内外及周边环境的清洁。

5. 适时采收

羊肚菌子实体出土后一般经过8～15天生长成熟，具体视当地气候情况而定。当羊肚菌蜂窝状的子囊果部分（菌帽）已基本展开、脉络清晰，颜色由深灰色变成浅灰色或褐黄色即可进行采收。采收时，利用锋利的小刀从菌柄基部齐土面割下或将子实体基部一起拔出。采收后的鲜菇应清除基部泥土，装箱冷藏保鲜，可销售鲜品；也可晒干或烘干后装入密封塑料袋，置于干燥、避光、通风良好的空间保存。装箱时应减少挤压变形或破损，保持子实体朵型圆满完整，干燥加工时勿弄破菌帽，勿用柴火烟熏，以免影响菇体品质，降低商品价格。

（六）主要病虫害防治

羊肚菌病虫害防治主要以预防为主，播种前可对栽培地土壤及周边环境喷撒生石灰进行杀虫杀菌。需保持栽培环境内通风良好，防止持续高温高湿，如后期发生病害时，可以采用10%石灰水直接喷洒发病部位控制病害，并及时清除染病子实体。虫害主要为跳虫、线虫、蛞蝓等，在菌丝生长阶段，可喷洒10%石灰水或撒施6%四聚乙醛颗粒剂予以杀灭；出菇期间则悬挂黏虫黄板或安装诱虫灯进行防控，切记不能使用农药。

三、黑木耳栽培技术

（一）品种选择

选择半筋或少筋黑木耳品种，兼具商品性优、口感好、易干制等优点，消费者认可度高，经济效益好。如黑木耳916、黑山系列、新科、丽耳43号等，适宜贵州大部分地区栽培。

（二）耳场准备

黑木耳的栽培场地应选择地势平坦、通风向阳、干燥近水源的地方。将土翻至畦上做成龟背型凸畦，畦高5～10厘米、宽1.5～2米为宜，畦长可视场地情况而定，中间留30厘米当走道。整理好的耳床要浇透水，并在床面上撒1层石灰进行消毒。走道最好铺少量杂草或稻草，畦面铺上打过小孔后的黑色地膜，防止下雨天泥沙粘耳。畦中间架设一根铁丝或者木杆做畦架用来摆放耳棒。

床架最好用铁丝架设，既省原材料，又有利于通风透光，喷水设施最好架空，既省水带喷水又均匀。喷水设施要在菌棒排场前架好，便于对耳场预湿增湿。

（三）栽培技术

1. 划口（刺孔）

当菌丝长满袋时，再后熟培养一周，即可进行菌袋划口（刺孔）处理。黑木耳划口的方式有多种，主要有“O”“一”“V”“+”“O”形相对较小，后期耳片小，形状好，但易掉耳芽。而“一”“V”“+”形开口相对较大，耳根不易掉耳芽。因此，在黑木耳栽培过程中可根据品种的不同以及品质的需求采取不同的开口方式。如黑山品种可采用“O”形的开口方式；黑木耳916品种宜采用“V”“+”形的开口方式。

刺孔的数量是根据黑木耳品种来决定的，原则上，若黑木耳品种耳片大，刺孔数量少，若耳片小，刺孔数量可适当增加。方法：将菌袋表面消毒，放入打孔机，旋转一周打孔，深0.5～1厘米；也可预先做好钉板，一般用6毫米的铁钉，铁钉1.5～2厘米梅花形间隔，用钉板打孔。以15厘米×55厘米的栽培袋计，黑山品种刺260个左右的孔为宜，黑木耳916品种刺220个左右的孔为宜。打孔后注意保湿（特别是打孔处料面），以利于菌丝恢复生长。刺孔后养菌5～7天，当孔内的菌丝呈绒毛状，就可以移到大田下地排场。

2. 催耳及原基形成期管理

将打孔后的菌袋，摆放于出耳场地畦内斜靠在铁丝架上相互交替排列，通常每袋之间间隔10～15厘米，每亩可排放0.9万～1.1万袋。出耳环境温度控制在12～24℃，空气相对湿度85%～95%，保持昼夜温差在10℃左右，促进打孔处的菌丝愈合形成原基。1周左右菌丝可封闭孔口，长成白色的菌膜，在环境条件适宜情况下，一般开口后7～12天开始出耳，肉眼即可在开口处观察到有黑（褐）色原基产生，进而逐渐生长成耳芽。适当采取催耳管理措施后，可促使黑木耳916品种提前20天左右出耳，达到早产、高产的效果。

3. 耳基分化期管理

场地温度宜控制在15～25℃，保持较强散射光，早晚喷洒雾状（化）水，空气相对湿度85%～95%，持续约2周时间，耳基可生长至2厘米左右。

4. 木耳生长发育期管理

此阶段要管控好温度、湿度及通风等情况，防止霉变及烂耳的发生。温度控制在20～25℃。若遇高温，可采取遮阳、通风，早晚多喷水等一系列方法降温。耳芽萌发后，不能直接向耳芽喷水，而是采取喷雾方式逐渐加大地面、空间的喷水量，只有当耳片大于2厘米才可向耳片直接喷水。幼耳形成后耳场空气相对湿度保持在85%左右，成耳期控制相对湿度90%左右，保持耳片边缘不干枯。连续喷水6～7天后，停水晒袋2～3天，采用干湿交替的方式促进耳片长大，同时保持良好光照和通风。如天气连续放晴，则选择在早晚浇水保湿，白天通风晾干；如遇连续阴雨天气，则可根据耳片生长情况和市场需求情况，及时采取避雨措施或采收干制。

5. 采收与贮藏

黑木耳耳片颜色由黑色转为褐色，耳片舒展变软并略下垂，耳根收缩时即为采摘期。采收前2～3天停止喷水，加强通风，待耳片在阳光下晒至八成熟时采摘。采大留小，分批采收，并去除残余的耳基。为便于晾晒，宜于上午采摘黑木耳。采收后的木耳可在田边架设离地1米左右的晾晒架进行晾晒，晾晒时耳片向上、根向下分片晾晒，未干前不得翻动，以免造成拳耳。如遇雨天，采摘后的木耳应平铺在室内风干，或放在烘干机上烘干。干制的黑木耳按照NY/T 1838—2010《黑木耳等级规格》进行分级包装。分装后贮藏于干燥通风的室内，以防吸潮变质。

6. 采后管理

首茬木耳采收结束应停止浇水2～3天，在太阳斜射时晾晒菌棒3～5天，待采收后留下的耳根完全干浆后，按照出耳管理要求促使下一潮出耳。期间应注意通风，防止高温，保持干干湿湿，干湿交替。

（四）主要病虫害防治

黑木耳在生长过程中，每周喷撒生石灰对耳场周围及走道进行消毒，保持耳场清洁以减少杂菌污染。发现杂菌污染的菌袋要及时清理，用5%的石灰乳涂抹霉斑，或将有霉斑的菌袋经过几天暴晒后再进行出耳培养，如果发现污染严重的菌袋要及时淘汰，移至远处进行深埋或烧毁。

第五节　草莓高效种植技术

一、露地草莓高效种植技术

（一）整地施肥

1. 园地选择

草莓喜水、喜肥、喜光，应选择地面平整，灌溉方便，光照良好，土壤肥沃疏松，富含有机质，pH值5.5～6.5微酸性土壤为宜。前茬作物为水稻，采用稻—莓水旱轮作栽培模式。较大规模发展时，还应考虑交通、消费能力、贮藏、加工等方面的因素。

2. 整地施肥

在草莓栽植前，要清洁田园，平整土地，施足底肥。注意增加有机肥的施用量，保证植株营养需要，提高品质。一般每亩施优质有机肥（腐熟的人粪尿、牲畜粪便、油枯、豆饼、商品有机肥等）3 000～5 000千克，高含量（N-P-K 15-15-15）复合肥50千克。

贵州因春季雨水较多，需要采用高畦栽培。拉绳放线，90厘米包沟作畦，畦面宽60厘米，沟宽30厘米，畦高40厘米，畦东西向为宜。畦面中央稍高，成龟背形，以利排水。

（二）品种选择

选择抗性强、品质好、产量高、适应性强的优新品种，如黔莓一号、黔莓二号、法兰帝等。

（三）定植

定植时间为9月下旬至10月上旬（水稻收割后）。每畦栽2行，行距25厘米，株距20～25厘米，亩栽7 000～8 000株。栽植前要剪去老残叶和黑根，选择阴天或晴天傍晚栽植，避免阳光暴晒。定植时将秧苗新茎弓背朝向畦沟，使果实将来挂在畦的两侧，减少烂果，便于采收和管理。定植时还应注意栽植深度，做到“深不埋心，浅不露根”，也即是秧苗根颈部与土面平齐，并让根系充分伸展开，栽后用力压实土壤。定植后要及时浇透定根水。定植后如遇晴天烈日，需要搭遮阳网或用带叶树枝进行遮阳。

（四）田间管理

1. 缓苗期的管理

这一阶段的主要任务是促进植株成活。除定植当天浇足定根水外，以后7～10天内早晚各浇小水1次，保持田间湿润，如遇晴天烈日，需要遮阴覆盖，提高成活率。

2. 入冬前的管理

这一阶段的主要任务是促进生长和发根，抑制现蕾和不时开花。成活后勤施薄肥，以氮肥为主，促进营养生长，抑制花序的抽生。及时浅耕锄草，摘除老叶、病叶和匍匐茎，减少养分消耗。

3. 冬季管理

这一时期草莓已经进入休眠期，主要任务是保持土壤湿润，防冻防旱。入冬后需要盖地膜进行保护，贵州大部分地区盖地膜的时间为1月下旬至2月下旬（春节前后）。盖膜前要中耕除草，清理植株病叶、脚叶，追施1次复合肥。然后用1.2米宽、1.5丝厚的黑色薄膜覆盖畦面，盖膜后，立即破膜提苗。先将膜四周拉紧固定，于株心处开一小口将苗引出膜外，注意不要损伤茎叶，将膜紧贴土面，注意膜面整洁，防止破损，保持到采果结束。

草莓在低温下易发生叶片转红枯死这样一种生理干旱现象，土壤干燥会加剧生理干旱。因此，要及时浇水，保持土壤尤其是根际土层的湿润，减少枯叶，保护叶片越冬。

4. 开花结果期管理

开春后，草莓植株生长快速，这一时期工作重点是肥水管理和植株管理。

及时浇水，满足草莓膨大期对水分的需求。现蕾期结合浇水，每亩追施硫酸钾复合肥10～15千克；花期后至结果期喷0.3%磷酸二氢钾3～4次，以提高坐果率，改善果实品质；果实膨大期，再追施硫酸钾复合肥10～15千克。

随时摘除匍匐茎、脚叶、病叶、烂果、病果、虫果等，利于通风透光，减少病虫害发生，同时使养分集中供给有效果，减少损耗。植株受伤后应立即喷施1次杀菌剂（多菌灵、百菌清等）以防病害从伤口侵染。病虫害防治参照大棚种植。

5. 采果期的管理

贵州露地草莓一般4月下旬到5月底采收，此时雨水多，气温高，要及时采摘，以防烂果造成损失。为了保持果实的新鲜，采收宜在温度较低的早晨或傍晚进行。

二、大棚草莓高效种植技术

（一）栽种期（8—9月）管理

1. 整地，起垄

将土壤深翻25～30厘米，翻后耙碎耙平，按90厘米距离拉绳放线，准备起垄。将基肥条施在2条线的中间，一般每亩施优质有机肥（腐熟的人粪尿、牲畜粪便、油枯、豆饼、商品有机肥等）3 000～5 000千克，高含量（N-P-K 15-15-15）复合肥50千克。然后开沟起垄，畦面宽60厘米，沟宽30厘米，畦高40厘米，畦方向与大棚的走向一致。畦面中央稍高，成龟背形，以利排水。

2. 品种选择

选用抗性强、品质佳、产量高，适宜贵州气候特征的优新品种，比如黔莓一号、黔莓二号、红颊、章姬等。

3. 起苗，定植

用锄头或钉耙轻轻把苗床挖松，再按出圃要求分拣种苗，按每捆100株打捆。出圃前培土壅根，并用75%遮阳网遮阴。

贵州一般在8月中旬至9月中旬定植。定植时每条垄栽苗2行，株行距为（15～20）厘米×20厘米，一般每亩栽植8 000株左右，具体视土壤肥力而定。栽植前要剪去老残叶和黑根，选择阴天或晴天傍晚栽植，避免阳光暴晒。定植时将秧苗新茎弓背朝向畦沟，使果实将来挂在畦的两侧，减少烂果，便于采收和管理。定植时还应注意栽植深度，做到“深不埋心，浅不露根”，并让根系充分伸展开，栽后用力压实土壤。定植后要及时浇透定根水。

4. 缓苗期管理

草莓苗要随栽随浇，定根水要浇透浇足。此后的7～10天之内，每天早晚各浇小水1次，并用75%遮阳网遮阴，8～10天后揭除遮阳网，保证苗子成活。

（二）盖膜前（10月底）管理

1. 肥水管理

定植后20～30天结合松土追肥1次，用高氮复合肥（N-P-K　16-8-20）0.75～1%浇灌，盖地膜前一周再追1次（N-P-K　15-15-15）的平衡硫酸钾复合肥，每亩8～10千克。如果缓苗后苗体太弱，在常规追肥的基础上可适当增施2～3次清粪水或沼液。

2. 植株管理

当新叶抽生2片时即可打除老叶和枯叶，打叶时要顺着一个方向连基部叶鞘一并打掉，不得只掐除叶柄及地上部分。及时摘除枯叶、老叶、黄叶、病叶和匍匐茎、侧芽等，保留5～6片健壮叶，注意预防炭疽病、白粉病、红蜘蛛、蚜虫等。从事农事活动造成了伤口（如打老叶、病叶等），都必须及时防病保护性用药（多菌灵、百菌清等）1次，防止病害从伤口侵染。

（三）盖膜后管理（10月底至翌年5月底）

1. 盖大膜、盖地膜（10月底至11月初）

在10月下旬到11月上旬为扣棚适宜期。棚膜使用0.06～0.08毫米（6～8丝）的长寿无滴膜，最好一年一换。扣棚应选择无风的晴天进行，大膜盖上后，要用压膜线固定，大棚两侧围上一层约1米高的裙膜，天膜与裙膜至少要重叠40～50厘米，有利于密封保温。

盖完棚膜后，中耕清除园内杂草及枯、老、黄、病叶，在厢面中间拉出一条浅沟，薄薄的撒施一次复合肥。需要高含量复合肥（N-P-K　15-15-15），亩施30千克左右，然后浇透水。铺草莓专用简易塑料滴灌带，每厢一条，滴灌带的长度稍长于厢面，平铺于厢中间，有孔一面向上。将一端用细绳扎紧，另一端与水水龙头相连。

11月上旬用幅宽120厘米，厚度0.015毫米（1.5丝），韧性强，不透光的黑色地膜进行地面覆盖。盖膜后，立即破膜提苗。先将膜四周拉紧固定，正对株心于膜上开一小口将苗引出膜外，不要损伤茎叶。将膜紧贴土面，且2厢的地膜要相交以盖住沟面。注意膜面整洁，防止破损，保持到采果结束。

2. 温湿度管理

盖棚膜后，每天进行通风换气，通风口晴天早开迟闭，阴天迟开早闭，不能连续几天不通风换气。在棚内悬挂温湿度计，盖棚膜初期，白天棚温内应在25～30℃，夜温在10℃左右。开花坐果期，棚温白天应在20～25℃，夜间在5℃以上。冬季温度近0℃时，减少通风时间和通风口。立春后应换气降温，使棚内温度低于30℃。4月下旬，棚内温度高于30℃时，可拆除大棚两侧围裙。

大棚湿度一般控制在70%左右。应重视换气降湿，冬季白天中午温度较高时通风换气。开花期应避免喷雾农药和叶面追肥。

3. 肥水管理

由于大棚草莓生长期长，棚膜又隔绝了雨水的进入，因此除施足底肥外，还要合理追肥和补水，防止植株早衰。

追肥要少量多次，以速效性肥料为主，掌握适氮，增磷、钾的原则。除了带有施肥机的果园，一般采用喷施叶面肥的方法。草莓叶面积大，非常适宜根外追肥。通常采果期结合喷药，叶面喷0.3%的尿素、0.3%～0.5%的磷酸二氢钾、0.1%～0.3%的硼酸、0.03%的硫酸锰、0.01%的钼酸铵、多元微肥等，以促进中后期果实的良好发育。20～30天喷1次，喷洒时间以下午3—4时为宜。

植株清晨是否吐水，是判断缺水与否的一个标准。草莓对水分要求较高，不同生育期对土壤水分要求也不同。果实膨大期要特别注意灌水，确保高产稳产。冬季应适当控水，以免降低地温，影响根系生长。

4. 植株管理

在草莓生长的不同阶段，要及时地、经常地摘除老叶、黄叶、病叶、采果完毕的老花茎以及匍匐茎，减少养分消耗，有利于通风透光。花数多的品种，花序顶部的无效花、无效果要及早清除，每个花序保留7～10个花果。植株受伤后应立即喷施1次杀菌剂（多菌灵、百菌清等）以防病害从伤口侵染。

5. 辅助授粉

冬季低温会影响草莓授粉受精，而且棚内湿度大，花粉传播困难，因此可在大棚内放养蜜蜂辅助授粉，减少畸形果数，提高产量。也可以采用鸡毛掸子轻抚植株的方法帮助花粉传播。

6. 病虫害绿色防控

危害草莓的病虫害较多，下面介绍几种主要病虫害防治方法。

（1）白粉病防治方法。

农业措施：合理密植，注意通风透光，开沟排水，降低田间湿度，科学施肥，增强植株生长势，提高抗病力。大棚要控制浇水，加强通风换气。

药剂防治：发病初期，甲基硫菌灵、三唑酮喷雾；病害严重时，用醚菌酯、氟硅唑、氟菌·肟菌酯、戊唑醇等喷雾治疗，几种药剂可交替使用。每7～10天喷药1次，连喷2～3次。

（2）灰霉病防治方法。

农业措施：合理密植，及时植株管理，保持田间良好的通风性，控制施肥量，防止茎叶徒长造成田间郁闭。注意田间湿度管理，提倡高畦栽培。

药剂防治：发病期间用吡唑醚菌酯等喷雾。每7天喷药1次，连续2～3次，还可用百菌清烟剂闷棚熏烟防治。

（3）炭疽病。

农业措施：避免田间积水，注意通风透光，开沟排水，降低田间湿度；科学施肥，增强植株生长势，提高抗病力。

药剂防治：百菌清、丙森锌、咪锌胺锰盐等喷雾。

（4）红蜘蛛防治方法。

随时摘除老叶和枯黄叶可有效减少虫源传播。天气干旱时，及时灌水，抑制其生长繁殖。药剂选择上应选择高效、低毒、安全和不易产生抗药性的药剂。如：菊酯类农药和阿维菌素等喷雾。

（5）蛴螬（金龟子幼虫）防治方法。

合理安排茬口，不选蛴螬发生较重的玉米、大豆、薯类为前茬作物。合理施肥，施用的农家肥应充分腐熟，避免将幼虫和卵带入田中。

整地时深翻，对翻出的地下害虫人工随犁捡拾或赶入鸡鸭啄食。用50%辛硫磷乳油，每亩0.2～0.25千克，加水稀释10倍，喷于25～30千克细土上制成药土，再撒入地面，整地同时翻入土中，再作畦移栽。移栽后用50%辛硫磷乳油1 500倍液灌根，毒杀幼虫，或发现植株轻度受害时，挖开根部，人工捕杀。

（6）蚜虫防治方法。

及时清除老叶、枯叶及杂草，减少虫源；利用蚜虫对黄色有较强的趋性，可用黄板诱杀，效果比较明显。

药剂防治：可选用吡虫啉等喷雾。

（四）采果

大棚草莓从开花到成熟的天数因温度不同而有差异，温度高成熟快，温度低成熟慢，一般秋冬季50～60天，春夏季20～40天。果实在成熟过程中由青转乳白色，然后由阳面，再至果肩，最后底部全部转为红色，此时采收风味最佳。一般远销的鲜食果7～8成熟时采收，就近销售的9～10成熟时采收。采收过程中必须轻拿轻放，用拇指和食指将果柄掐断，然后轻放入果篮中。常温下草莓不宜久放，应分置在小包装盒中及时上市销售。当天采收，当天处理完毕。在冰箱冷藏室中可存放2～3天。

第六节　油料作物高效种植技术

一、油菜高效种植技术

（一）油菜育苗移栽技术

油菜育苗移栽分为翻犁移栽和免耕移栽。根据2种栽培模式种技术上的异同，合并叙述如下。

1. 精整苗床

苗床地要求二年未种植十字花科作物、土壤肥沃、背风向阳、排灌方便。底肥均匀撒施腐熟有机肥2 000千克和25千克磷肥或复合肥；苗床厢宽150厘米，沟宽20～30厘米、沟深15～20厘米，厢面应做到平整、土粒细匀。细沙地作苗床，土表应避免刮得过平，防止种子落于表面造成出苗率低。

2. 适期播种，培育壮苗

中晚熟油菜品种于9月10日左右播种，早熟油菜品种于9月20日左右播种。每亩苗床用种量0.6～0.7千克。播前晒种，播时将种子拌入细砂均匀撒播。若苗床土壤干旱，先将苗床浇湿浇透，待土壤稍干后浅松土面撒种。播种后用适量清粪水或清水浇施苗床，避免板结。用氰戊菊酯喷施于床面，防治蟋蟀和蚂蚁等危害，并及时用稻草、玉米秆等覆盖苗床并浇湿覆盖物。当子叶露出土面时，应及时去除覆盖物。若遇干旱缺水，每隔2～3天浇水一次；若雨水较多，应及时清沟排水，降低地下水位。

油菜长出第1片真叶时开始间苗，约3.4厘米留1株苗；第2次间苗在3片真叶时进行，约8.3厘米留1株苗。1～2片真叶时，每亩苗床用1 000千克清粪水加尿素5千克搅匀后施用；3～4叶期定苗后，亩用15%多效唑可湿性粉剂50克对水50千克喷雾；在移栽前7～10天用清粪水或亩用3～4千克尿素加水浇淋，并用0.4%的硼砂溶液50千克喷雾。

3. 及时移栽，合理密植

水稻“勾头”后立即开沟排水，达到收割时土壤硬而不干，湿而不散，力争水稻收后土壤含水量达70%左右（即手捏成团，手松即散）。翻犁移栽的田块，应在水稻收获后及时翻犁碎土，耕深20～23.3厘米，碎土1次，并开好厢沟、围沟和腰沟，做到沟直底平，沟沟相通，雨停沟干。免耕移栽的田块，水稻收割时留存0.2米以下，收割后即开沟做厢，厢宽5.0～6.0米，厢沟宽15～20厘米、深18～20厘米，腰沟、围沟宽20厘米、深25～30厘米。冷浸田、低洼田要适当缩小厢宽并增加沟的深度。

苗龄30～35天，叶片数达到5～6片叶时移栽，移栽前1天将苗床浇透水，以便扯苗不伤根。移栽时选用健壮苗，去掉弱苗，按苗长势和大小分类取苗移栽。栽苗以不露根茎，不盖心叶为原则，先栽大壮苗，做到边取苗边移栽，边施定根肥（每亩清粪水1 000～1 500千克加尿素2千克）。栽苗时做到苗正根直，用细泥土压紧根系，并用泥土盖至最下叶着生处。移栽密度4 000～6 000株/亩，行距0.5米，窝距0.22～0.33米，单株移栽。

4. 多施有机肥，做到平衡施肥

每亩施有机肥1 500～2 000千克，钙镁磷肥50千克，氯化钾10千克，硼砂1

千克。移栽返青成活后，亩施尿素5～10千克；油菜薹高10厘米，可根据油菜长势亩施尿素7～10千克，氯化钾2～3千克。若遇严重缺硼的土壤或暖冬等气候造成油菜生理性缺硼，可在开盘期、抽薹期用0.1%～0.2%的硼砂水溶液各喷1次，也可用0.1%～0.15%速乐硼溶液进行叶面喷施。花期可结合防治菌核病，每亩以硼砂或速乐硼100克，磷酸二氢钾100克，多菌灵100克，对水75～100千克喷施，10天喷施1次，共2次，可明显减少菌核病和“花而不实”的现象。

5. 除草

油菜移栽前3～5天，杂草发生较重的田块，用10.8%高效氟吡甲禾灵乳油，在无露水和积水时进行土壤表面喷雾除草。

油菜活棵后，免耕油菜田由于未经翻耕，易发生草害。以禾本科杂草为主的田块，可每亩用10.8%的吡氟氯禾灵乳油25～35毫升对水50千克，或5%的精喹禾灵乳油30～40毫升对水50千克，于杂草2～4叶期喷雾。

6. 主要病虫害防治

为害油菜的害虫主要有跳甲、蟋蟀、菜青虫、小菜蛾和蚜虫等。用喹硫磷、溴氰菊酯、吡虫啉等防治跳甲、蟋蟀；用氯氰菊酯、高效氟氯氰菊酯、溴氰菊酯、吡虫啉等轮换用药防治小菜蛾；用高效氯氟氰菊酯、溴氰菊酯防治菜青虫；吡虫啉、高效氟氯氰菊酯等轮换使用防治蚜虫。

危害油菜的病害主要有病毒病、菌核病、霜霉病、白锈病，白粉病等。蚜虫是病毒病的主要传播媒介，应控制苗期、大田期传毒蚜虫的数量；当油菜病毒病发生时，用盐酸吗啉胍、氨基寡糖素喷施每隔7～10天喷施1次，连续喷施2～3次。菌核病的防治在油菜初花后1周进行，用50%多菌灵可湿性粉剂500～1 000倍液或40%菌核净可湿性粉剂1 000～1 500倍液喷洒植株中下部1～2次。霜霉病的防治一般在病株率达10%以上开始用药，常用药剂有烯酰吗啉、甲霜灵、百菌清、甲基硫菌灵等。当田间白锈病发生时，应及时剪除病枝和感病花轴，带离田块，防止卵孢子落入土壤中越夏、越冬，其化学防治方法与油菜霜霉病相同。油菜白粉病发病初期，选用三唑酮、烯唑醇、多菌灵喷施防治。

7. 适时收获、贮藏

油菜终花后30天左右，当全株2/3的角果呈黄绿色，主轴基部角果呈枇杷色、种皮呈黑褐色，分枝上部尚有1/3的角果仍显绿色，为适宜收割期，抢抓晴天及时收割、翻晒、脱粒，避免因持续阴雨天气导致油菜籽生根发芽而引起产量受损。一次性机械收获可推迟5～8天。当籽粒水分控制在9%以下（手抓菜籽不成团），去除杂质后可装袋入库。仓库应保持通风、密闭、隔湿、防热，堆高一般不超过1.5米，菜籽入库后禁止使用高毒、高残留农药熏蒸消毒。

（二）油菜直播技术

油菜的直播栽培按耕作方式分类，可分为翻耕直播和免耕直播；按播种方式分类，可分为撒播、条播、点播；按动力来源分类，可分为人工直播和机械直播。

1. 翻耕直播栽培

（1）精细整地，施足底肥。

水稻收获后，及时深耕达20厘米以上。同时开好中沟、厢沟、边沟。沟宽30厘米，沟深20～50厘米，三沟相通。开厢碎土，精细整地，使表土疏松细碎。厢宽一般3米左右，厢沟深15～20厘米。地势平坦、地下水位高、排水差的土壤，厢宽1.5～2米，厢沟深25～30厘米。结合整地每亩施腐熟有机肥1 000千克或复合肥50千克，硼砂1千克作为底肥，均匀施入直播穴（行）中，或均匀撒施于厢面。

（2）适时播种。

油菜直播应较移栽延迟播期10～15天，中晚熟品种播期应早于早熟品种；高寒山区播种应早于平坝地区或温热地区；在播种期范围内以适时早播比晚播为好。甘蓝型品种在贵州一般地区直播播种期掌握在9月下旬至10月中旬，温热地区播种在10月上旬至中旬，高寒地区播种9月下旬至10月上旬。

（3）种植方式及密度。

甘蓝型品种，种于肥沃土壤的，一般种植密度为2.5万株/亩；若整地粗放，播种期过晚，土壤干旱或过湿，应适当增加播种量；高寒地区，随海拔的升高，密度可相应增大。生产上主要采用是以下几种种植方式。

窝播：即在整理好的厢上打窝种植，行距40厘米，窝距20厘米，亩用种量400克，均匀播于窝内。

条播：即于整好的厢面上开行种植，行距40厘米，亩用种量400克，种子均匀播于行内。

撒播：即于整好的厢面上，均匀撒播400克种子。

（4）田间管理。

一是早间苗，早定苗。直播油菜往往播种量过大，间苗如不及时，易造成苗挤苗、苗荒苗，严重影响油菜的产量。因此直播油菜一定要抓住全苗、按照去小留大、去弱留壮、去杂留纯、匀密补稀的原则及早间苗、早定苗。定苗时根据品种特性、地力肥瘦和施肥的多少等条件，制定合理密度的株行距。

二是适时追肥，早施稳施薹肥。在施足基肥的基础上，第1次追肥在2～3片真叶时进行，根据苗情施好提苗肥，每亩追施尿素5千克或用清水粪泼浇1次。第2次追肥在定苗后进行，每亩施尿素5～10千克。根据油菜长势情况，在油菜薹高10厘米时，亩施尿素5～10千克，氯化钾2～3千克，结合培土壅根，保温防冻，促进春发，确保油菜生长后期的肥料供给。

三是增施硼肥。底肥未施用硼肥的，可结合第1次或第2次追肥亩用硼砂1千克与尿素混施。也可在苗后期和抽薹期进行叶面喷施，每亩用0.1%～0.2%的硼砂溶液，或用0.1%～0.15%的速乐硼溶液进行叶面喷施。花期可结合防治菌核病，每亩以硼砂或速乐硼100克，磷酸二氢钾100克，多菌灵100克，对水75～100千克喷施，10天喷施1次，共2次，可明显减少菌核病和“花而不实”的现象。

四是抗旱保墒和排水防渍。播种前后如遇秋旱天气，应及时灌跑马水抗旱，促出苗全苗；冬春气候干燥，降水量少，出现干旱时，应根据土壤墒情适当灌溉。春后及时清理“三沟”，保持排灌畅通，防止雨后受渍，降低田间湿度，以利根系生长，防病防倒伏。

五是病虫防治。病虫害防治如前所述。

（5）适期收获油菜成熟后采用人工收获或联合收获。

2. 免耕直播栽培

免耕直播栽培具有保持土壤结构、适时播种、省工节本等优越性，也可有效解决季节矛盾及湿害等问题。其栽培技术要点如下。

（1）开沟作畦。

采用人工开沟或机械（开沟机）、牲畜开沟，沟宽20～25厘米、厢宽120～140厘米；三沟（中沟深20厘米、边沟深30厘米、厢沟深15～20厘米）相通，防止雨天畦面积水。开沟后用铁锹或锄头将沟沿及沟内碎土均匀抛盖畦面。

（2）化学除草。

一是播前处理。对播种前杂草较重的田块在播种前3～5天，亩用10%草甘膦500毫升对水40千克喷雾扑杀免耕稻田杂草。

二是播后苗前处理。播种覆土后，亩用50%乙草胺乳油50～75毫升，或60%丁草胺乳油100毫升对水40千克喷施，作土壤封闭处理，防止杂草萌发。

三是茎叶处理。油菜成苗后，以禾本科杂草为主的田块，在油菜4～5叶期，禾本科杂草3～5叶期，亩用10.8%高效氟吡甲禾灵乳油30毫升，或24%烯草酮乳油30毫升，或5%精喹禾灵乳油50毫升，对水40千克喷雾防除。

（3）适时播种。

根据品种特性及前作收获时间确定油菜的播种期，9月底至10月中旬播种，适期早播。

（4）施足底肥。

每亩施用尿素10千克、过磷酸钙40千克、氯化钾8千克、硼肥1千克，或N、P、K、B油菜全营养专用缓控释复合肥50千克作底肥。底肥施用方式根据播种方式（撒播、穴播、条播）分别进行撒施、穴施、条施。

（5）播种量。

播种量根据天气、土壤墒情及种子发芽率而定、一般每亩播种量以300～400克为宜。

（6）播种方式。

根据实际情况可选择不同的播种方法。

一是撒播法。用干细土与种子混合后，按亩播量分厢撒播在畦面上，避免重播漏播，减少后期间苗补苗工作。播种后可利用覆土盖种，也可采用稻草覆盖，每亩用稻草150～300千克均匀覆盖。

二是穴播法。根据密度拉绳沿稻桩打穴或撬窝直播，一般每亩7 000～8 000穴，穴深3厘米，每穴下种5～6粒，留苗3～4株，播种后，覆土盖种或覆盖稻草。

三是条播法。沿畦宽方向按行距35～40厘米开深度2～3厘米的播种小槽，播种后覆土盖种或覆盖稻草，出苗后按株距留苗。

（7）大田管理。

一是早间苗、早定苗。一般每亩留苗2万～3万株，早熟品种、低肥力、迟播田宜留密；迟熟品种、高肥力、早播田宜留稀。实际生产中，根据天气及土壤墒情，掌握适宜播种量播种，可不进行间苗定苗以减少劳动力投入。

二是施用提苗肥，早施稳施薹肥，巧施花肥。第1次追肥在2～3片真叶时进行，根据苗情施好提苗肥，每亩可追施尿素5千克；第2次追肥在定苗后进行，亩施尿素5～10千克；在油菜薹高10厘米时，亩施尿素8～15千克，氯化钾2～3千克，促进春发，确保油菜生长后期的肥料供给。

其他田间管理，包括增施硼肥，排水防渍，病虫防治，适期收获等措施与翻耕直播相同。

3. 机耕分厢定量直播高效栽培技术

贵州省油料研究所根据多年生产实践，针对贵州喀斯特山地特点，研究制定利用小型机械整地、开沟，分厢定量种子人工撒播的“油菜机耕分厢定量直播高效栽培技术”，适合贵州山地油菜轻简高效生产，该技术措施综述如下。

（1）选用良种。

选用株型紧凑、中矮秆、耐密植、抗倒、抗病性强的优质高产中熟或中早熟油菜品种。

（2）整地开厢。

前茬作物收获后，用秸秆还田机粉碎将秸秆粉碎，再用旋耕机具灭茬还田，也可以使用具有相同功能的复式机具作业，田块表面无过量的残桩。抢墒微耕机浅耕，开沟起厢。厢宽应与播种、收获机械作业宽度对应，一般2米左右，厢沟宽30厘米，深20～30厘米，后坎沟深30～40厘米、前坎沟深40～50厘米、两侧边沟30～40厘米，宽30～40厘米；三沟（中沟、厢沟、边沟）沟直、平、通，与田外排水沟要逐级加深配套，排水通畅。

（3）化控除草。

播种前，对杂草较重的田块在播前3～5天，亩用10%草甘膦500毫升对水40千克喷雾扑杀免耕稻田杂草。油菜出苗前，亩用50%乙草胺乳油50～75毫升，或60%丁草胺乳油100毫升对水40千克喷施，作土壤封闭处理，防止杂草萌发。

（4）播期播量。

掌握适时播种，根据品种特性及前作收获时间确定油菜的播种期，最佳播期9月25日至10月15日；品种生育期230天以上，海拔1 100米以上的地方宜早播；品种生育期230天以下，海拔900米以下的地方宜迟播。根据品种特性，提倡“适期早播”，有利于幼苗的早生快发，最晚不宜超过10月25日。播种量上，一般播种量0.3～0.4千克/亩；厢面2米，按每厢面积定量、均匀撒播、顺厢条播或顺厢点播，出苗6.0万～8万株/亩。

（5）播种方式可采取点播、条播和撒播。

点播方式，在机耕分厢的厢面上，根据亩播种量控制每厢种子量，顺厢按照行窝距50厘米×40厘米、50厘米×33.3厘米、40厘米×40厘米和40厘米×33.3厘米等进行拉绳打窝点播。条播方式，在机耕分厢厢面上，根据亩播种量控制每厢种子量，按照行距55厘米、50厘米和40厘米等顺厢拉绳条播，或按2米厢4～5行条播。撒播方式，在机耕分厢的厢面上，按亩播量控制每厢种子量均匀撒播。

（6）密度控制。

苗期原则上不进行匀苗间苗，3～5叶期每亩苗3万～8万株，平均45～120株/平方米，此时期主要靠油菜高密度抑制杂草的生长。如局部因播种量太大，密度明显超过150株/平方米，可除部分幼苗。抽薹至初花期，油菜弱苗自然死亡，每亩苗3万～5万株，平均45～75株/平方米；成熟期，油菜弱小苗自然死亡，每亩苗2万～5万株，平均30～75株/平方米。

（7）施肥管理。

耕地前施用农家肥1 000～1 500千克/亩，硼砂1千克/亩和油菜专用复合肥50千克/亩作底肥，或单施N、P、K、B油菜全营养专用缓控释复合肥50～80千克/亩作底肥。在油菜苗三叶期至五叶期追施1次提苗肥，用尿素3～5千克/亩对清粪水400～500千克浇施，或在雨后撒施尿素3～5千克/亩。越冬前，如油菜幼苗生长弱小，可补施腊肥，按10千克/亩撒施尿素。如油菜幼苗表现缺硼现象，可用硼肥与尿素混合撒施。油菜全生育期加强排水防渍和病虫害防治管理。

（8）适期收获。

人工收获在油菜终花后30天左右，全田油菜植株70%～80%的角果色呈黄绿色至淡黄色，主花序中部角果籽粒呈现本品种固有色泽时时进行，人工收割晾晒5～7天后择晴天脱粒。当全田95%以上油菜角果变成黄色或褐色时，用联合收割机械进行收获。

（三）油菜薹栽培技术

1. 品种选择

油菜薹品种的选择双低“低芥酸、低硫苷”、脆甜、主薹及侧薹较粗，生长快、抽薹期早的油菜品种。如宝油早12、黔油早2号、黔油17号等。

2. 栽培方式

油菜薹的栽培应以育苗移栽为主。主要栽培技术措施与上述油菜高效种植技术之“油菜育苗移栽技术”相同。从生产的目的、产品的安全性及经济性等因素考虑，油菜薹的栽培技术还需注意以下几方面。

（1）早播种，早移栽。

根据采收上市安排，第一期育苗日期应提早至8月15日至8月20日，以后播期相隔10天。五叶一心移栽，密度5 000～8 000株/亩。

（2）肥料以有机肥为主，适量辅施化学肥料。

每亩苗床施腐熟有机肥2 000千克，并用清粪水浇湿苗床；移栽大田亩施腐熟有机肥2 000千克以上，复合肥20～30千克；移栽成活后，亩用5千克尿素对清粪水追施提苗肥1次；每次摘薹以后，均使用5～10千克尿素对清粪水施肥。

（3）除草。

整个生长期应加强防草和控草，除草只能采用人工除草，杜绝使用化学除草。

3. 虫害的绿色防控

（1）农业防治。

重点抓好培育壮苗；清沟沥水促进根系生长；清除病叶及残枝败叶，降低田间湿度，减少菌源；严格控制氮肥等措施。

（2）物理防治。

可利用天敌蚜茧蜂、黄板及银灰膜控制蚜虫；使用性诱剂诱杀小菜蛾成虫；使用黄板或黑光灯诱杀跳甲成虫；人工捕捉菜青虫幼虫和蛹，成虫可采取网捕；越冬前堆放菜叶、杂草诱集猿叶虫成虫并集中处理；油菜田边可种植少量油萝卜、甘蓝为菜粉蝶诱集带。

（3）化学绿色防控。

一般情况下，只有当害虫数量超过防控指标时，才选用低毒高效药剂防治，首选生物药剂或植物源农药。如交替使用苏云金杆菌、印楝素、鱼藤酮，以减少害虫的抗药性。叶甲类害虫应选择在成虫活动盛期；小菜蛾和菜粉蝶在卵孵化盛期用药；跳甲应采用灌根防治；蚜虫为害初期，应及时施药控制。

4. 油菜薹的采收

为确保侧薹早发、粗壮，应在主薹20厘米左右时采摘。采摘菜薹长度10厘米；1次薹和2次薹平头时采摘，采摘菜薹长度15厘米。采主薹时在采摘部位以下薹茎段统一留4片绿叶，采1次薹和2次薹时则在采摘部位以下薹茎段留2片绿叶。

二、大豆高效种植技术

（一）大豆与经果林套作种植技术

1. 土地的选择

贵州坝区0～3龄期新植经果林，果树类型包含苹果、李子、梨子、核桃、桃子、茶、猕猴桃、葡萄、金刺梨、火龙果等。

4～5龄期未封林挂果的经果林，且果树间空行大于1米以上、有一定透光（遮阴不严重）的经果林，肥力中等及以上。

经果林在6龄及以上（封林后）不适宜套种植大豆。

2. 耕地方式

带宽1.5米以上的经果林，选用小型（或微型）旋耕机耕地，做到精整细平，保持活土层深度20～25厘米，在耕地时机械运行注意保持与经果苗的距离为20～30厘米，避免机械伤害果树；种植带低于1.5米，可免耕，用人工直接开沟播种。

3. 大豆品种选择与种子处理

品种选择：选择产量高、抗逆性强（耐阴性强、抗倒伏、耐旱、抗病与抗虫等）、株型好（株高60厘米以下、有限结荚、株型收敛等）的品种。其中，0～3龄期经果林，可套种黔豆7号、黔豆8号、黔豆10号、黔豆11号、黔豆12号、安豆5号、安豆7号等；4～5龄期经果林需要选择高产抗逆品种黔豆7号、黔豆10号、黔豆12号。

种子处理：每亩大豆按3千克准备，播前精选并晒种2～3天，在土壤根瘤菌不活跃的土地种植，用根瘤菌肥拌种，在大豆蚜虫、花叶病毒病多发地区，用吡虫啉拌种。

4. 田间合理配置与适宜密度

在经果林的宽行内顺向开沟（或者打穴）播种大豆，大豆行距30～40厘米，株距按8～10厘米留苗，在开沟或者打穴时大豆沟（或穴）与经果苗四周距离保持60～80厘米，随着经果林的长大应增大相应的距离，防止大豆与果树生长的相互影响。不同类型经果林与大豆套种的田间配置如下。

茶林园区套种大豆：茶林一般是2米开箱，宽窄行种植，新植茶林宽行空间1.2～1.6米，在1～3年内均可在宽行内种植2～3行大豆。大豆行距30～40厘米，株距8～10厘米，大豆与茶苗保持45～50厘米距离。4年及以后，已封林的茶园，不适宜继续种植大豆；尚未封林的茶园，可以采用茶苗打顶剪枝，保留宽行继续种植大豆1～2行。

苹果、李子、桃子、核桃、花椒、火龙果等灌木类果林园区：该类果林种植一般行距4～6米，在新植果林的1～4年内，可在行内种植4～8行大豆。大豆配置按行距35～40厘米，株距8～10厘米，大豆与幼苗保持60～80厘米的距离。

葡萄、猕猴桃等蔓生型果林园区：该类果林需要果苗脚下搭建水泥柱作为棚架，一般葡萄为行宽1.4～1.6米，猕猴桃为行宽3～4米，在1～3年内均可在行内种植大豆。葡萄行内套种2～4行大豆，猕猴桃行内套种4～6行大豆，大豆行距30～40厘米，株距8～10厘米，大豆与植株苗棚架保持50～60厘米的距离。

5. 播种

适时播种：当地气温稳定在12℃以上15天为适宜播种期。贵州海拔800米以下地区3月下旬至4月中旬播种，800～1 300米地区4月上旬至4月下旬播种，海拔1 300～1 800米地区4月中旬至5月上旬播种。低海拔地区、城郊地区作为鲜食豆销售的，3月下旬至5月下旬期间采用分期播种方式，可增大鲜食大豆的销售时期。

播种方式：播种时首选小型或微型机械播种，在茶园、葡萄园等行宽1.2～1.6米类果林，套种2～3行大豆，选用2行微型播种机播种或者人工播种；在苹果、猕猴桃、李子、桃子、核桃、火龙果、花椒等行宽3～5米类果林行内，选用2～4行的小型机械播种，也可人工开沟（或者打穴）播种。选择临近下雨前或者雨后播种，播种时（或者播种后）要求土壤湿度达到70%以上，利于种子发芽和出苗。无论机械或者人工播种，均需要按株行距要求进行播种，并按施肥配量要求施底肥后下种，种子不能与底肥接触，以免因肥料发酵影响大豆出苗，播种后用细土覆盖1～3厘米。

6. 合理施肥

土壤有机质及氮磷钾等养分充足的上等肥力地，不用施肥；中下等肥力地，应根据当地的土壤养分测定情况进行配方施肥，一般要求每亩施用颗粒型含有机质45%以上的有机肥50千克，并施用45%的三元复合肥25～30千克（如所种植的经果林为有机产品而要求不能用化肥的，不可施用此化肥），选择缓释肥，施肥方式为播前施作底肥，追肥看苗情况使用，如种植地的土壤肥力为上等的，则不施追肥，种植地土壤肥力一般，苗长势较弱的，则适当施肥，追施含氮46%的尿素3～6千克/亩，施肥结合中耕进行，用土覆盖好所追施的肥料，也可喷施磷酸二氢钾等叶面肥。

7. 田间管理

匀苗、定苗：在出苗后在第1片复叶出现时严格按照田间配置及密度要求完成匀苗、间苗、定苗，去掉弱苗、劣苗、病苗，保留正常生长的健壮苗。

中耕：在播种—成熟整个生长过程中需要中耕除草1次，于播种后40～50天选择在晴天进行，需要追肥的，可结合追肥进行，中耕时除尽杂草，并适当培土，培土高度3～6厘米。

8. 主要病虫草害防控

病害防控：以预防为主，从管理上进行预防，采取种子精选、晒种、清除田间杂草、排出田间积水等措施。针对田间实际病害发生情况作专项防治：在生长过程中根据具体病害发生情况诊断后针对性地选用农药或者生物防治等方法进行防治，在贵州经果林园区重点防控大豆花叶病毒病、大豆根腐病，防控大豆花叶病毒病主要防治蚜虫，清理地内杂草，保持土地干净。

虫害防控：提倡采取物理防治或者生物防治，如在15公顷范围内安装1台频振式杀虫灯诱杀田间多种害虫；在食心虫重发生地区在15公顷范围内安装1台大豆食心虫性诱剂捕杀食心虫。针对虫害发生情况采用化学防治：如在蚜虫多发地区播前用600克/升吡虫啉悬浮种衣剂拌种，每0.4千克种衣剂拌100千克大豆种子，在地下害虫重发生地播种前用敌百虫拌细土撒施在地上，预防小地老虎等地下害虫，在螟虫重发地区苗期用高效氟氯氰菊酯等防治豆荚螟及大豆卷叶螟的为害。

草害防治：在大豆生长过程中接合中耕除去杂草，并在晴天人工拔除杂草1～2次。但杂草严重地，可以在出苗后20～30天内选用氟磺胺草醚+精奎禾灵等大豆专用除草剂喷施，喷施除草剂尽量不要接触大豆幼苗和果树。

9. 成熟收获

距离城市较近的地区，因鲜食豆用量大，尽量作为鲜食大豆（毛豆）采摘销售，可以提高坝区经果林套种大豆的种植收益，每期播种的大豆，在豆鼓粒完成后（生理成熟期）及时采摘上市，根据成熟情况分期、分批采摘与销售，可使坝区经果林园区内套种的鲜食大豆获得最大的增收效果。

作为干籽粒收获的，在大豆叶片完全脱落，茎、荚变黄，籽粒呈现椭圆粒而且含水量下降到20%，从田间对秆荚进行收获，收获选择在晴天的7—12时进行，在茶园、经果林园区（如猕猴桃等）可以用人工收获或者割晒机收获，在灌木林园区（如苹果、桃、李等），也可选用小型大豆专用收获机械收获，收获后在3天之内选择在晴天进行翻晒至易脱粒时用机械辅助脱粒，脱粒后及时晒干至籽粒水分在12%～13%时入库。

（二）大豆与春播禾本科高秆作物间作种植技术

1. 品种选择

选择株高60厘米以下、耐阴性强、较抗倒伏、经审定并适宜本地区种植的大豆品种黔豆7号、黔豆10号、黔豆12号等。

2. 田间配置

大豆与玉米间作：玉米与大豆行比按2∶3配置，即为2行玉米间种3行大豆的带状复合种植，在宽度2.2米内种植2行玉米+3行大豆为1个完整带，玉米与玉米行距40厘米，大豆与玉米行距50厘米，大豆与大豆行距40厘米，玉米株距16～18厘米穴距32～36厘米，2株/穴留苗，大豆株距7～8厘米，穴距14～16厘米，2株/穴留苗，折玉米密度3 300～3 800株/亩，大豆密度11 000～13 000株/亩。

大豆与高粱、薏仁米间作：采取3行大豆3与3～4行高粱、薏仁米带状复合种植，一个完整带为2.5～2.8米，每带种植大豆3行，大豆行距40厘米，大豆与高粱、薏仁米间的距离50厘米，高粱、薏仁米带宽1.2～1.5米，在带内种植3～4行高粱、薏仁米。

3. 播种

大豆播种期与大豆和经果林套种相同。大豆与玉米（或高粱、薏仁米）可同时播种，大豆采用沟播、窝播均可；玉米（或高粱）采取窝播，薏仁米采取沟播。大豆玉米玉米间作时，推荐选用玉米—大豆间作“播种—施肥”一体机械播种。

4. 施肥

中下等肥力地土壤施肥配比及方法：底肥亩用农家肥1 500～2 000千克+复合肥100千克。其中，40%作为基肥，均匀撒在大豆与间作的玉米（或高粱、薏仁米）地，另60%作为玉米（或高粱、薏仁米）的底肥，结合播种施在玉米（或高粱、薏仁米）穴（或沟）内。尿素用量50～60千克/亩，作玉米（或高粱、薏仁米）追肥，分2次结合中耕追施，在大豆及玉米（或高粱、薏仁米）出苗后20～25天第1次追肥施尿素20～25千克/亩（大豆不施，只对玉米或高粱、薏仁米施），再间隔25～30天（在玉米大喇叭口时期）第2次追肥施尿素30～35千克/亩（大豆不施，只对玉米或高粱、薏仁米施），每次追肥结合中耕进行。

上等肥力土壤施肥配比及方法：比中等肥力土壤的量减少30%～50%，所有肥量全部对玉米施用，大豆免施肥。

5. 田间管理

匀苗定苗：玉米（或高粱、薏仁米）出苗后3叶1心时匀苗，5～6叶时及时按密度要求完成定苗，大豆出苗后长出第1片复叶及时匀苗，长出第2片复叶时按密度要求完成定苗。

中耕管理：整个生长过程中中耕2次，于播种后20～25天进行第1次中耕，再隔25～30天（在玉米、高粱、薏仁米小喇叭口时期）进行第2次中耕，结合培土，玉米、高粱、薏仁米等高秆作物培土高度不小于10厘米，大豆培土高度约5厘米。

6. 病虫草害防治

农业防治：精选大豆、玉米（或高粱、薏仁米）种子并晒种，人工除草，清除田间杂物，排出田间积水等措施。

物理防治：在15～20亩玉米—大豆种植地范围内安装1台频振式杀虫灯诱杀田间多种害虫。

生物防治：在20亩玉米—大豆种植地范围内分别安装食心虫、豆荚螟专用性激素诱捕器各1台诱杀食心虫、豆荚螟。

化学防治：各时期针对玉米—大豆复合群落内发生的虫害、病害、草害种类及疫情程度选用高效、低毒、与环境友好型农药防治。

7. 成熟与收获

鲜食大豆（毛豆）在豆粒鼓满时，及时收获。干籽粒在叶片完全脱落、茎秆变黄、荚变褐、籽粒呈现椭圆且变硬时，选择在晴天收获，及时翻晒，在5天之内用大豆专用脱粒机或人工脱粒，脱粒后及时晒干、入库。在玉米（或高粱、薏仁米）茎秆、苞叶变黄，籽粒变硬时及时收获，及时脱粒、晒干、入库。

（三）鲜食大豆种植技术

1. 品种选择与种子处理

品种选择：休闲食用型鲜食大豆选择浙鲜5号、交大02-89、奎鲜5号等；煎炒菜用型鲜食大豆选择黔豆7号、安豆5号、黔豆10号、黔豆12号等。贵州800米以上地区选用春大豆品种，如黔豆7号等；800米以下地区3月上旬至4月下旬播种的选用黔豆7号等，5月上旬播种的，选用夏大豆品种。

种子处理：每亩大豆按4千克准备，播前精选并晒种1～2天。

2. 土壤选择与耕整土地

选择中等及以上肥力地，播前犁耙各1次，精整细、平后，保持活土层深度20～30厘米。

3. 田间合理配置与适宜密度

田间配置为行距30～40厘米，株距10厘米，折合大豆1.67万～2.22万株/亩，在以上范围内，需要依据各品种要求及土壤肥水条件在该密度范围内调控，调整株行距确定密度。

4. 播种

适时播种：适宜播种的时期在春季以当地气温回升到稳定在12℃以上，鲜食大豆播期范围较大，在贵州海拔800米以下地区可3月下旬至5月下旬播种，海拔800～1 400米地区在4月上旬至5月上旬播种，海拔1 400米以上地区在4月中旬至5月上旬播种。但采取如地膜覆盖，可提早7～10天播种，为了延长鲜食大豆鲜食上市和销售时间，建议根据销售能力分期分批播种。

播种方式：播种时要求土壤湿度在田间持水量的75%以上，选择在临近下雨前或者下雨后播种较好，大豆播种采用沟播或穴播，按株距、行距要求开沟或者打穴下种，播下地的种子不要与底肥相接触，播种后用细土覆盖2～3厘米。在坝区可以选择机械播种，可选用中小型大豆播种机械（4行或者6行），但在没有机械播种条件的，需要进行人工播种。

5. 合理施肥

采用测土配方施肥施肥。根据测定种植田块的土壤养分含量制订施肥方案。一般中等肥力土壤施肥配比量为（农家肥600～800千克+尿素3～5千克+硫酸钾2～3千克+钙镁磷肥15～20千克）/亩；上等肥力土壤施肥量要按该量减少50%以上或免施肥。农家肥、硫酸钾、钙镁磷肥作底肥，在播种前施用，开沟或打穴后施肥；尿素作追肥，在播种后30～40天结合中耕进行追施，施肥后用细土覆盖好。

6. 田间管理

匀苗定苗：在大豆出苗后15～20天，在第一片复叶出现时严格按照田间布局及密度要求完成间苗、匀苗和定苗。

中耕培土：播种后30～35天进行结合中耕施尿素，并适当培土，培土高度5厘米左右。

7. 主要病虫草害防控

病害防控：在鲜食大豆种植过程中，常见的病害有大豆花叶病毒病、大豆根腐病、大豆白粉病、大豆炭疽病等。防治上以预防为主、综合防治的技术措施。一是选择抗病品种，并在播种前进行种子消毒杀菌处理；二是加强田间调查，发现中心病株及时拔除，减少病源的传播，三是发病初期适时科学用药。其中，大豆花叶病毒病主要以防治传毒媒介蚜虫为主，结合诱导抗病的试剂，进行病毒病的综合防治，药剂主要为吡虫啉、吡蚜酮、噻虫嗪、氨基寡糖素、宁南霉素等。大豆根腐病可选用甲基硫菌灵、噁霉灵、申嗪霉素等。大豆白粉病可采用三唑酮、戊唑醇等。

虫害防控：提倡采取物理防治或者生物防治，如利用频振式杀虫灯诱杀田间多种害虫；农药防治：播种前用敌百虫拌细土，撒施在地上，预防小地老虎等地下害虫，幼苗期用敌百虫、辛硫磷防治小地老虎等地下害虫，用高效氟氯氰菊酯等防治豆荚螟，用溴氰菊酯等农药，防治大豆卷叶螟、大豆蚜虫等食叶性害虫。

草害防治：针对鲜食大豆田间杂草较多的情况，及时在晴天进行人工中耕除草，在大田杂草发生较多的田块，在大豆播种前可采用乙草胺进行土壤喷雾，可防治大部分一年生禾本科杂草和部分阔叶杂草；大豆播种出苗后，防治一年生禾本科杂草可采用精吡氟禾草灵、精喹禾灵进行茎叶喷雾；可采用乙羧氟草醚防治一年生阔叶杂草，从而有效降低田间杂草种群数量。

8. 收获及食用方法

在大豆达到生理成熟期（籽粒鼓满时），应及时收获，可采用分期采摘收获和销售，采摘尽量在上午6—11时进行。收获方式为人工收割（拨），收获后去叶去根茎，煎炒菜用型豆荚角可以用机械脱粒或者人工拨粒后煎炒食用。休闲煮食型鲜食大豆可以采用鲜食大豆煮包装生产线（豆荚煮熟并上包装），或者自行煮食用，煮熟时间，待水烧至沸腾（100℃）以上，将鲜食豆荚角放入3分钟即可。

9. 适宜区域

在坝区结合种植业结构调整、乡村振兴进行合理规划种植和推广。进行合理布局，在接近大城市的郊区地区进行重点种植规则布局，以满足城市人民的需求。在低海拔（海拔600米以下）地区可以设立专业种植区，从3—6月均可分期分批播种，延长销售时节。

三、向日葵高效种植技术

（一）向日葵对温度、光照、水分、土壤的要求

1. 向日葵对温度的要求

向日葵原产热带，但对温度的适应性较强，是一种喜温又耐寒的作物。向日葵种子耐低温能力很强，当地温稳定，在2℃以上，种子就开始萌动；4～5℃时，种子能发芽生根；地温达8～10℃时，就能满足种子发芽出苗的需要。发芽的最适温度为31～37℃，最高温度为38～44℃。向日葵在整个生育过程中，只要

温度不低于10℃，就能正常生长。在适宜温度范围内，温度越高，发育越快。

2. 向日葵对光照的要求

向日葵为短日照作物。但它对日照的反应并不十分敏感。在任何区域内夏季的日照条件下，都能正常开花成熟。向日葵喜欢充足的阳光，其幼苗、叶片和花盘都有很强的向光性。日照充足，幼苗健壮，可防止徒长；生育中期日照充足，能促进茎叶生长旺盛，正常开花授粉，提高结实率；生向日葵育后期日照充足，籽粒充实饱满。

3. 向日葵对水分的要求

向日葵植株高大，叶多而密，是耗水较多的作物。它的吸水量是玉米的1.74倍。但因其生长发育多与当地雨热同步，水分供求矛盾不突出。向日葵不同生育阶段对水分的要求差异很大。从播种到现蕾，比较抗旱，需水不多，仅为总需水量1.9%。而适当干旱有利于根系生长，增强抗旱性。现蕾到开花，是需水高峰，需水量约占总需水量的43%。此期缺水，对产量影响很大。此阶段恰逢水量较多，基本上能满足向日葵生长发育对水分的需要。如过于干旱，需灌水补充。开花到成熟需水量也较多，约占总水量38%。如果水分不足，不仅影响产量，而且还降低油脂含量。

4. 向日葵对土壤的要求

向日葵根系发达，对土壤要求不严格，在各类土壤上均能生长，从肥沃土壤到旱地、瘠薄、盐碱地均可种植。有较强的耐盐碱能力。

（二）土壤选择

向日葵不宜连作，也不宜在低洼易涝的地块种植，对前茬选择并不严格，除甜菜和深根系牧草外，其他作物均可作为向日葵的前茬，向日葵的适应性较强，最适宜土层深厚、腐殖质含量高pH值6～8的沙壤土或壤质土壤上种植。

（三）品种选择及种子处理

1. 品种选择

选择产量高、质量好、品质佳、商品性好（油葵应选择含油量高）、抗病性强（叶斑病、耐菌核病、霜霉病等）、空瘪率低、发芽率高、发芽势强的优良品种，如TK929、科阳5号、辽嗑杂3号、喜丰2号、辽嗑杂6号、SC009、晋葵3号、晋葵3号等外地优良食用向日葵品种以及贵州的黔葵系列品种，由于贵州属于日照资源非常贫乏的地区，选择适宜当地种植的优良地方品种的适应性更好，更能降低种植风险。

2. 种子处理

播种前晒种1～2天，以促进种子内酶活性的复苏，提高发芽率及发芽势。利用包衣剂对向日葵种子进行包衣处理，可提高出苗率，防治苗期害虫，促使植株生长健壮。未包衣的种子用40%辛硫磷乳油150毫升，对水5～7千克，可拌种30千克进行种子处理，防治地下害虫及出苗期鸟害。用50%的多菌灵可湿性粉剂500倍液浸种4小时，或用菌核净以种子重量0.5%进行拌种预防菌核病。

（四）肥料的选择及施肥管理

向日葵是需肥量较多的喜钾作物，据调查，每形成100千克籽实，需从土壤中吸收氮6千克，磷26千克，钾86千克。播种前施足底肥，并做到有机和无机结合，每亩施入腐熟、发酵的有机肥或厩肥2 000千克，复合肥20～30千克、钾肥20千克（作底肥或种肥）和尿素8～10千克（作追肥）。施足底肥是夯实向日葵生长发育的基础。

（五）播种期的选择

因为播种期对向日葵花期病害发病程度起决定性影响作用，而花期病害将严重降低产量和品质。所以必须调整好播种期，使容易感病的花期提前或退后于适宜发病的高温高湿雨季，同时也可提高向日葵结实率，增加产量。适时早播，可防止或减轻相关病害的发生，可提高向日葵的产量和质量；一般油用型品种应适当晚播；食用型品种应适当早播。在贵州向日葵播期选择调整使其花期应尽量避开当地的多雨季节，多阴雨天气易导致病害发生，同时湿度大影响花粉传播，降低向日葵结实率和产量。向日葵生育期比较短，播期选择余地比较宽。贵州各地气候条件差异很大，适宜播种期选择幅度也比较大，适宜播种期一般在4月上、中旬至5月上旬播种，早熟生育期短的品种还可采用夏播或秋播。

（六）育苗移栽

1. 向日葵育苗技术

一般采用穴盘播种育苗，应播在较深的苗盘上，基质要疏松，保水性良好，无菌，一般以泥炭、培养土和沙混合作为播种基质。播种时先将已配好的营养土装进育苗盘中，浇透水，待水渗透土壤后方可开始播种。每穴播一粒种子，播种后覆盖，浇透水保持基质湿润。播种后覆2厘米厚的细土，压实盖上一层地膜或遮阳网。发芽温度为25℃，3～4天发芽。种间距3～4厘米左右，不要过密，否则容易“带壳”出苗。出苗后注意通风降温，控制湿度，并逐步见光，种苗在播后2周长到5～6厘米时即可移栽。这期间应注意浇水量，避免植株徒长。

大田营养坨（球）育苗：用一定腐熟有机肥或复合肥与细沙土混合，制作营养坨（球）的土壤应进行消毒处理，一般用生石灰、福美双拌土，或用多菌灵、敌百虫拌土混合均匀。消毒混合均匀的营养土浇透水后人工捏成6～7厘米大小的营养坨（球），每个营养坨（球）中央戳一小孔，在孔内放1粒种子后覆土盖种，将播种后的营养坨（球）规则整齐摆放在即将移栽向日葵的地边，减少移栽搬运成本。在播种后营养坨（球）上盖上遮阳网，用于保湿和防鸟，出苗后应及时取掉遮阳网。同时要加强通风，增强光照，防止真菌性病害的传播蔓延，在高温多雨季节育苗，可定期喷施代森锰锌和甲霜灵。子叶长出后每周用百菌清或甲基硫菌灵喷施，连续2～3次，防猝倒病。

2. 大田移栽

适时移栽：一般在出苗后20天左右，5～6片真叶即可进行移栽。一般选择雨后或下雨前（根据天气预报或天象）土壤墒情适宜时移栽，如晴天移栽应选择在午后傍晚移栽，土壤湿度较小时移栽后应浇施定根水。

移栽密度确定：一般土壤肥力较高的地块，以70厘米×（45～50）厘米行株距为宜，密度在1 900～2 100株/亩；土壤肥力较低的地块，行株距为70厘米×40厘米，密度在2 300～2 500株/亩。

分类取苗、分级移栽：按苗的大小进行分类取苗，先栽大苗，后栽小苗。

移栽时施足底肥：施腐熟有机肥1 000～2 000千克/亩，或氮磷钾复合肥30千克/亩。

栽植要点：栽苗要求行直、根紧、棵（苗）正，泥土应与营养坨（球）结合紧密并覆盖至第一片真叶处。

查苗补苗：移栽1周左右及时进行查苗补苗，拔除死亡或弱小苗，补上生长旺盛的壮苗，保证每亩株数，尽可能使全田植株生长整齐一致。

（七）向日葵的覆膜种植技术

整地：播种前先用拖拉机或旋耕机翻犁土地，翻犁后及时纵横，镇压即可做厢覆膜。

基肥或种肥施用：在土地翻犁前施用腐熟有机肥2 000千克/亩，覆膜并深施种肥，一般施用复合肥20千克/亩。

做厢覆膜：贵州一般利用小型旋耕机或人工做厢覆膜，根据向日葵行距及膜的规格确定厢面宽。厢面宽80～90厘米（每个厢面上沿边种2行向日葵），厢沟宽60厘米。覆膜前先将土壤浇透水或下雨后，待土表面风干泥不粘手时即可进行覆膜，也可在盖膜后再浇水，水后待地快干时播种。

播种：播种时要按种植密度所要求的株距进行等距打孔进行人工点播，也可以用人工点播器直接播种，确保播种质量。行距70～80厘米，穴距45～50厘米，密度1 900～2 100株/亩，播种深度2～3厘米，每穴2～3粒，播后浅覆土。

（八）向日葵直播种植技术

种植地块的选择。选择土地肥力中等、向阳、排灌方便的稻田或旱地。

施肥：施足底肥，肥力水平较低的土壤施腐熟好的优质有机厩肥或堆肥2 000千克/亩，亩施25～30千克复合肥和10千克左右钾肥。而一般中等肥力水平的土壤只需亩施25千克复合肥即可。向日葵苗期至花期应结合中耕除草追施尿素1～2次，施用量8～10千克/亩。

播种。春播向日葵直播的播种期安排在4月15日至5月15日，依据土壤墒情适时播种，采用开行条播或穴播。播种量每亩500～750克。播种时需采取拉绳开沟（行），拉绳打窝，按行距70厘米，窝距40～50厘米；或者按70厘米开成宽15厘米、深3～5厘米的浅沟，将种子按40～50厘米间距均匀播于开好行沟内，每窝（穴）播种3～5粒种子。播好种后覆土2～2.5厘米进行盖种，使种子与土壤紧密结合，便于种子出苗。播种时如遇土壤干旱，应先将试验地浇湿、浇透，待土壤吸水后再松土、平整，然后才能播种。

向日葵苗期田间管理。

（1）匀苗定苗。向日葵幼苗4～5对真叶时，及时进行田间匀苗、定苗，每窝留苗1株，保证食葵的种植密度在1 800～2 000株/亩、油葵在2 200～2 500株/亩。

（2）抗旱防涝。幼苗期间，如土壤干旱缺水，应注意浇水抗旱。出苗前及幼苗期干旱，浇水保湿，有利于出苗及幼苗生长。如向日葵幼苗期间多雨，试验地排水不畅，易造成死苗和幼苗发育迟缓，应及时挖沟排水，降低地下水位，保证向日葵植株的正常生长发育。

（九）加强田间管理，适时追肥

当向日葵达到生长旺期，即现蕾期前后，进行1次深中耕及起垄培土和除草，防止倒伏，但应该注意的是不能伤根。追肥既要适时，又要合理，向日葵现蕾期前，每亩追尿素8～10千克，结合中耕除草时穴施；盛花期喷施0.2%～0.4%的磷酸二氢钾，看长势而定，追施1～2次，增加向日葵结实率。

（十）摸芽打杈

向日葵有些品种具有分枝特性，在现蕾至开花期，向日葵常有分杈发生，一旦发现，立即除杈，减少水分和养分的消耗，保证主茎花盘对养分和水分的需要。

（十一）因地制宜，科学灌溉

在向日葵花盘形成阶段，开花期和灌浆期，应适时、适量的科学灌水，尤其遇到干旱，应及时灌溉，满足向日葵在生长发育阶段对水分的需要（主要针对干旱地区）。

（十二）加强病虫鸟害的防治

病害：①菌核病。发病初期用40%菌核净可湿性粉剂800倍液喷在花盘正反面，始花和盛花期各喷1次。②褐斑病（斑枯病）、黑斑病。油葵抗病性较差。用50%福美双可湿性粉剂拌种，用药量为种子重的0.5%。发病初期每15亩用25%嘧菌酯悬浮剂750～1 500毫升，对水750～1 125升，或70%甲基硫菌灵可湿性粉剂1 000倍液喷施。③霜霉病。发病初期用烯酰吗啉喷施。④锈病。用戊唑醇处理。发病初期用15%三唑酮可湿性粉剂1 000～1 500倍液或20%萎锈灵乳油400～500倍液喷施。上述每种病害均需喷药2～3次，每次间隔7～10天。

虫害：地老虎、金龟子等地下害虫用氧乐果或敌敌畏浇灌根部，或用柔嫩多汁杂草、菜叶拌敌百虫稀释液，于傍晚撒播地面诱杀幼虫；捕杀幼虫：清晨查看，发现有被害后留下的残茎、叶时，扒开附近的表土找出幼虫。向日葵螟发生时可用溴氰菊酯或菊酯用水稀释1 000～1 500倍后喷雾防治。幼苗发病可选用敌百虫粉，直接撒于幼苗的底部及土壤中，每株10～15克。选择杀虫剂要慎重，大量杀死蜜蜂有可能得不偿失。

鸟害：鸟害主要集中在播种后、出苗伊始、成熟前三个阶段。播种后顺着苗眼逐穴刨食，种子位置找得非常准；出苗伊始啄食子叶形成秃桩或直接拔出；籽实乳熟后，边啄食边把籽粒弹落一地。防治方法：整平播种行穴，防止鸟类发现；出苗期人工驱赶或用稻米、玉米等食物炒香拌药防治；向日葵乳熟阶段，把植株顶端紧挨着花盘正面的那片顶叶掰掉，使鸟失去最有利的站立位置；施用驱鸟剂驱避或搭防鸟网进行防治。

（十三）辅助授粉，提高结实率

向日葵是异花授粉作物，靠昆虫、蜜蜂传粉结实，同时还可通过人工辅助授粉提高结实率，授粉时间每天上午10时左右（上午10时至下午2时），一般在整个花期辅助授粉2～3次可显著提高向日葵籽实产量。辅助授粉可采用粉扑法和花盘接触法。

（十四）适时收获，及时晾晒

向日葵适时收获非常关键，收获过早影响籽粒饱满度，导致品质和产量下降；收获过晚向日葵籽粒会从花盘脱落、发生霉变等。从植株外部形态看茎秆、花盘背面变黄，大部分叶片枯黄脱落，托叶变成褐色，舌状花脱落，籽粒变硬（含水量20%左右），种皮呈现品种的固有色泽及花纹，是收获的最适时期。适时收获既可减少晾晒时间，又可提高籽粒饱满度和籽粒质量，达到增产增收目的。

四、紫苏高效种植技术

（一）油用紫苏轻简化直播栽培技术

油用紫苏是指以收获籽粒，用以食用或榨油的紫苏类型。油用紫苏栽培主要以直播方式进行，采用机械翻耕人工撒播，或者机耕机播方式进行。

1. 品种选择

选择适宜贵州地区生态区域的高产，高油，优质的油用紫苏品种。直播条件下平均每亩籽粒产量大于80千克，含油量大于45%，α-亚麻酸含量大于60%。生育期小于130天的早熟品种或生育期在130～150天的中熟品种。早熟品种主要有奇苏2号品种，中熟品种主要有奇苏3号、贵苏1号、贵苏3号等紫苏品种。

2. 种子处理

选择外观完整、健康、无伤痕、无病虫害的种子。种子质量需达到净度>95%，发芽率>75%，含水量<8%，杂质率<2%。播种前1千克种子添加16毫升剂量29%噻虫·咯·霜灵悬浮种衣剂进行处理。

3. 整地播种

根据土壤肥力情况，每亩施腐熟优质有机厩肥或堆肥4 000千克或复合肥25千克。采用小型旋耕机或者中型拖拉机带动的翻犁机械对土壤进行耕作。播种时如遇天气干旱、土壤干燥，应先浇水将地淋湿浇透，待土壤吸水后再松土、平整，然后才能播种。紫苏最适播种期为4月中下旬，直播每亩播种量为50～80克。将种子与部分细沙或草木灰混合拌匀进行播种。机械撒种时采用油菜籽播种机，或人工撒播进行播种。播种后立即喷施防治地下害虫及鸟害的药剂。

4. 苗期管理

苗期2～3对真叶时，如密度过大，则可匀苗，间去弱苗、劣苗、杂苗。如遇出苗不好，应及时补苗，保证密度。密度一般控制在11 000株/亩为宜。紫苏幼苗时，如遇天气干旱土壤缺水，应注意浇水抗旱。如幼苗期间多雨，栽培地排水不畅，应及时挖沟排水，降低地下水位，防治渍害。

5. 主要病虫害防治

紫苏病害主要由真菌侵染所致，常见病害有锈病、白粉病、根腐病、斑枯病、灰霉病、菌核病，其次是细菌性和病毒引起的病害。紫苏常见虫害有10余种，主要有红蜘蛛、蚜虫、银纹夜蛾、紫苏野螟、地老虎、菜青虫、白粉虱、蓟马、甜菜夜蛾、蚱蜢等，以为害根、茎和叶为主。油用紫苏抗性较强，如病虫害较轻，可不采用防治措施。如遇雨水过多，病虫害较重，可采用生物防治结合物理防治的方法。

6. 收获

依据采收品种的生育期选择适宜的采收期。当油用紫苏花序1/2变色时即可收割，选择晴朗天气收获，注意防治鸟害。收获时可采用人工或机械将植株砍倒，斜放田间晾晒2～3天后脱粒。或采用收割机械收割，但后者有30%以上的损失。人工收割时可采用2次脱粒，确保脱粒干净。脱粒后应及时晒干，避免受潮。

（二）药用紫苏高产育苗移栽栽培技术

药用紫苏主要指收获紫苏叶用于中药或有效成分提取的紫苏类型。根据《中华人民共和国药典》（2015）规定药用紫苏叶挥发油含量大于0.40%，且挥发油主要成分为紫苏醛的叶用品种。紫苏高产育苗移栽栽培方式主要采用棚室或露地育苗移栽的方式，单位面积产出较高。

1. 品种选择

选择挥发油含量不小于0.4%，挥发油主要成分为紫苏醛，紫苏醛含量不低于60%，抗性强，叶丰产的紫苏品种。贵州地区适宜种植的有生育期在130～150天的中熟品种及大于150天的晚熟品种。主要有引种栽培的紫霞仙子和观音紫苏，自主选育的优质药用品系以及满足药典规定的优质农家种。

2. 育苗管理

采用棚室或露地育苗移栽的方式。露地育苗苗床地应选择土地肥沃、向阳、靠近水源和移栽本田管理方便的沙壤地；如用旱地作苗床必须是多年未种过紫苏的土地，以免自生紫苏引起混杂。移栽每亩准备苗床面积为30～60平方米苗床地，苗床整地施肥时，需施足腐熟肥，进行碎土使土肥相容，苗床作土要细。播种时间：4月1日至4月15日。播种数量：按每亩移栽量计算，播种需种子30～40克。播种方法：先浇水将苗床湿润，待土壤吸水后再松土平整后才能撒种。将种子均匀撒入苗床后，采用遮阳网或作物秸秆盖种。待子叶伸展，及时揭去覆盖物。

3. 移栽管理

移栽时间：紫苏苗为2～3对真叶时进行移栽。

大田整地：保证种植地不积水、潮湿，提前开沟排水，做到田土干燥，以保证整地质量，及时移栽。移栽前采用机械翻耕后厢面处理平整，土粒细匀。并根据种植地肥力情况，可进行底肥补充，每亩施腐熟好的优质有机厩肥或堆肥4 000千克或施用复合肥25千克。

移栽方法：选择阴天或晴天下午进行，厢宽根据种植要求及地形需要，行距40厘米，窝距30厘米。药用紫苏密度常规为5 500株/亩。起苗前1天检查苗床湿度，如果湿度不够应将苗床浇透，以保证起苗时不伤根系。多带护根土，不栽隔夜苗。浇施定根肥水，每亩用尿素3～5千克。在栽好苗后立即对水浇施。为了有效控制杂草，可采用地膜进行覆盖后移栽。

田间管理可参照油用紫苏轻简化高效直播方式。

4. 收获

依据采收品种的生育期选择适宜的采收期，选择晴朗天气收获。药用紫苏叶采收主要分为苗后期、现序期、初花期3次采收。紫苏叶收获时可采用人工采摘或机械分层收割。叶收获后也可同时收获紫苏梗入药。紫苏梗采收在初花期取主茎及1次分枝茎。收获紫苏叶及梗后及时摊开，室外遮阴晾晒或放于通风室内阴干。

（三）叶用紫苏的棚室栽培技术

叶用紫苏是指采摘紫苏用于鲜食或食品加工的紫苏类型。韩国、日本及东南亚各国的料理中，喜爱用紫苏叶作为香料及蔬菜。我国主要用于烹饪鱼、虾、蟹、泥螺时去腥增鲜。棚室栽培是指在节能日光温室和光温调节的大棚进行叶用紫苏种植。采用棚室栽培可满足叶用紫苏品质质量要求，还可实现紫苏叶的反季节生产及周年供应。

1. 品种选择

叶用紫苏需选择病虫害抗性强，叶丰产的紫苏品种，还需考虑叶片大小、厚度、表皮毛疏密、水分含量、纤维素含量、香气、鲜嫩度以及脆口度等影响口感的指标，以及叶片蛋白质、矿物质元素、维生素、黄酮类等营养成分含量。根据食用目的和方法不同，可选择紫色，双色以及绿色不同颜色的品种。根据种植目标需要，可选择不同生育期的品种。其挥发油主要成分可以紫苏醛为主，也可为其他类型，但不可选用对哺乳动物有一定的紫苏酮的材料。主要品种来自韩国、日本的大叶青，青面龙以及紫霞仙子等品种，以及优质的地方农家种。

2. 选棚整地

棚室土壤选用疏松肥沃、含腐殖质高的微酸性土壤为佳。要施足优质农家肥，如牲畜、家禽粪等，要求每亩用量在5 000千克以上，经充分腐熟，在种植区最后1次整地时铺撒地面，然后翻入拌匀。种植前将床土整细搂平，做成南北走向的小厢，厢面宽1米左右，以便管理和采收。

3. 播种管理

叶用紫苏可直播或育苗移栽，直播以条播为主，行距20厘米，2片真叶时按株距8厘米间苗，5片真叶时按株距15厘米定苗，每亩留苗1万～1.2万株。育苗移栽在第三对真叶完全展开并出现第四对真叶时进行移栽定植，按株距30厘米×15厘米打穴，栽时覆细土压实，保证根系舒展，浇水定根。叶用紫苏棚室栽培1年可种3茬，即冬春茬、早春茬和秋后茬。冬春茬一般在9月播种，10月定植，翌年2—4月供应市场；早春茬一般在1—2月播种，3—4月定植，4—6月供应市场；秋后茬一般在8—9月播种，9—10月定植，11月至翌年1月供应市场。

4. 棚室管理

温度：棚室内温度应保持在20～26℃。白天棚温升到30℃以上时，应及时通风，秋冬季温度降至10℃以下时，要采取多层覆盖保温，一般11月中旬开始一直到翌年3月进行冬季生产加温。

光照：一般日照时间应达到16小时/日，生产中进行人工补光，以暖光灯为好，高度距植株顶部1～1.2米为宜。

水肥管理：叶用紫苏生产若土壤过干，其茎叶粗硬，纤维多、品质差。因此在其生长期间，要及时喷洒水，保证湿度。植株封行前，应勤除杂草。要巧施追肥，一般在其生长期间追肥2～3次，施用尿素溶液点施或喷施叶面肥。

生长管理：当植株长到0.5米左右时，摘除花芽开始分化的顶端，使之不开花，以维持茎叶的旺盛生长。

5. 主要病虫害防治

叶用紫苏在棚室栽培对病虫害防治要求较高，需严格贯彻“预防为主，综合防治”的植保方针。严格棚室、基质、土壤消毒，注意通风透光、改善棚室生态环境；及时消除棚室内及附近杂草，集中烧毁病株残体，以减少和消灭虫源、病源；必要时可采取人工捉虫的方法。使用药剂防治要选用无毒、无公害农药或生物农药，但在采叶前10天，严禁使用任何农药，或使用农药降解剂促使农药分解，以保持叶片的无农药残留状态。

6. 适时采收

紫苏叶片充分伸展时即可采收，挑选新鲜、完整、无黄叶、无病虫害叶片进行采收。采收根据叶片大小进行分级，叠放整齐，及时入冷库冷藏保鲜。

（四）紫苏病虫害防治

根据不同栽培目标，选择不同防治措施。叶用紫苏对病虫害病害防治要求较高，药用次之。对油用紫苏，由于其品种抗性较强，如病虫害较轻不引起减产的情况下，可不采用防治措施。

1. 紫苏病害防治

紫苏病害主要由真菌侵染所致，约占80%以上，常见的有锈病、斑枯病、根腐病、白粉病、灰霉病、菌核病，其次是细菌性和病毒引起的病害。常见病害及防治方法见表5-7。

表5-7　无公害紫苏病害种类及防治方法

病害种类	危害部位	防治方法	
		化学防治	综合防治
锈病	叶片	1：1：100波尔多液或代森锌	在播种前采用药剂拌种，初发病时用药剂防治，注意排水除湿，合理密度
白粉病	叶片	甲基硫菌灵、代森锰锌、多菌灵	初发病时用药剂防治，注意排水除湿，合理密度
斑枯病	叶片	波尔多液或65%代森锌可湿性粉剂400～500倍液喷施	远离发病地块种植，忌轮作，选用无病种苗，及时彻底清除销毁病株、残桩及其落叶，合理密植，及时排水降湿

（续表）

病害种类	危害部位	防治方法	
		化学防治	综合防治
根腐病	根部、根茎	三唑酮、福美双	栽培前可用多菌灵对土壤进行消毒，如遇发病及时拔出病株，并用药剂进行灌根
立枯病	茎基	发病初期用5%石灰水灌根3～4次，间隔7～10天灌根	及时松土，开沟排水，避免过湿

2. 紫苏虫害防治

紫苏常见虫害有10多种，主要有蚜虫、椿象、地老虎、菜青虫、蓟马、白粉虱、甜菜夜蛾、红蜘蛛，银纹夜蛾、紫苏野螟、蚱蜢等，以为害根，茎和叶为主。常见虫害及防治方法见表5-8。

表5-8　紫苏虫害种类及防治方法

虫害种类	危害部位	防治方法	
		化学防治	综合防治
蚜虫	嫩茎、叶片、花	吡虫啉、氰戊菊酯、抗蚜威喷施	加强田间管理及肥水管理，采用瓢虫生物防治
椿象	叶片、果实	敌敌畏、敌百虫防治	采用椿象天敌寄生蜂及螳螂进行生物防治
地老虎	根系	辛硫磷灌根	清除田间杂草，减少过渡寄主。在成虫盛发期，利用黑光灯或糖醋液进行诱杀
菜青虫	叶片	采用菊酯类农药，如溴氰菊酯、氯氰菊酯、甲氰菊酯、氯氟氰菊酯等进行喷施	利用广赤眼蜂、微红绒茧蜂、凤蝶金小峰等天敌进行生物防治
蓟马	叶片、根系	25%吡虫啉1 000倍，25%噻虫嗪水分散粒剂3 000喷施或灌根	清除田间杂草和枯枝残叶，集中烧毁或深埋，消灭越冬成虫和若虫。放置蓝色黏板，诱杀成虫

第七节 中药材高效种植技术

一、白及优质种苗组培快繁技术

（一）培养材料与设施设备

1. 培养材料

9月采集当年未开裂的白及蒴果，在超净工作台上用75%的酒精浸泡30秒后，用灭菌滤纸吸干白及蒴果表面的酒精；再用无菌水对白及蒴果洗涤3～5次；将经过烘烤的白及蒴果放置于4℃的冰箱中保存。

2. 设施设备

白及种子无菌播种、组培快繁培育组培种球过程，在常规组培室进行，洁净参数符合相关规定。

（二）培养基配制

1. 培养基选择

根据培养材料生长发育特性，选择合适的基本培养基种类和激素配比。

2. 母液的配制

根据生产情况，母液可以配制成单一化合物母液，也可以配制成几种化合物的混合母液。大量元素母液配制50倍，微量元素母液配制100倍，植物生长物质配制浓度0.5～1毫克/毫升。

3. 母液的保存

母液配制好后，存放4℃的冰箱中。

4. 培养基配制程序

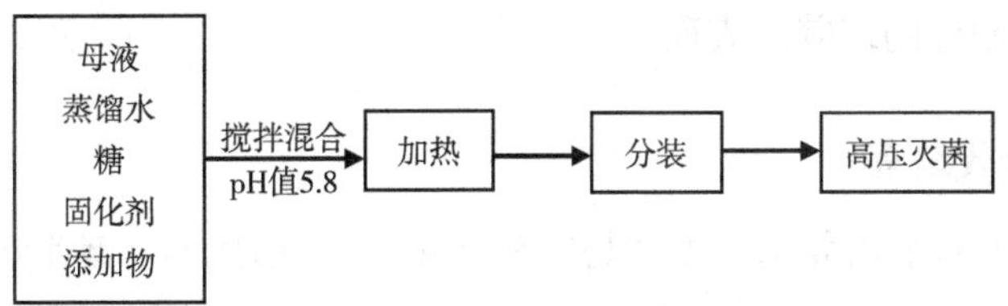

（三）白及蒴果选择与消毒灭菌

1. 白及蒴果选择

选取冰箱中保存完好的白及蒴果。

2. 消毒灭菌

取白及蒴果置超净工作台上用75%酒精浸泡的棉球擦试蒴果表皮2次，无菌水冲洗2～3次，用吸水纸吸干蒴果表面的水分。

（四）培养室

1. 温度

培养室温度应控制在（25±2）℃；可根据培养物所需的最适宜温度进行调节。

2. 湿度

培养室应保持40%～60%的空气湿度。

3. 光照

一般培养室光照强度应控制在1 500～3 000勒克斯，可根据培养物的需光特性调整光照强度。工厂化生产时，为降低成本可考虑利用自然光照。

（五）初代培养

1. 初代培养基

以MS改良培养基作为基本培养基，添加马铃薯汁液2%，蔗糖2%，琼脂0.65%，培养基灭菌前pH值为5.8。

2. 外植体的接种

在超净工作台上，用无菌解剖刀将消毒处理好的蒴果切开，用无菌镊子将种子接种在配制好的培养基表面。

（六）继代培养

以1/2MS为基本培养基，添加马铃薯汁液2%，蔗糖2%，琼脂0.65%，培养基灭菌前pH值为5.8。种子无菌萌发2个月后，有2～3片叶、3～5根，进行转接继代培养2～3个月。

（七）组培种球诱导

继代培养完成的组培苗中剪取或切取生长健壮、叶色正常、叶片舒展、适于生根的无根苗，接种在添加生长素的继代培养基上进行组培种球诱导培养，组培种球直径5毫米以上即可进行炼苗驯化。

二、白及马鞍型组培种茎驯化技术

（一）选址与设施设备

1. 基地选址

驯化大棚建设靠近水源，光照充足，通风良好。环境符合相关标准要求。

2. 设施设备

普通大棚，覆盖单层薄膜、1～2层遮阳网、喷灌系统，钢架苗床宽1.5米，高30～50厘米，驯化基质普通蒸煮。

（二）基质配制

基质由松树皮3～5份、锯木屑4～6份、有机肥1～3份混合拌匀，高温消毒至无刺激杂味，铺设于苗床，厚度5～9厘米。

（三）晒苗

将形成组培种球的组培瓶苗移置常规大棚内，自然环境下晒苗10～20天。

（四）移栽苗床

完成晒苗后，用镊子取出苗，洗净基部培养基，在75%百菌清可湿性粉剂800～1 000倍液中浸泡3～5分钟后，移植到基质中，株行距（4～7）厘米×（5～8）厘米。

（五）水肥管理

1. 水分

苗床基质湿度保持80%以上，应及时喷雾补水。

2. 施肥

白及组培种球移栽大棚20天之后喷施有机肥或复合肥，有机肥或复合肥的亩用量为10～15千克，1个月喷施1次。

（六）驯化时间

白及组培种茎在苗床上生长4～6个月，达到白及合格苗标准后即可移栽。

（七）种苗质量标准

不带检疫性病害，无污染、无烂茎、无烂根，叶片数3～4片，块茎2个分叉以上、马鞍型。分级标准如表5-9。

表5-9　白及组培种茎商品苗分级

分级	茎粗（厘米）	株高（厘米）	叶片（片）	马鞍型块茎2个分叉全长（厘米）	根（条）
优质苗	≥0.25	≥15	3～4	≥4	≥10
合格苗	≥0.15	≥10	2～3	≥3	≥5

三、白及生态栽培技术

（一）选地

1. 环境条件

海拔200～2 000米，宜选择坡度≤25°，光照充足，远离城区、工矿区、交通主干线、工业污染源、生活垃圾场等。

2. 土壤条件

最适宜沙壤土，土质疏松、肥沃、通透性好、灌溉方便，其他前茬种植玉米等禾本科旱地作物的地块适宜种植白及，土壤环境质量参数应符合相关标准的规定。

3. 空气、水质条件

灌溉空气、水质应符合相关标准的规定。

（二）整地

耕地应在移栽前10天左右进行，深翻30厘米，开沟起垄，厢面宽1 ~ 1.5米，沟宽30 ~ 40厘米、深15 ~ 25厘米，以每亩500 ~ 800千克腐熟牛粪等农家肥作为基肥。

（三）移栽

每年3—6月、9—12月，雨后移栽，连续晴天土壤干燥可提前1天漫灌耕地再移栽。株行距为25厘米 × 30厘米，移栽密度为每亩5 000 ~ 6 000株，条播。

（四）田间管理

1. 遮阴

在6—9月期间搭建遮阳网，遮阳度50% ~ 70%，离地高度为1.5 ~ 2米。

2. 排涝

雨季应该及时清理排水沟渠、不积水。在整个生育期应保持白及地下块茎部位土层湿润，土壤含水量保持在50% ~ 80%，水质符合相关标准的要求。

3. 施肥

白及全生长过程宜用无害化处理并腐熟的牛粪，每年3—7月撒施氮磷钾复合肥2 ~ 3次，每亩施肥量10 ~ 30千克，10—12月白及倒苗后，每亩使用800 ~ 1 000千克腐熟牛粪等农家肥撒施厢面追肥，肥料符合相关标准的要求。

（五）主要病虫害防治

遵循“预防为主，综合防治”的植保方针，加强植物检疫。利用农业防治、物理防治、生物防治、化学防治等综合防治措施，把病虫害控制在允许范围内。

（六）采收及初加工

1. 采收时间

7—10月间晴天采挖。

2. 采收方法

人工用两齿锄头或机械采挖，离植株30厘米处逐渐向茎秆处挖取，剪除茎叶，抖掉泥土，运回。

3. 初加工

剪除须根，将块茎分成单个，除杂后清洗干净，煮或烫至内无白心时，取出冷却，晒至半干除皮，再晒干。

4. 贮藏

密封后放置通风干燥处保管，按时检查翻晒。

第八节　马铃薯高效种植技术

（一）选地

选择土质疏松、土壤肥沃、通气性好、排灌方便的沙壤土。前茬作物为非茄科作物，轮作。

（二）整地

前茬作物收获后及时深耕，深度在25厘米左右。待播种前10天左右清理、细碎与平整土地。

（三）种薯选择

选择符合DB52/T603质量要求的脱毒种薯。剔除病、烂、畸形、冻薯。通过休眠期的种薯置于18～20℃的环境下黑暗催芽，待芽眼长出时适当晾晒；未通过休眠期的种薯进行催芽处理，将种薯贮藏在黑暗条件下，保持温度18～25℃直至发芽；或者采取变温处理，先将种薯在4℃贮藏2周或2周以上，再在18～25℃温度下贮藏直至发芽；也可以采用化学方法可以用赤霉素10毫克/升均匀喷湿种薯，晾干后保持在18～25℃，直至萌芽。

（四）种薯切块与拌种消毒

一般在播种前2～3天开始。切块时充分利用顶端优势，尽量带顶芽。50克以下小薯可整薯播种。50～100克薯块，纵向一切2瓣100～150克薯块，薯块纵切3瓣150克以上的薯块，根据芽眼分布，保证切好的每小块有2个以上健全芽眼。切块使用的刀具用75%的酒精或0.5%的高锰酸钾水溶液消毒，做到一刀一蘸，每人2把刀轮流使用。用2千克70%甲基硫菌灵可湿性粉剂和1千克72%的农用链霉素可溶性粉剂均匀拌入50千克滑石粉成为粉剂。每50千克种薯（切块）用2千克混合药拌匀，在切块后30分钟内进行拌种处理。

（五）播种时期

一般冬作区马铃薯可在12月下旬至1月中上旬种植，根据各地霜期适当选择适宜播种时间，尽量避开霜冻危害；春作区在2月中旬至3月下旬种植；秋作区在8月下旬9月上旬种植。

（六）开沟方式与深度

单垄双行种植，按1～1.2米开厢。开沟深10厘米左右。播后覆土起垄，垄高30厘米左右。

（七）种植密度

早熟品种株距为25厘米；中晚熟品种株距30厘米。

（八）施肥

结合栽培品种生长习性和需肥特点，选择合适的时期及肥料，保证植株和块茎的需求。做到有机肥和无机肥并用，防止土壤退化、提高肥料利用率，实现马铃薯高产优质。播种时施底肥，每亩施腐熟的农家肥1 000～1 500千克或商品有机肥200～300千克，复合肥40～50千克。农家肥均匀施于沟内，复合肥施于种薯与种薯中间。摆种时要避免种薯与肥料直接接触；在现蕾初期进行追肥。每15亩施硫酸钾10～15千克、尿素5～10千克。尿素可根据田间植株长势而定，长势好的就少施或不施，长势差的适当多施。

（九）中期培土

在马铃薯现蕾初期结合追肥时，利用人工或田园管理机中耕培土起垄，培土后形成25厘米左右的高垄。

（十）适时浇水

在苗期根据情况如长期不下雨时要及时浇水，中期追肥后浇少量水。

（十一）主要病害防治

重点防治晚疫病。第1次喷药以预防为主，在齐苗后15～20天进行；第2次在田间发现“中心病株”时进行；第3次在第2次喷药后为7～10天进行。一般喷药3次病情严重且有条件的地区可视情况多喷1～2次。第1次用75%代森锰锌可湿性粉剂的500倍液喷雾，第2次用68.75%氟菌·霜霉威悬浮剂600倍液喷雾，第3次用25%嘧菌酯悬浮剂1 500倍液喷雾。同时注意防治早疫病、黑胫病、青枯病等病害。

（十二）主要虫害防治

用10%蚜虫净可湿性粉剂4 000倍液或25%吡虫啉乳油1 500倍液喷雾防治蚜虫。用50%辛硫磷乳油200倍液或90%敌百虫可溶粉剂800倍液灌根进行防治地下害虫。

（十三）收获与分级

选择晴好天气及时收获。收获后的薯块放在太阳下适当晾晒，去掉烂、破、病薯按薯块大中小分级分装。分级标准为大薯>150克，中薯50～150克，小薯≤50克。

第六章　高效种植模式实例

近年来，贵州省农业科学院与全省各地基层农技部门、农业企业、专业合作社等开展了广泛合作，指导选择适宜当地的农业产业技术模式，对关键产业技术进行专项培训，其中涌现出一系列产业发展的先进典型和成功案例，起到了较强的示范带动作用，以科技支撑有力助推了全省农业产业结构调整。

第一节　稻田综合种养

一、稻—鸭综合种养模式案例

（1）时间：2016—2019年。

（2）地点：湄潭县永兴镇茅坝村。

（3）规模：1 000亩。

（4）实施单位：湄潭县农推站，湄潭龙脉皇米有限公司。

（5）产量与产值：在水稻生长季4—10月，亩产优质特色有机稻谷500千克，总产量500吨，亩产值达8 200元，总产值达820万元；亩产麻鸭（板鸭原料）96千克，总产量96吨，亩产值达2 880元，总产值为288万元。稻鸭总产值合计1 108万元。

（6）社会效应：采用优质特色稻鸭综合种养模式，大幅提高了稻田的亩收益，有效带动农户增收，调动了农户的积极性，促进了当地草莓产业的发展。这种模式已经成为湄潭农业产业结构调整的成功案例，稻鸭成了当地的主导产业。当地优质稻米被评为中国好粮油，形成品牌，销售至上海、广东等地，稻鸭加工为板鸭成为主要的旅游商品，以电商等形式销售，从而带动了运输业、餐饮业、包装业等相关产业的发展，具有较强的产业联动效应。

二、稻—鱼—鸭综合种养模式案例

（1）时间：2018年。

（2）地点：从江县加榜乡。

（3）规模：600亩。

（4）实施单位：从江县农业农村局，加榜乡人民政府。

（5）实施效果：香禾糯亩产稻谷350千克，实际平均售价8元/千克，稻谷产值2 800元，由于“从江稻—鱼—鸭复合系统”被联合国粮食及农业组织授予“全球重要农业文化遗产”称号，加之香禾糯独特的品质，其市场售价一般为30元/千克；亩产呆鲤40千克，平均售价60元/千克，鱼亩产值2 400元；亩产田鸭25千克，平均售价60元/千克，田鸭亩产值1 500元；综合亩产值达6 700元。其中水稻生产投入1 200元，鱼投入300元，鸭投入1 100元。除去成本，亩均净产值达4 100元。

三、稻—鱼综合种养模式案例

（1）时间：2017年。

（2）地点：播州区乐山镇浒洋水村六芽庄。

（3）规模：300亩（稻—鱼模式200亩，稻—蟹—鱼模式50亩，50亩作暂养、垂钓和其他用途）。

（4）实施单位：贵州遵义君林生态农业发展有限公司。

（5）产量与产值：亩产优质商品米200千克，总产量50吨，亩产值达6 000元，总产值达150万元；亩产稻鱼90千克，总产量22.5吨，亩产值达3 600元，总产值为90万元；亩产蟹50千克，总产量2.5吨，亩产值达5 000元，总产值为25万元。优质米、鱼、蟹总产值合计265万元。

（6）社会效应：采用稻—鱼和稻—蟹—鱼模式，大幅提高了稻田的收益，有效带动农户增收，调动了农户的积极性，促进了当地生态渔业发展。打造的稻鱼旅游观赏和捕鱼等活动，吸引大量游客，从而带动运输业、餐饮业、包装业等相关产业的发展，具有较强的产业联动效应。

四、稻—蛙综合种养模式案例

（1）时间：2016—2018年。

（2）地点：思南县。

（3）规模：200亩（稻—蛙100亩，稻—鱼50亩，稻—虾50亩）。

（4）实施单位：思南县科龙农机专业合作社。

（5）产量与产值：自2016年以来，合作社种植业基地加入新元素，到今年，合作社共发展稻—蛙100亩，稻—鱼50亩，稻—虾50亩。通过2016—2018年3年试验示范，稻—蛙三年平均亩产值达8 472元，其中，优质稻谷平均亩产402千克，产值1 608元，蛙平均亩产132千克，销售平均单价52元/千克，亩产值6 864

元。2018年，累计实现经营性收入166万元，净利润10.33万元。

（6）社会效应：累计年均用工2 000人次以上，年支付工人工资15万元以上，带动贫困户21户，每户均增收3 000元。利用稻田养蛙，可使稻田中害虫减少，降低稻田农药使用量，提高稻谷质量，实现稻田养殖绿色发展。

五、稻—鳖综合种养模式案例

（1）时间：2018年。

（2）地点：锦屏县。

（3）规模：500亩（稻—鳖30亩，稻—鱼470亩）。

（4）实施单位：锦屏县亮江稻香渔业养殖场。

（5）产量与产值。

稻—鳖综合效益。中华鳖100千克/亩，按每千克240元计算，每亩收益24 000元。稻谷亩产500千克，按每千克2.4元计算，每亩收益1 200元。2年总收益成本：2年除去中华鳖苗种一次性投入5 000元/亩，每年投喂小杂鱼2 000元/亩；水稻每年生产500元/亩，2年成本5 000+2 000×2+500×2=10 000元。每年纯利润（25 200-10 000）÷2=7 600元/亩。

稻—鱼综合效益。每亩鱼的收益30千克×50元/千克=1 500元，稻谷收益500千克×2.4元/千克=1 200元，每亩收益共计2 700元。每亩鱼成本10千克×50元/千克=500元，每亩稻谷收益500元，每亩成本共计1 000元。每亩纯利润1 700元。

（6）社会效应：该场通过土地流转和聘请务工人员带动农户115户，其中贫困户8户，长期为贫困户提供3个就业岗位，临时性就业岗位15个。通过引导示范，该场500亩稻—渔综合种养已逐渐发展成亮司大坝稻—渔综合种养核心示范区，辐射带动亮司大坝2 000余亩稻田开展稻田养鱼，带动坝区合作社4家180余人。在稻田内养殖水产生物，是在不与种植争地的基础上增加水产品产量，发挥水稻和鱼类共生互利的作用，获得稻鱼双丰收，达到“一水两用，一田双收”。具有节水、节地、节肥（少施化肥）、除害、除虫、疏松土壤、提高稻田蓄水灌溉和抗旱能力等多重作用，是一种资源高效利用的循环经济型生态效益农业。是一项生态农业生产技术。

第二节　稻田水旱轮作

一、优质稻—草莓水旱轮作模式案例

（1）时间：2018年5月至2019年5月。

（2）地点：凯里市下司镇花桥村、马场村。

（3）规模：1 000亩。

（4）实施单位：麻江县教育和科技局，麻江县草莓专业技术协会。

（5）产量与产值：亩产优质稻谷550千克，总产量550吨，亩产值达2 750元，总产值达275万元；亩产草莓750千克，总产量750吨，亩产值达15 000元，总产值为1 500万元。水稻、草莓总产值合计1 775万元。

（6）社会效应：采用水稻—草莓水旱轮作模式，大幅提高了稻田的亩收益，有效带动农户增收，调动了农户的积极性，促进了当地草莓产业的发展。这种模式已经成为凯里市农业产业结构调整的成功案例，水稻、露地草莓成了当地的主导产业。当地露地草莓主要以田间批发的形式销售，从而带动了运输业、餐饮业、包装业等相关产业的发展，具有较强的产业联动效应。

二、冬春辣椒（茄子）—水稻—秋冬南瓜种植模式案例

（1）时间：2018年1月至2018年12月。

（2）地点：罗甸县龙坪镇罗化村。

（3）基地规模：500亩。

（4）实施单位：罗甸县蔬菜工作办公室，罗甸县罗化贵平蔬菜种植农民专业合作社。

（5）产量与产值：亩产辣椒3 500千克，茄子4 000千克，平均亩产值8 000元，优质稻谷550千克，亩产值达2 530元；亩产优质嫩南瓜3 000千克，亩产值达7 200元，每年亩产值达17 720元。

（6）社会效应：利用低海拔富热地区的“天然温室气候优势”，采用冬春果菜—水稻—秋冬果菜水旱轮作模式，提高了稻田的土地利用率，大幅增加单位面积的收益，有效带动农户增收，调动了农户的积极性，促进了当地蔬菜产业的发展。这种类型的模式已经成为罗甸的主推模式，为当地农民的持续增收提供了技术保障。

三、稻—油（观光）模式案例

（1）时间：2017—2018年。

（2）地点：贵州省开阳县、都匀市、思南县、仁怀市、铜仁市、贵定县、安顺市；湖南省南县、吉首市；江苏省溧阳市。

（3）规模："农旅一体化"景观图案核心区面积887亩，示范区面积3 962.7亩。

（4）实施单位：贵州省农业科学院油菜研究所，贵州禾睦福种子有限公司，贵州省开阳县禾丰乡人民政府，贵州省都匀市平浪镇人民政府，贵州省思南县塘头镇人民政府，贵州省仁怀市农业农村局，贵州省碧江区农业农村局，贵州省思南县农业农村局，贵州省贵定县农业农村局，贵州省西秀区农业农村局，湖南省南县农业农村局，湖南省吉首市农业农村局，江苏省溧阳市农业农村局。

（5）社会效应：据当地政府旅游管理部门统计，到景观区旅游人数达到178万人次，带动当地餐饮、特色农产品、民间工艺品、住宿等各种收入超过5 500万元，促进了油菜多功能的开发和利用，拓宽了油菜产业渠道，加速了一二三产业融合发展。以都匀市平浪镇凯口社区采用多彩油菜助推乡村振兴为例，2017—2018年采取"产业+旅游"的农旅一体化模式，年实施3 000亩油菜产业化订单，为当地种植多彩油菜农户创收200余万元；多彩油菜促进当地旅游业发展，带动农特产品销售及餐饮业收入增加，使农民年人均小季收入翻番，由原来的2 000元增加到4 000元，助推了平浪镇脱贫攻坚战略的稳步推进。

贵州省铜仁市碧江区瓦屋乡油菜景观

贵州省黔南州都匀市平浪镇油菜景观

贵州省黔南州都匀市平浪镇油菜节长桌宴

第三节　旱地高效轮作

一、辣椒间套春白菜—莴笋种植模式案例

（1）时间：2018年1月至2018年12月。

（2）地点：榕江县古州镇车江蔬菜基地。

（3）基地规模：1 000亩。

（4）实施单位：榕江县农业农村局等。

（5）产量与产值：亩产鲜辣椒3 000千克，平均亩产值7 000元，春白菜2 000千克，亩产值达4 000元；亩产优质莴笋2 500千克，亩产值达6 000元，年亩产值达17 000元。

（6）社会效应：通过在行间套种，在不影响生长的前提下，净增一季春白菜，由原来一年二季二收变为二季三收，大幅度增加了单位面积的收益，有效带动农户增收，调动了农户的积极性，促进了当地蔬菜产业的发展。这种类型的模式已经在榕江、都匀、平塘、罗甸等地广泛应用，为当地农民的持续增收作出积极的贡献。

新品种引进示范

二、佛手瓜—春大白菜—夏季小白菜（菠菜、芫荽、芹菜）—大球盖菇—蜜蜂养殖立体种养模式案例

（1）时间：2017年10月至2019年10月。

（2）地点：惠水县好花红镇弄苑村。

（3）基地规模：3 000亩。

（4）实施单位：惠水县弄苑村佛手瓜农民专业合作社。

（5）产量与产值：春大白菜亩产量5 000～6 000千克，亩产值10 000～12 000元；次春小白菜亩产量2 000～3 000千克，亩产值2 000～3 000元；佛手瓜亩产量5 000～6 000千克，亩产值5 000～6 000元；大球盖菇亩产量1 000～1 500千克，亩产值10 000～12 000元；蜜蜂亩产10千克蜂蜜，年产值合4 000元。除去菌包、秸秆、石灰、稻草等投入成本。该模式合计亩产值1万～3万元。

（6）社会效应：该种植模式在调整种植结构、脱贫攻坚、石漠化治理、增收致富等方面成效显著。佛手瓜是山区调减低效玉米较好的替代产业，目前好花红镇佛手瓜产业已具规模，全镇佛手瓜高效立体种植模式达到8 000亩，种植收入稳定，广大群众尝到甜头，愿意调减低效玉米，改种佛手瓜。此外，佛手瓜每亩仅种植40～50株，耐旱能力强，不需太多水源，形成郁闭后对土壤遮阴覆盖，减少水土流失，对山区石漠化治理效果明显。佛手瓜架下大球盖菇的种植，充分利用菌草及大量农作物作为菌材，菌草及秸秆腐烂后提供和补充有机质，减少肥料的使用，佛手瓜期间饲养蜜蜂，促进授粉，达到生态可持续的目的，该模式是高效、立体、生态、可持续的种养体系。

三、白及种植模式案例

（1）时间：2013年12至2018年12月。

（2）地点：安龙县钱相街道三道墙村。

（3）基地规模：5 000亩。

（4）实施单位：安龙县欣蔓生物有限责任公司。

（5）实施效果：贵州省农业科学院作物品种资源研究所技术支撑贵州“安龙白及”获得了国家地理标志保护产品、中华人民共和国农产品地理标志。在安龙县欣蔓生物有限责任公司建成全国最大规模白及苗驯化大棚300亩和连片5 000亩标准化种植基地，年产值3亿元以上，带动全省发展白及种植7.18万亩。主要成分白及胶含量60%以上、3年生平均产量1 500千克以上，远高于全国其他产区。每年为1 000余农户（建档立卡贫困户650户）提供了务工、土地租金以及股金等财产性收入1 300多万元，户均1.3万元，帮助村民实现了“不离土、不离乡，照样奔小康”。

参考文献

陈士林，董林林，李西文，等. 2018. 中药材无公害栽培生产技术规范[M]. 北京：中国健康传媒集团/中国医药科技出版社.

杜才富，李大雄，程尚明. 2018. 助推乡村振兴战略：走进贵州省农业科学院油菜研究所农旅一体景观[M]. 贵阳：贵州科技出版社.

侯国佐，张太平，饶勇，等. 2008. 贵州油菜[M]. 贵阳：贵州科技出版社.

贵州省农业办公室，贵州省农业科学院. 2006. 贵州夏秋反季节无公害栽培技术[M]. 贵阳：贵州科技出版社.

贵州省园艺研究所，贵州省植物保护研究所. 2009. 蔬菜主要病虫害防治图册[M]. 贵阳：贵州科技出版社.

李敏. 2019. 贵州水稻生产与绿色发展[M]. 贵阳：贵州科技出版社.

罗天宽，张小玲. 2009. 生姜脱毒与高产高效栽培[M]. 北京：中国农业出版社.

孟平红，文林宏，王天文，等. 2018. 山地生态蔬菜高效栽培理论与实践[M]. 北京：中国农业科学技术出版社.

孟平红. 2010. 贵州主要蔬菜无公害栽培技术[M]. 贵阳：贵州科技出版社.

吴明开，刘作易. 2014. 贵州珍稀药材白及[M]. 贵阳：贵州科技出版社.

吴明开. 2019. 白及生态种植技术研究[M]. 北京：科学出版社.

杨艳，许芬. 2014. 普定县韭黄无公害栽培技术[J]. 耕作与栽培（5）：66-68.